聚数据英才
助产业振兴

Python数据科学实践

常象宇 曾智亿 李春艳 程茜◎著

北京大学出版社
PEKING UNIVERSITY PRESS

内 容 提 要

本书是由狗熊会推出的一本利用Python介绍数据科学基本过程的著作。其核心的设计理念是通过经典的商业应用案例对数据爬取、数据存储、数据清洗、数据建模的核心Python模块做相应的介绍。

本书的特点是强调数据科学带来的商业价值理念，所以其可以作为高等学校数据科学、大数据管理与应用、统计或相关专业的教材，也适合从事数据分析的工作者和爱好者阅读。

图书在版编目(CIP)数据

Python数据科学实践 / 常象宇等著. — 北京：北京大学出版社，2020.7
ISBN 978-7-301-31319-0

Ⅰ. ①P… Ⅱ. ①常… Ⅲ. ①软件工具－程序设计 Ⅳ. ①TP311.561

中国版本图书馆CIP数据核字(2020)第054632号

书　　名 Python数据科学实践
PYTHON SHUJU KEXUE SHIJIAN

著作责任者 常象宇 等 著

责任编辑 吴晓月　王继伟

标准书号 ISBN 978-7-301-31319-0

出版发行 北京大学出版社

地　　址 北京市海淀区成府路205 号　100871

网　　址 http://www.pup.cn　新浪微博：@ 北京大学出版社

电子信箱 pup7@ pup.cn

电　　话 邮购部 010-62752015　发行部 010-62750672　编辑部 010-62570390

印 刷 者 河北滦县鑫华书刊印刷厂

经 销 者 新华书店

787毫米×1092毫米　16开本　17.75印张　382千字

2020年7月第1版　2021年12月第2次印刷

印　　数 4001-6000册

定　　价 69.00元

序1

最年长的Python学习者

在一个风和日丽的上午，我窝在家里，苦练深度学习绝技。与别人不同的是，别人都做人脸识别，而我却想做熊脸识别。简单地说，就是把狗熊会的 LOGO（那个可爱的熊头）随机地添加到一些照片的任意位置上，好像是一个水印的样子。当然，有的照片是没有熊头水印的，有熊头水印的照片也被不同程度的截断，这就构成我的正负样本。于是，我做了一个简单的卷积神经网络，并尝试去区分它们。然后，再把这个模型用在一个更大的图片上，去不停地做判断，看这个图片上到底有没有熊头，如果有，就将它识别并标注出来。从算法思想的角度看，这不是一个很难的问题，但是要真正实现它，还有很多工程细节要处理。雪上加霜的是，我是一个 Python 小白，编写的程序模型 BUG 层出，忙得我不可开交。幸运的是，在遇到实在解决不了的问题时，我可以求助人工智能专家陈昱，在他的帮助下我最终成功完成了这个案例。当我得意地向他展示作品时，陈昱表扬了我一句：“佩服王老师，您可能是最 senior 的 Python 学习者了！”他这话让我开心得不得了，瞬间感觉飘飘然。不过转念一想，他的意思是不是说我是年龄最大的学习者了？我显然不是年龄最大的 Python 学习者，但是年龄确实也不小了。对我而言，学习 Python 的确很吃力。但是，我充满学习的兴趣，因为这个语言真的非常有趣，像是一个大宝藏，可以被挖掘的功能太多，总是不断地给你惊喜。此外，Python 还是一把重要的钥匙，没有这把钥匙，很多更高级的算法工具（如 Hadoop、Spark、TensorFlow、PyTorch 等）很难解锁。这也是为什么，我这么大年龄的人，也逼着自己必须学 Python。

但是不得不说，我学习 Python 的过程是十分痛苦的。开始想在网上买书自学，搜完发现 Python 方面的书很多，根本不知道该买哪一本。于是买了很多评价不错的书，结果却似乎没有一本适合我的。像我这样的 Python 学习者有几个特点。第一，时间有限。任何一本晦涩、深奥的“大部头”都看不进去，时间不允许，精力不允许，智力也有点不在线了。所以，我很需要一本简单、实用的书。第二，目的性很强。我学习 Python 就是为了数据分析，既包括基础的数据分析技能，又包括图像文本处理的工具，希望因此能进军深度学习，除此以外的内容越少越好。我的学习目标不是要成为一个 Python 专家，而是要成为一个懂 Python 的基本知识，并能够熟练使用 Python 的数据科学专家。因此，我很需要一本能够尽快进入数据分析正题的书。第三，我需要一本参考书。什么是参考书？就是各部分内容的目的性很强，画图就是画图，爬虫就是爬虫，而且各个部分的内容相对独立，不需要一定要学习前几章，才能解锁后几章。像我这样的Python 学习者，学习的原动力全部是为了解决实际问题和项目需求。没有实际问题和项目，什么都不想学。但是，当有了实际问题和项目时，却突然发现自己什么都不会。如果这时候有一本参考书能清晰地告诉我：如何做数据处理，如何画统计图，如何建立模型，如何与数据库交互，甚至如何做案例……这该多好！需要什么就查什么，不用从头学到尾。很遗憾，这样的书我没找到！

没有找到适合自己的书，怎么办呢？市场上没有，那就只能“压榨”自己的小伙伴了。“压榨”谁呢？当然是谁长得最帅、谁最可爱、谁人品最好、谁技术最强就“压榨”谁！对不起，这就是狗熊会的文化。显然，在狗熊会的团队里，政委最帅、最可爱、人品最好、技术最强。因此，只能“压榨”他。于是，政委在我的“压榨”下，呕心沥血，终于完成了这本了不起的《Python数据科学实践》。当然，政委被我“压榨”的同时，也不忘去“压榨”他的小伙伴。他们分别是曾智亿、李春艳和程茜。对于这几位小伙伴遭受的折磨，我深表同情，但也无可奈何，并表示欢欣鼓舞。毕竟，写出了一本了不起的书呀！你看，书还没印出来，我光看着目录就喜欢的不得了。如果这本书早出两年，我得少死多少脑细胞，少遭多少罪，多少个跟我一样对 Python 充满学习热情，却不知从何学起的小伙伴会因此少走多少冤枉路呀！想到这里，我不禁又有点生气。政委和他的团队为什么不早点写？我是不是应该“压榨”他们再写一本呢？此时，我内心的小恶魔又开始龇牙咧嘴地笑了……

北京大学光华管理学院教授 王汉生

序2

Python教学的新模式

常象宇老师（政委）是狗熊会的联合创办者之一，这本《Python 数据科学实践》是狗熊会数据科学系列书籍的第 5 本。前 4 本书分别是王汉生（熊大）的《数据思维：从数据分析到商业价值》和《数据资产论》、潘蕊（水妈）的《数据思维实践》及朱雪宁（布丁）的《R 语言：从数据思维到数据实战》。

从前面几本书的书名可以看出，狗熊会数据科学系列书籍重点突出的是实战和实践。熟悉狗熊会的朋友或熊粉们都知道，狗熊会主要是由国内众多知名高校的统计学教授和老师组成的团队。狗熊会的成员们不仅兢兢业业地完成着高校的教学授课任务，而且在不遗余力地尝试将统计学和商业分析、行业应用进行不断地融合。他们非常注重案例教学，力求让学生在课堂上就能了解到产业需求、业务背景、数据描述、分析方法及产品化应用，甚至是数据可视化和报告撰写。为了推广这套案例教学方法，打通课堂学习和商业实践的桥梁，为产业培养出更多的实战型、应用型人才，狗熊会在几年前由熊大和水妈发起，政委、小丫、静静、布丁、陈昱等创办者带领 10 个案例小组，开启了案例的开发和创作。

狗熊会数据科学精品案例中的每一个案例都基于不同的行业背景和业务诉求，选题丰富有趣，既有像“车联网数据与商业价值”“北京二手房房价影响因素分析”“某移动通讯公司客户流失预警分析”“信用卡逾期行为影响因素分析”等行业应用型的案例，也有如“从文本分析看小说的三要素：以《琅琊榜》为例”“谁在看直播——基于 RFM 的粉丝聚类”“三国武将排名”“基于时间序列的乐曲改编”等寓教于乐型的案例。在知识点方面，涵盖了探索性数据分析、线性回归分析、广义线性模型、机器学习、多元统计分析、文本分析、时间序列分析等诸多典型、常用的统计分析方法。同时，为了便于企业中的管理者、产品经理、运营经理、业务拓展经理等非统计学专业和非数据分析岗位的人学习，我们还专门开发了多个基于 Excel 的数据分析案例。在案例的创作结构方面，每个案例都由数据、代码、教学 PPT 和教学视频四部分构成。教师既可以在备课时使用，也可以在课堂上以案例教学的形式与学生互动交流。另外，为了强化学生的动手实践能力，还把案例中的数据、代码结合 R 语言和 Python 语言环境，开发了精品案例实训平台，供老师和学生训练使用。

截至目前，我们累计开发了 100 余个不同行业背景、覆盖不同知识点的数据科学精品案例，并且保持每年 50 个以上的更新速度。国内已有 40 多所高校采用狗熊会案例教学和实训平台，还有部分企业将其用作员工入职前后的培训资料。

政委团队的这本《Python 数据科学实践》一书正是在这样的背景下创作和编写出来的，依托数据科学精品案例并结合大量场景和行业应用，让 Python 不再枯燥，更加有用、有趣。希望本书能够为高校的课堂教学和企业数据分析团队培训提供参考和借鉴。

狗熊会 CEO 李广雨

前　言

拿起这本书的读者至少应该听说过数据科学，知道 Python 是计算机语言，更深入的还应该知道数据科学深刻地改变着科学研究的范式、商业社会的规则等。那些讲述数据科学之伟大，Python 语言之优美，两者结合之于实践的文章已经有很多，这里就不再赘述。下面笔者以自己的亲身经历来讲讲这方面的感受。

初识 Python。2011 年，我有幸在加州大学伯克利分校与一群有趣且疯狂的人度过了美好的一年，其中一位十分有趣的朋友就是学神级人物 ——Siqi Wu。Siqi 虽为统计系博士，但课堂上他经常和我在一个讨论组，时常鼓励我一定要把计算机系的课程都修完。虽然我懵懵懂懂，但是学神发话，我便和他一起走上了“不归路”。Siqi 从计算机系的本科核心课程开始学习，最后真的把本科与研究生的计算机系核心课程都拿到了学分，这让我佩服不已。他介绍我一定要学习的第一门课程是 CS61A（https://cs61a.org），这门课等价于国内本科生计算机系的算法基础。我进入教室就震撼了，500 多人的大教室坐满了人，讲的居然是 Python。对，我懵了！这是因为我在国内读本科时的算法课程基本用的是 C 语言，难以理解讲算法为什么用 Python。我觉得大致内容我都知道，所以也没有坚持学习这门课，就这样与 Python 第一次擦肩而过。

再识 Python。2012 年，我继续在伯克利的校园游荡。这时接触的项目中需要处理大量的文本。系里面有人建议我不要用 R 语言处理文本数据，而应该选择更加灵活的 Python。我硬着头皮去选了一门天文系开设的 Python 课程。这门课十分神奇，每次讲课的人都不一样，而且每次的授课内容也比较独特 —— 不仅讲授 Python 的基础内容，同时还讲授授课教师参与开发的 Python 模块。后来我才发现，这些人中大部分都是各种 Python 模块的主要贡献者。虽然课程坚持下来了，但是后来使用 Python 不多，渐渐地，对 Python 的印象开始模糊。

三识 Python。2014 年起，所有人周围都被大数据、数据科学等词所包围。在业界，众多企业也开始招聘数据科学家、数据分析师等职位，Python 成为各职位要求的基本技能。这就催生了非常大的教学方面的需求，即利用 Python 去讲授数据科学。后来我也在西安交通大学管理学院给研究生 —— 工商管理硕士（MBA）与工程管理硕士（MEM）等学员讲授与数据科学相关的课程，这当然就绕不过 Python 的使用。所以，逼迫自己又重新将 Python 拾起来。随着人工智能热潮的到来，深度学习的几大架构 TensorFlow、PyTorch、MXNet 等都给出了 Python 的灵活使用接口。这更加凸显了 Python 在这个时代所具有的独特优势。

回头看这些经历，其实利用 Python 去讲授算法基础，省去了很多 C 语言中的烦琐内容，能够让学生更容易理解算法基础的核心知识，而不是拘泥于语言的限制。更深层次的 Python 课程其实是讲授 Python 在各个领域的快速发展，不同模块的搭建能够让 Python 迅速成为各个领域的开发利器。最后的教学经历让我感受到 Python 本身作为数据科学的工具，各种与数据科学相关的 Python 模块的飞速发展，已经到了学不过来的程度。所以，Python 语言讲不完，Python 数据科学相关的模块也是讲授不完的，那么什么是核心且不变的呢？这就是本书要讲解的。

本书并不是一本介绍 Python 的大而全的手册，而是利用 Python 去讲述数据科学中最基本的核心理念是如何实现的一本手册。狗熊会一直倡导的数据价值理念，应该从理解业务问题出发，获取数据、清洗数据、探索性数据分析、构建变量体系、建立模型和模型评估等都在本书中利用 Python 的不同模块给予了讲解。如果想要深刻理解本书的所有内容，则可以首先学习狗熊会的《数据思维：从数据分析到商业价值》这本书，理解如何真的利用数据去解决业务问题；然后学习狗熊会的《数据思维实践》这本书，理解实践数据思维的基本过程；最后在实践的时候，Python 将会成为你数据科学实践的有力武器。

本书的完成应该感谢很多人。首先，感谢北京大学光华管理学院的王汉生教授，即熊大。如果没有熊大的鼓励（压榨），那么我是没有勇气完成这本书的。还记得那是一个风和日丽、阳光明媚的下午，我接到了熊大的电话，然后他告诉我，就这么定了，你负责写一下 Python 与数据科学的书。我欣（懵）然接受！其次，感谢曾智亿，本书的第二作者。曾智亿是狗熊会人才计划第一期的毕业学员。他思想活跃，干劲十足，并且热爱 Python。本书大部分内容的初始构想虽然是我提出的，但是执行力最强的智亿同学，在非常多的章节都有执笔，从某种意义上讲他对本书的贡献多过我。当然还要感谢李春艳同学和程茜老师，她们也都参与了本书的编写。再次，感谢 Kino 与 Moon（是谁你们猜）陪伴我在西雅图完成了这本书的初稿，同时感谢我和 Kino 的父母。特别地，感谢华盛顿大学西雅图分校工业与系统工程系的黄帅教授。他给予我在华盛顿大学工作的机会，促使我更好地思考并完成这本书。最后，感谢狗熊会所有小伙伴们的鼓励（互怼）；感谢统计之都（COS）所有小伙伴们为数据科学付出的努力，特别是云伯伯的含辛茹苦；感谢在 MD Group 互帮互助群中的科研知己 —— 妖哥、波神、韩哥与屁孩。

提示：本书所涉及的案例的数据和代码已上传到百度网盘，请读者关注封底“博雅读书社”微信公众号，找到“资源下载”栏目，输入图书 77 页的资源下载码，根据提示获取。另外，读者也可以关注勒口“狗熊会”微信公众号或扫描封底“狗熊会官网链接”二维码，根据提示获取本书配套资源。

狗熊会政委

CONTENTS

目 录

第 1 章

CHAPTER 1

基于 Python 的数据科学环境搭建

如果要给 21 世纪的科学技术领域提取关键词，相信绝对少不了“数据”两字。“大数据”时代的悄然降临，在很大程度上影响了人们的日常生活，其所催生的数据科学领域，也因此受到了人们的广泛关注。

与此同时，Python 作为一种高级程序设计语言，在程序设计领域，凭借其简洁、易读及可扩展性强等多种优势备受推崇。随着 NumPy、Scipy、Pandas 和 Matplotlib 等多种数据分析库的不断发展和完善，其数据分析功能也逐渐被大众所认可。如今，Python 已经成为数据科学领域使用最广泛的语言之一。

为了大家在后续学习如何使用 Python 进行数据科学实践时能够更轻松顺利，本章就先介绍最基础的一步 —— 基于 Python 的数据科学环境搭建。

1.1 Python是数据科学“大势所趋”

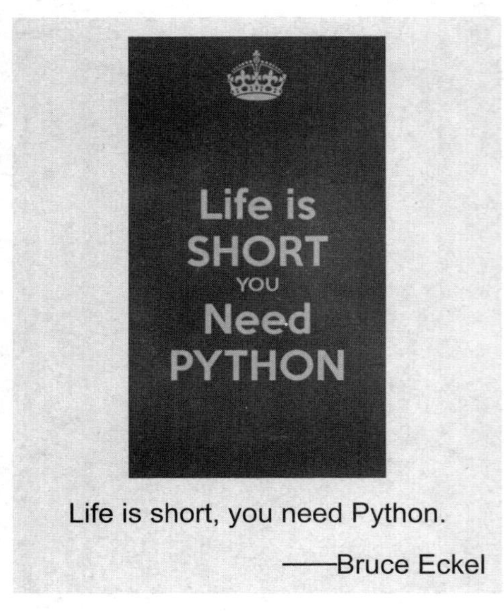

日常生活中丰富多彩的活动以各种形式被当作数据来收集整合。数据已经渗透到当今每一个行业和业务职能领域，并且正以一种难以想象的惊人速度不断膨胀。无可否认，在日新月异的现代社会，“大数据”时代已经悄然来临。由于数据在多个行业和学科领域中的高度渗透，并且在不同专业领域的数据研究中表现出高度融合的趋势，大数据已经成为包含计算机科学和统计学在内的多个学科领域的新研究方向。同时，由于在大数据方面的研究尚且存在诸多误区，人们迫切地需要对“大数据”时代的新现象、理论、方法、技术、工具和实践进行系统地研究。因而，“数据科学”应运而生。

为了全面了解数据科学的行业状况，2017 年 Kaggle（互联网上最著名的数据科学竞赛平台之一）首次进行了全行业调查。在超过 16000 名从业者的详尽答卷中，我们可以一窥目前业内的发展趋势。这些调查数据表明，在众多数据科学和机器学习的分析工具中，Python 是数据科学家们最常用的语言，如图 1-1-1 所示。

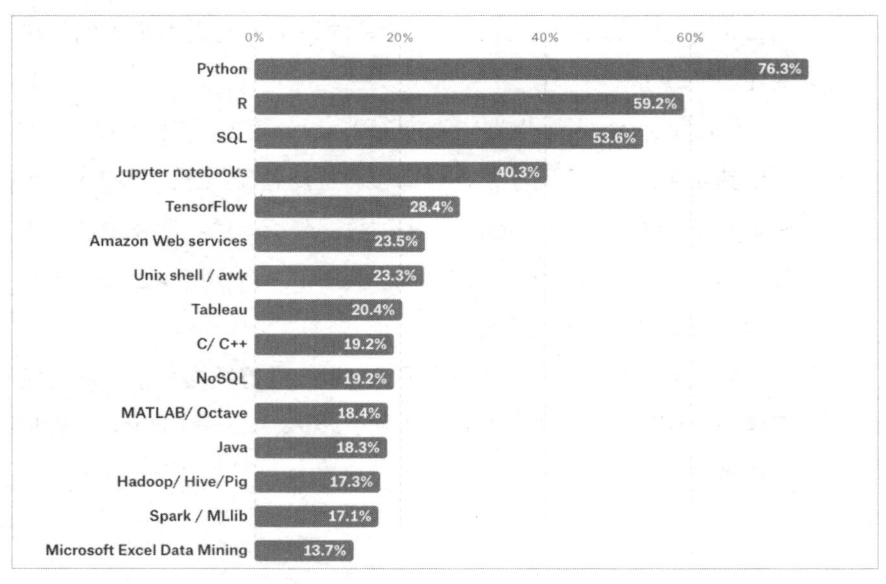

图 1-1-1　数据科学家们常用语言排名

Python 是一个高层次的结合了解释性、编译性、互动性和面向对象的脚本语言。在使用中，Python 主要具有以下优势。

（1）设计严格：可读性非常强、易于维护，并且受到大量用户的喜爱。

（2）库很丰富：能够广泛应用于各种问题的处理场景，并且可以节省编写底层代码的时间。

（3）免费开源：具有高度可移植属性，在各平台上都能顺利工作。

（4）可扩展性：能够调用 C/C++ 的代码以实现快速运行或对算法的加密。

（5）可嵌入性：能够被集成到 C/C++ 中，从而给程序用户提供脚本功能。

> There should be one-- and preferably only one --obvious way to do it.
>
> —— Tim Peters

由于 Python 以“优雅”“明确”“简单”为设计哲学，阅读一个良好的 Python 程序就感觉像是在读英语一样，因此 Python 程序看上去简单易懂，对初学者非常友好。可见，使用 Python 作为数据科学的入门工具是非常不错的选择。图 1-1-2 展示了部分数据科学家认为应该选择的数据科学入门语言排名，Python 以绝对优势占据第一。

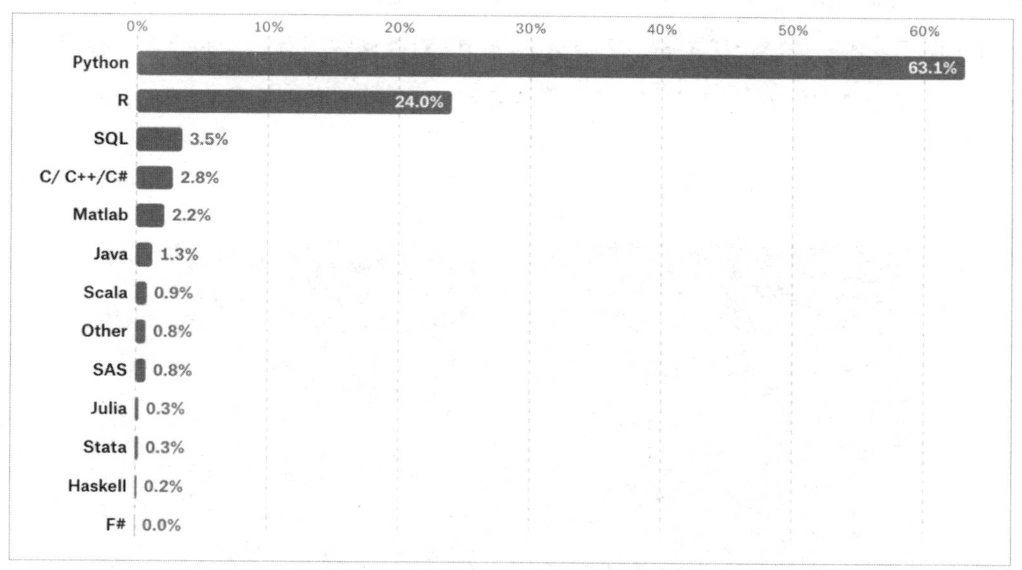

图 1-1-2　部分数据科学家认为应该选择的数据科学入门语言排名

看到这里，你心动了吗？是否想学习 Python，好一展拳脚，“毕竟人生苦短，你需要 Python”。在此还需要认识到一点，数据科学家的工作不是简单地使用某一种语言，而是在数据科学环境中，利用自己的数据思维来实现数据科学的实践。在进行 Python 的学习之前，最紧要的事情是构建能够让数据科学家轻松工作的数据科学环境。在这个环境中，可以轻松使用各种数据科学的工具，甚至畅游其中“无法自拔”。下面介绍 Anaconda 数据科学套件。

1.2 Anaconda入门——工欲善其事，必先利其器

1.2.1 Anaconda 功能简介

确定将 Python 作为数据科学的入门工具之后，可以去官网下载 Python，但 Python 令人头疼的环境问题及多种需要安装的工具包通常会成为初学者的阻碍。

不少初学者在 Python 的安装阶段就被纷至沓来的报错信息搞得头皮发麻，即使最终靠着网络上诸位“大神”的指示，踩着前人走过的脚印稀里糊涂地解决了问题，也难免费上好一番工夫，走许多弯路。这样一来可能会使原本高涨的学习热情因此冷却了大半，许多 Python 书籍可能就变成“Python 从入门到放弃”了。

而 Anaconda 数据科学套件的出现，可谓是广大初学者的一大“福音”。

所谓“Anaconda 套件”，通俗来说是一个打包的集合，里面预装好了 Conda、某个版本的 Python、众多 packages 及科学计算工具等，也称为 Python 的一种发行版，其包含的部分内容如图 1-2-1 所示。由于内容比较丰富，因此 Anaconda 对存储空间有一定的要求。存储空间有限的用户，可以选择 Miniconda，它只包含最基本的内容——Python 与 Conda，以及相关的必需依赖项。

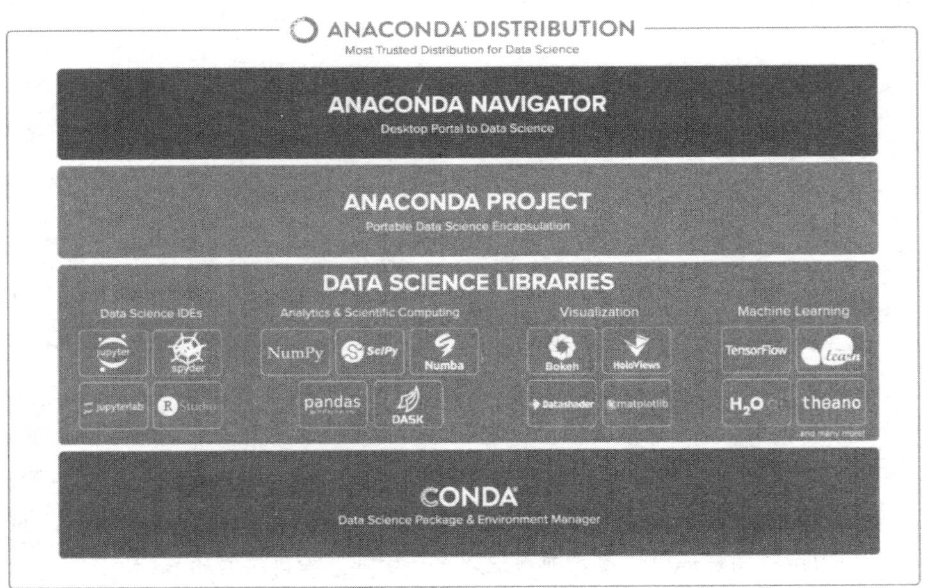

图 1-2-1　Anaconda 套件所包含的部分内容

Anaconda 里除 Python 外，还有一个非常重要的组成部分就是 Conda。Conda 是一个开源的软件包管理和环境管理系统，能够安装多个版本的软件包及其依赖关系。由于 Conda 的设计

理念在于把几乎所有的工具、第三方包都当作 package 对待，甚至包括 Python 和 Conda 自身，因此 Conda 打破了包管理和环境管理的约束，能够实现各版本 Python 和 package 之间的轻松切换。这种强大的设计理念使 Anaconda 套件具有以下两大优势。

（1）虚拟环境管理：在进行日常数据分析工作时，对不同的项目可能会需要使用不同版本的 Python 及不同版本的工具包。Python 2 和 Python 3 在语法上的不兼容使我们必须面对版本上的冲突。而使用 Conda 建立不同版本的虚拟环境能够帮助我们很好地解决这一问题，对要求不同的项目进行隔离。

（2）包管理：使用 Conda 可以对多种工具包进行更新、安装和卸载操作，并且 Anaconda 在安装时已经预先集成了 Numpy、Pandas、Scipy 和 scikit-learn 等在数据分析过程中常用的包。此外，Conda 还可以对非 Python 的包进行安装管理。例如，在新版的 Anaconda 中，可以安装 R 语言的集成开发环境 Rstudio。对想要同时使用 Python 语言和 R 语言的人来说，可真是美滋滋了。

Anaconda 号称是最受欢迎的 Python 语言和 R 语言数据分析工具，如图 1-2-2 所示。它通过对虚拟环境、工具包和 Python 版本的管理，大大简化了工作流程。同时，Anaconda 也是适用于企业级大数据分析的 Python 工具。它所包含的多个数据科学相关的开源包广泛覆盖了数据可视化、机器学习和深度学习等多个方面，不仅可以用于数据分析，还可以用在大数据和人工智能领域。

图 1-2-2　Anaconda 官网的 slogan

一言以蔽之，选择 Anaconda 数据科学套件将会是“入坑”Python 的良好开端。

1.2.2　Anaconda 的下载和安装

下载 Anaconda 最简单直接的方式当然是去官网。

官网上提供了 Windows、macOS 和 Linux 三种系统下的 Anaconda 安装包，并且对每种系统都分别提供了与之相对应的 Python 3.7 和 Python 2.7 两个版本，如图 1-2-3 所示。此处推荐安装 Python 3.7 版本，因为官方已经宣布 Python 2.7 版本只会维护到 2020 年。其实安装哪个版本在本质上并没有太大的区别，因为通过环境管理，我们可以很方便地切换运行时的Python 版本。

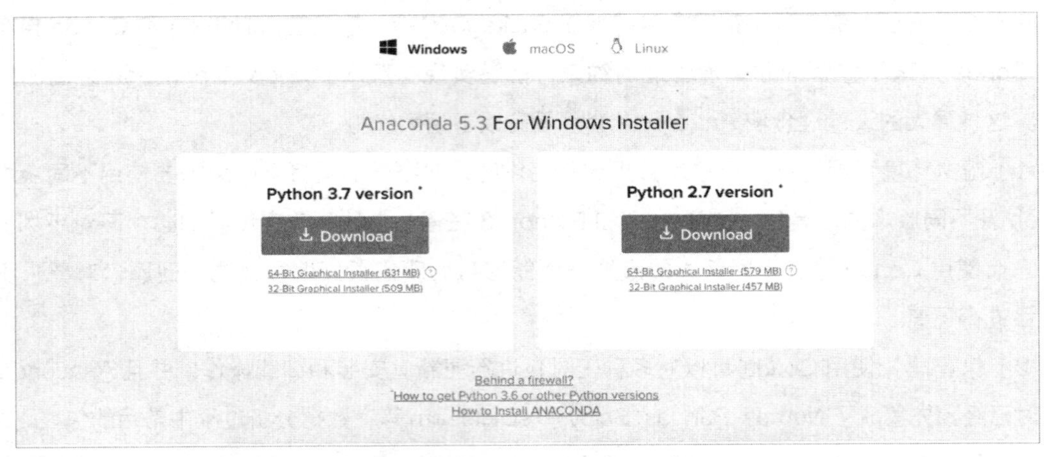

图 1-2-3　Anaconda 官网下载界面

然而，官网下载通常会遇到的一个问题是，下载速度慢到令人发指。尤其在花费大量的时间好不容易下载安装好之后，又想要安装或更新其中的包时，如果收到由于下载速度过慢而断开链接从而安装失败的报错信息，那么就可能需要花费更多的时间和精力再次下载。

针对此种情况，清华大学开源软件镜像站提供了下载 Anaconda 的“新姿势”，如图 1-2-4 所示。我们可以在这里选择适合自己系统的 Anaconda 版本进行下载安装，与 Anaconda 官网相比，速度会提升不少。

清华大学开源软件镜像站　HOME　EVENTS　BLOG　RSS　PODCAST　MIRRORS

Index of /anaconda/archive/

Last Update: 2018-10-11 10:19 syncing

File Name ↓	File Size ↓	Date ↓
Parent directory/	-	-
Anaconda-1.4.0-Linux-x86.sh	220.5 MiB	2013-07-04 01:47
Anaconda-1.4.0-Linux-x86_64.sh	286.9 MiB	2013-07-04 17:26
Anaconda-1.4.0-MacOSX-x86_64.sh	156.4 MiB	2013-07-04 17:40
Anaconda-1.4.0-Windows-x86.exe	210.1 MiB	2013-07-04 17:48
Anaconda-1.4.0-Windows-x86_64.exe	241.4 MiB	2013-07-04 17:58
Anaconda-1.5.0-Linux-x86.sh	238.8 MiB	2013-07-04 18:10
Anaconda-1.5.0-Linux-x86_64.sh	306.7 MiB	2013-07-04 18:22
Anaconda-1.5.0-MacOSX-x86_64.sh	166.2 MiB	2013-07-04 18:37
Anaconda-1.5.0-Windows-x86.exe	236.0 MiB	2013-07-04 18:45
Anaconda-1.5.0-Windows-x86_64.exe	280.4 MiB	2013-07-04 18:57
Anaconda-1.5.1-MacOSX-x86_64.sh	166.2 MiB	2013-07-04 19:11
Anaconda-1.6.0-Linux-x86.sh	241.6 MiB	2013-07-04 19:19
Anaconda-1.6.0-Linux-x86_64.sh	309.5 MiB	2013-07-04 19:32
Anaconda-1.6.0-MacOSX-x86_64.sh	169.0 MiB	2013-07-04 19:47

图 1-2-4　清华大学开源软件镜像站 Anaconda 下载界面

下载好安装包之后，安装的过程按照提示和说明完成即可。值得注意的是，在安装路径的选择中，请确保路径中不包含中文、空格或其他非英文常用字符，否则在后续的使用中可能会被“坑”得晕头转向。

Windows 系统下的安装除需要选择安装路径外，还有两个需要额外确认的地方，如图 1-2-5 所示。

（1）是否要将 Anaconda 添加到 PATH 环境变量中?

（2）是否要将下载的 Anaconda 中对应的 Python 版本设置为默认版本?

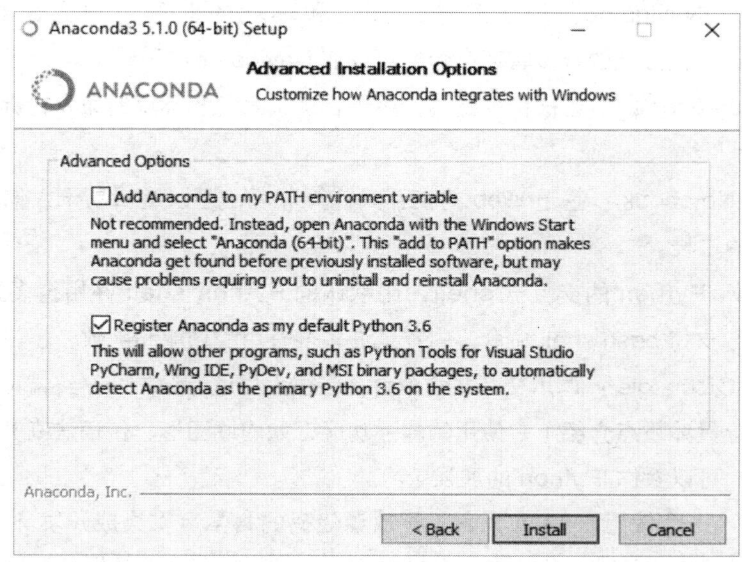

图 1-2-5　Windows 系统下 Anaconda 安装过程中需要确认的两个地方

对于第一个问题，建议不要选中，即不添加。因为选中后可能会对其他软件产生干扰。

对于第二个问题，可以根据自己平时使用 Python 版本的实际情况进行选择。

安装完成后，打开 CMD 窗口，输入 Conda 命令测试安装结果，如图 1-2-6 所示即为安装成功。

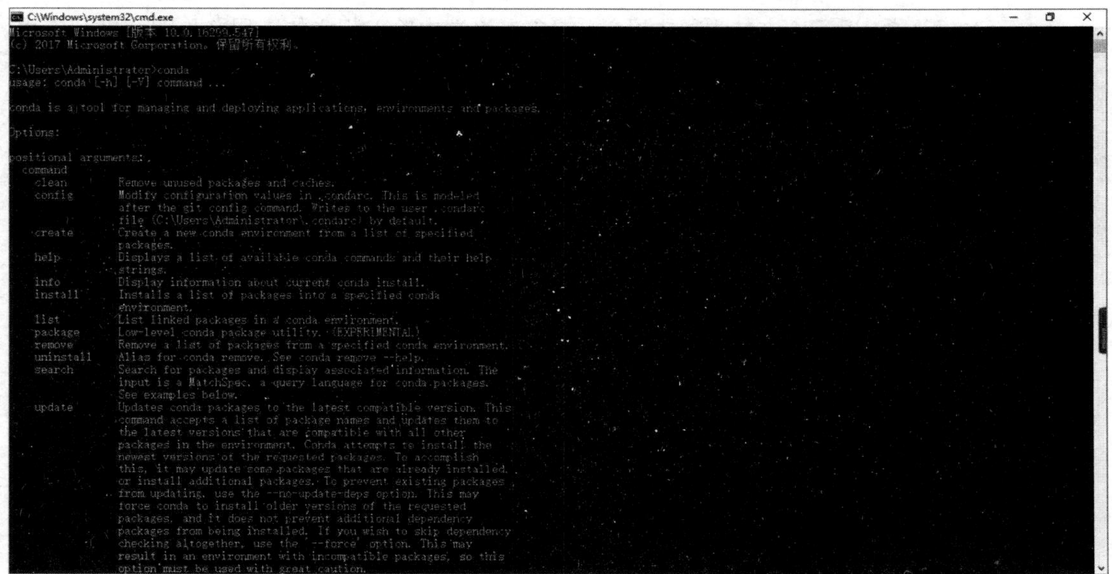

图 1-2-6　Windows 系统下 Anaconda 安装结果测试

成功安装 Anaconda 后会在【开始】菜单中发现 Anaconda 的文件夹，其中有以下几个应用。

（1）Anaconda Cloud：管理公共或私有 Python、Jupyter Notebook、Conda、环境和 packages 的地方，可以方便分享和追踪。

（2）Anaconda Navigator：用于管理工具包和环境的图形用户界面（Graphical User Interface，GUI），后续涉及的众多管理命令也可以在 Navigator 中手动实现。

（3）Anaconda Prompt：也被称为终端，用于管理工具包和环境的命令行界面，可以便捷地操作 Conda 环境。

（4）Jupyter Notebook：基于 Web 的交互式计算环境，可以编辑易于人们阅读的文档，用于展示数据分析的过程。

（5）IPython：Python 的交互式 shell，比默认的 Python shell 好用得多，支持变量自动补全，自动缩进，支持 bash shell 命令，内置了许多很有用的功能和函数。

（6）Jupyter Qtconsole：调用交互式命令台，在很大程度上像是一个终端，但提供了许多只能在 GUI（后面会具体重点介绍）中使用的增强功能，如内联图形、带语法高亮的正确多行编辑和图形化提示等。可以看作 IPython 的加强版。

（7）Spyder：一个使用 Python 语言、开放源代码的科学运算集成开发环境。Spyder 可以跨平台，也可以使用附加组件进行扩充，自带交互式工具，方便处理数据。

对 macOS 系统的用户来说，安装成功后在【Launchpad】中会出现 Anaconda Navigator 的图标，而 macOS 系统自带的终端即可用作 Anaconda Prompt，打开终端，同样输入 Conda 命令测试安装结果。

而上述提到的多个在 Windows【开始】菜单中出现的应用，用户可以选择打开 Anaconda Navigator，如图 1-2-7 所示，在其中单击进入，或者在终端中输入相应的应用名称即可打开应用。

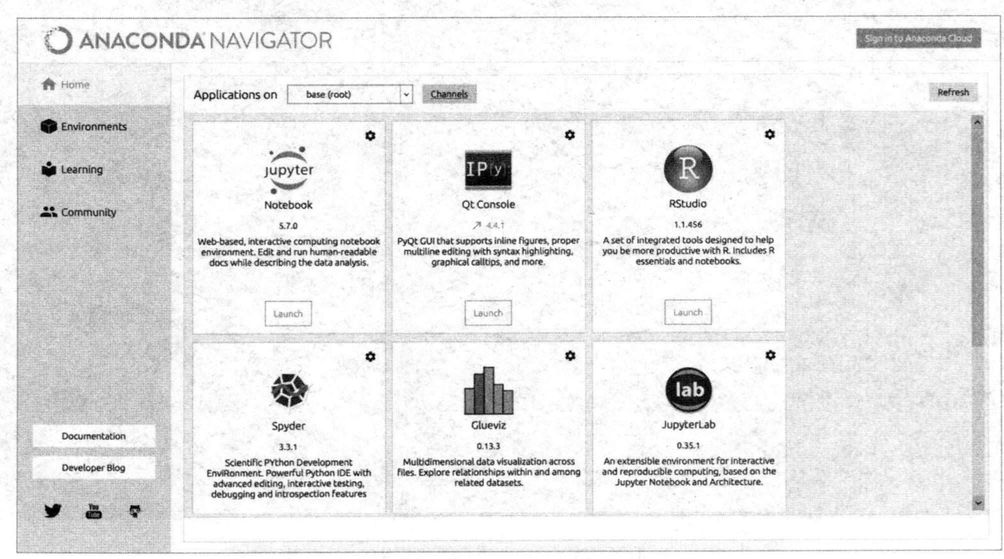

图 1-2-7　Anaconda Navigator 主页界面

1.2.3 Navigator 和 Prompt 的选择

Navigator 和 Prompt 都是用来管理环境和工具包的应用。区别在于：Navigator 是可视化的 GUI，对不太擅长编程的新手来说非常友好；而 Prompt 则是命令行界面，对有一定编程基础的人来说非常亲切。更简单一点来说，如果偏爱直观类似 Web 界面的选项选择和鼠标单击，那么推荐使用 Navigator；如果偏爱敲代码带来的乐趣，那么推荐使用 Prompt。

从图 1-2-8 中可以看出，Navigator 对于环境管理和工具包的管理非常直观简洁，单击相应位置即可完成环境及工具包的搜索、创建、删除和更新等系列操作，因而在此不进行详细说明。

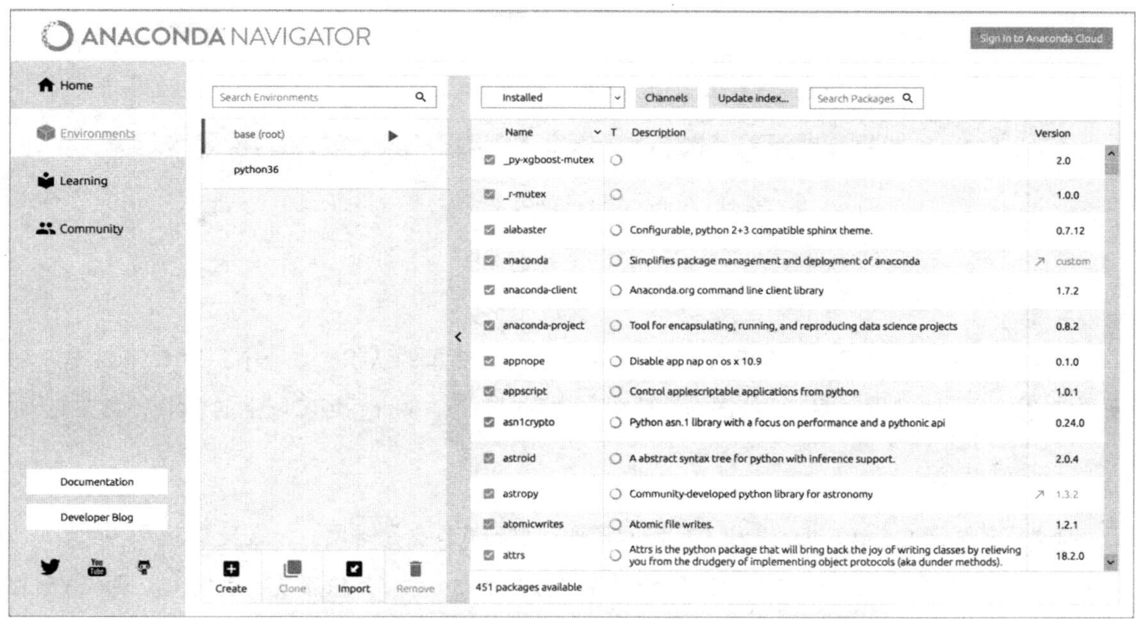

图 1-2-8 Anaconda Navigator 环境及工具包管理界面

值得一提的是，Navigator 除提供环境和包管理功能外，其中的学习和社区版块也提供了很多的学习和互动资源，如图 1-2-9 所示。有兴趣的读者不妨探索一番，或许能有意外的收获。

接下来的 1.2.4 小节主要以 Prompt 为基础，说明 Conda 命令的使用。

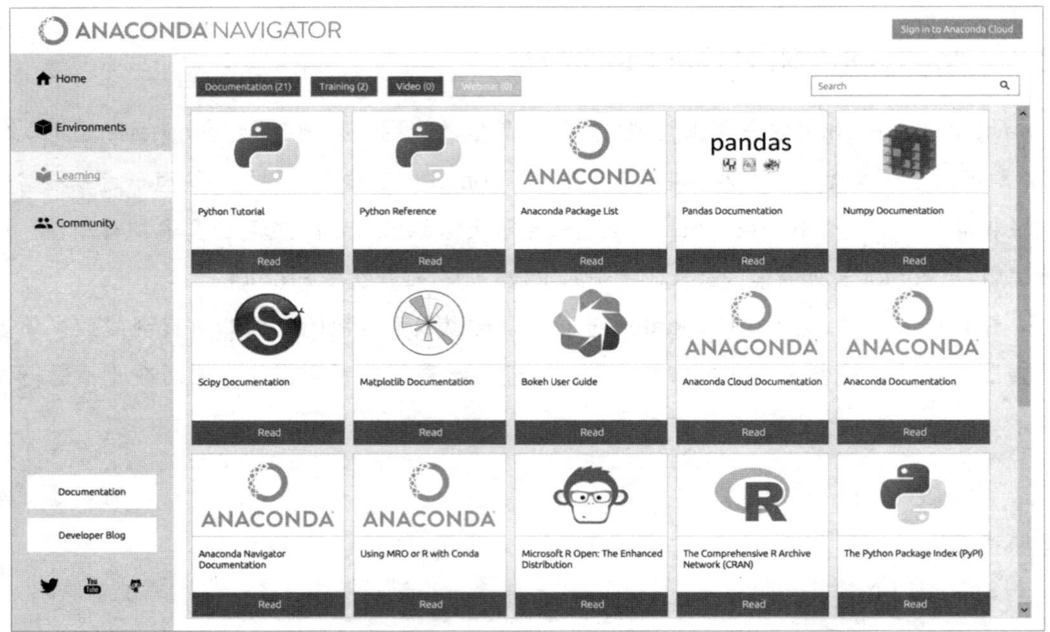

图 1-2-9　Anaconda Navigator 学习版块界面

1.2.4　Conda 的使用

通过前面的介绍，相信大家已经对 Conda 有了一个简单的认识。本小节将对 Conda 这一命令的使用进行一些基础说明，更加详细的使用方式可以参考Anaconda官网上的Conda官方文档。

1. 明确概念

前文反复强调 Conda 对环境和工具包的管理，那到底什么是环境，什么又是工具包呢?

Conda 环境是一个集合，它包含了已安装的特定 conda 包及其依赖项。例如，如果你同时在进行两个项目，一个项目要求你使用 NumPy 1.7，另一个项目要求你使用 NumPy 1.6，那么你就可以同时使用两个 Conda 环境，它们分别包含这两个不同的包及其依赖项。对其中一个环境的更改不会影响其他环境，并且可以通过激活或停用的方式进行环境切换。此外，通过向他人提供 environment.yaml 文件副本的方式可以实现环境的多人共享。

conda 包是一个压缩的打包文件，是一个有层次的文件目录结构，它定义了由 n 个模块或 n 个子包组成的 Python 应用程序执行环境。Conda 包含了系统级库、Python 或其他模块、可执行程序和其他组件，它可以对包和平台之间的依赖关系进行跟踪。

2. 管理 Conda

前文提到，Conda 的设计理念在于将自身也作为 package 看待，因此 Conda 可以对自身进行管理。Conda 对自身的管理主要体现在以下几个方面。

（1）检验 Conda 是否安装成功。在终端中输入以下命令来进行检验。

例 1.2.1 检验 Conda 是否安装成功

```
conda --version
```

如果能够成功显示出目前 Conda 的版本号，则表示安装成功，如图 1-2-10 所示。

```
(base) C:\Users\Administrator>conda --version
conda 4.5.11
```

图 1-2-10 检验 Conda 是否安装成功的运行结果

注意

如果遇到找不到 Conda 的错误提示，那么很可能是由于环境路径设置出现问题而需要添加 Conda 环境变量。

例 1.2.2 添加 Conda 环境变量

```
# 请将下面的 xxx 替换成 Anaconda 的安装路径
export PATH = xxx/anaconda/bin:$PATH
```

（2）查看 Conda 安装版本。除例 1.2.1 的代码可以用来查看 Conda 的版本外，以下代码也可以做到。

例 1.2.3 查看 Conda 安装版本

```
conda info      # 能够同时显示 Conda、Python 的版本及镜像路径等多种信息
conda -v        # 输出结果与图 1-2-10 相同
```

注意

在 Conda 命令的使用中，可以将许多常用的命令选项从两个短线（--）加命令的格式缩写为一个短线加命令首字母的形式。所以，--version 和 -v 相同，--name 和 -n 相同，--envs 和 -e 相同。

（3）更新 Conda。通过以下代码可以进行 Conda 的更新。

例 1.2.4 更新 Conda

```
conda update conda
```

运行后 Conda 会比较版本并报告可安装的内容，同时给出其他将随更新自动更新或更改的软件包。如果 Conda 报告有更新版本可用，那么请输入 y 进行更新。

3. 管理环境

Conda 具有强大的环境管理能力，从而使我们可以创建、导出、删除和更新在其中安装了不同版本的 Python 或软件包的环境，并且允许我们在环境之间自由切换、共享环境文件。Conda 对环境的管理主要体现在以下几个方面。

（1）创建环境。在开始使用 Conda 时，已经拥有一个名为 base 的默认环境（图 1-2-10 中有 base 提示）。但很多时候，我们都不希望将程序放入基础环境中，而是选择创建单独的环境使程序彼此隔离，同时保护基础环境不被破坏。

例 1.2.5 创建环境

```
# 请将 [envname] 替换为你想要创建的环境名称
conda create -n [envname]                              # 创建环境
conda create -n [envname] python = 2.7                 # 创建带有特定 Python 版本的环境
conda create -n [envname] pandas                       # 创建带有特定工具包的环境
conda create -n [envname] scipy = 0.15.0               # 创建带有特定版本的工具包的环境
# 创建带有特定版本的 Python 和多个包的环境
conda create -n [envname] python = 3.4 scipy = 0.15.0 astroid babel
# 从 environment.yml 创建环境
conda env create -f environment.yml                    # YMI 文件的第一行设置新环境的名称
```

注意

（1）默认情况下，环境安装在 Conda 目录下的 envs 文件目录中。

（2）尽量在环境中同时安装所需的所有程序。一次安装一个程序可能会导致依赖性冲突。

（3）如果想要每次创建新环境时都自动安装某些软件包，那么请将所需的软件包添加到 .condarc 配置文件的 create_default_packages 部分。

（4）如果不希望在特定环境中安装默认的软件包，则可以使用 --no-default-packages 标识。

例 1.2.6 在特定环境中取消安装默认软件包

```
conda create --no-default-packages -n envname python
```

（2）克隆环境。可以通过创建克隆环境来制作环境的精确副本。

例 1.2.7 克隆环境

```
# 请将 [envclone] 替换为新环境，[envname] 替换为现有环境
conda create -n [envclone] --clone [envname]
```

（3）激活 / 停用环境。通过对环境的激活和停用，可以实现不同环境之间的切换。在激活一

个环境之前，最好先停用目前正在运行的环境。

例 1.2.8 激活 / 停用环境

```
# 激活环境
activate [envname]                    # Windows 系统
source activate [envname]             # macOS/Linux 系统

# 停用环境
deactivate                            # Windows 系统
source deactivate                     # macOS/Linux 系统
```

（4）确定当前环境 / 查看环境列表 / 查看环境中的包列表。在 Windows 系统中，默认情况下活动环境（当前使用环境）会显示在命令提示符开头的小括号“()”或中括号“[]”中，如图 1-2-10 所示。此外，还可以通过以下方式进行查看。

例 1.2.9 确定当前环境 / 查看环境列表 / 查看环境中的包列表

```
conda info -e                    # 查看环境列表，当前环境会带有【*】标识
conda env list                   # 查看环境列表，当前环境会带有【*】标识
conda list -n [envname]          # 查看未激活环境 [envname] 中所有安装的包列表
conda list                       # 查看已激活环境中所有安装的列表
conda list -n [envname] scipy    # 查看 [envname] 环境中是否安装了 scipy 包
```

（5）保存 / 共享 / 删除环境。

例 1.2.10 保存 / 共享 / 删除环境

```
conda env export > environment.yaml     # 将当前环境存储在 YAML 文件中
conda remove -n [envname] --all         # 删除环境
conda env remove --name [envname]       # 删除环境
```

注意

YAML 文件中包含该环境的 pip 包和 conda 包，将该文件发送给其他人，他人通过例 1.2.5 中第 9 行代码可以创建同样的环境，从而实现环境的共享。

4. 管理包

Conda 对包的管理主要体现在以下几个方面。

（1）搜索 / 安装包。与下载 Anaconda 时可能会遇到的问题一样，由于 Anaconda.org 的服务器在国外，因此如果直接进行包的下载和安装，那么很可能由于连接失败而收到错误提示。这

时，需要再次使用清华 TUNA 镜像站。

例 1.2.11 添加 Anaconda 的清华 TUNA 镜像

```
conda config --add channels https://mirrors.tuna.tsinghua.edu.cn/anaconda/pkgs/free/
conda config --add channels https://mirrors.tuna.tsinghua.edu.cn/anaconda/pkgs/main/
conda config --set show_channel_urls yes
```

添加好国内镜像地址后，可以更快地进行软件包的安装。

例 1.2.12 搜索 / 安装包

```
conda search scipy                    # 搜索 scipy 包
conda install scipy                   # 将 scipy 包安装至正在运行的环境中
conda install -n [envname] scipy      # 将 scipy 包安装至 [envname] 环境中
conda install scipy = 0.15.0          # 将特定版本的 scipy 包安装至正在运行的环境中
conda install scipy curl              # 一次安装 scipy 和 curl 两个包
```

（2）安装非 conda 包。如果无法从 Anaconda.org 或清华 TUNA 镜像站获得软件包，则可以选择使用其他软件包管理器（如 pip）查找并安装软件包。

值得注意的是，pip 只是一个软件包管理器，所以无法对环境进行管理。pip 甚至无法更新 Python，因为它并不认为 Python 是一个包。pip 和 conda 包之间的差异可能会导致兼容性方面的限制。如果想要获得 Conda 集成的好处，那么请确保在当前活动的 Conda 环境中安装 pip，然后使用该 pip 安装软件包。

例 1.2.13 安装非 conda 包

```
# 激活环境
activate [envname]                # Windows 系统
source activate [envname]         #macOS/Linux 系统
conda install pip                 # 在当前环境中安装 pip
pip install see                   # 用 pip 安装 see 软件包
```

（3）查看已安装的软件包列表。通过以下方式可以查看不同环境下已安装的软件包列表。

例 1.2.14 查看已安装的软件包列表

```
conda list                        # 查看当前激活环境下的软件包列表
conda list -n [envname]           # 查看任意环境下的软件包列表
```

（4）更新包。虽然 Anaconda 在下载时会安装很多种不同的包，但是各软件包的版本通常是较低的。因此，为了避免在今后的使用过程中出现多种问题，建议在刚安装好时就对所有的包进行更新。

例 1.2.15 更新包

```
conda update --all                # 更新所有工具包
```

```
conda update pandas          # 更新 pandas 包
conda update python          # 更新 Python
conda update conda           # 更新 Conda
conda update anaconda        # 更新 Anaconda 元数据包
```

注意

Conda 对 Python 的更新会将 Python 更新到该系列的最高版本。也就是说，如果是 Python 2，则更新到 2.x 系列的最高版本；如果是 Python 3，则更新到 3.x 系列的最高版本。

（5）删除包。可以通过以下操作对不同环境下的工具包进行删除。

例 1.2.16 删除包

```
conda remove -n [envname] scipy     # 删除 [envname] 环境中的 scipy 软件包
conda remove scipy                  # 删除当前激活环境下的 scipy 软件包
conda remove scipy curl             # 同时删除当前环境下的 scipy 和 curl 两个包
```

1.3 Jupyter Notebook入门

1.3.1 Jupyter Notebook——“程序猿”里的“散文家”

Jupyter Notebook 作为 Anaconda 套件中受到广泛关注的应用，自然有其独特的魅力。为了展示其魅力，下面先从“文学编程（Literate Programming）”说起。

> I believe that the time is ripe for significantly better documentation of programs, and that we can best achieve this by considering programs to be works of literature.
>
> ——Donald Knuth. "Literate Programming (1984)" in Literate Programming. CSLI, 1992, pg. 99.

传统的结构化编程是人们花费大量的力气让代码顺应计算机的逻辑顺序，指导计算机做事。而文学编程则是让我们集中精力向人类解释需要计算机做什么，因此更顺应我们的思维逻辑。

由于我们面向的对象从计算机变成了人类，因此如果我们仅仅展示晦涩难懂的代码，那么可能很少有人有足够的耐心去充分了解我们所做的工作。此时，叙述性的文字、可视化的图表将会为我们的阐述过程增添不少色彩。而这些，在 Jupyter Notebook 中都可以看到。

Jupyter Notebook 是一种 Web 应用，也是一个交互式笔记本，它能让用户将说明文本、数学方程、代码和可视化内容全部组合到一个易于共享的文档中，非常便于研究、展示和教学。数据科学家可以在上面创建和共享自己的文档，从实现代码到全面报告，Jupyter Notebook 大大简化了开发者的工作流程，帮助他们实现更高的生产力和更简单的多人协作。

在原始的 Python shell 与 IPython 中，可视化在单独的窗口中进行，而文字资料及各种函数和类脚本则包含在独立的文档中。但是，Jupyter Notebook 能将这一切都集中整合起来，让用户一目了然。它是文学编程这一理念的实践者，因为它对阐述风格的卓越追求，使得它像是一众“程序猿”里的“散文家”。

1.3.2 Jupyter Notebook 的优势

除带有浓厚的文学气质外，选择 Jupyter Notebook 进行数据科学工作还有很多优势。

1. 可用于编写数据分析报告

Jupyter Notebook 对文本、代码和可视化内容的整合，使它在编写数据分析报告时具有极大的优势。使用其编写的数据分析报告，既能够使报告者的思路清晰顺畅，也能够使接收者更直观清晰地了解主要内容。

2. 支持多语言编程

Jupyter Notebook 是从 IPython Notebook 发展而来的，而其名称的变化就很好地表明其支持的语言在不断扩张，刚开始时，Jupyter 是 Julia 语言、Python 语言及 R 语言的组合，而现在它支持的语言已经超过 40 种。

3. 用途广泛

Jupyter Notebook 能够完成多种数据分析工作，包括数据清洗和转换、数值模拟、统计建模、数据可视化、机器学习等。

4. 分享便捷

Jupyter Notebook 支持多种形式的分享。用户可以通过电子邮件、Dropbox、GitHub 和 Jupyter Notebook Viewer，将 Jupyter Notebook 分享给其他人。当然也可以选择将文件导出成 HTML、Markdown 和 PDF 等多种格式。

5. 可远程运行

由于 Jupyter Notebook 是一种 Web 应用，因此在任何地点，只要有网络连接远程服务器，都可以用它来实现运算。

6. 交互式展现

Jupyter Notebook 不仅可以输出图片、视频和数学公式等，甚至还可以呈现一些互动的可视化内容，如可缩放地图或旋转三维模型，但这需要交互式插件的支持。

1.3.3 Jupyter Notebook 的界面

1. Notebook Dashboard 简介

打开 Jupyter Notebook 一般有两种方式，一种是从 Anaconda Navigator 中单击进入，另一种则是从终端进入。

例 1.3.1 打开 Jupyter Notebook

```
jupyter notebook                      # 直接打开 Notebook 主界面
jupyter notebook notebook.ipynb       # 打开特定的 Notebook 文件
jupyter notebook --no-browser         # 不在浏览器中打开 Notebook
```

通常来说，打开 Jupyter Notebook 意味着打开默认的 Web 浏览器，此时会看到 Notebook Dashboard 界面，如图 1-3-1 所示，它会显示 Notebook 服务器启动目录中的笔记本、文件和子目录的列表，通过列表可以选择某一个 Notebook 文件进入。

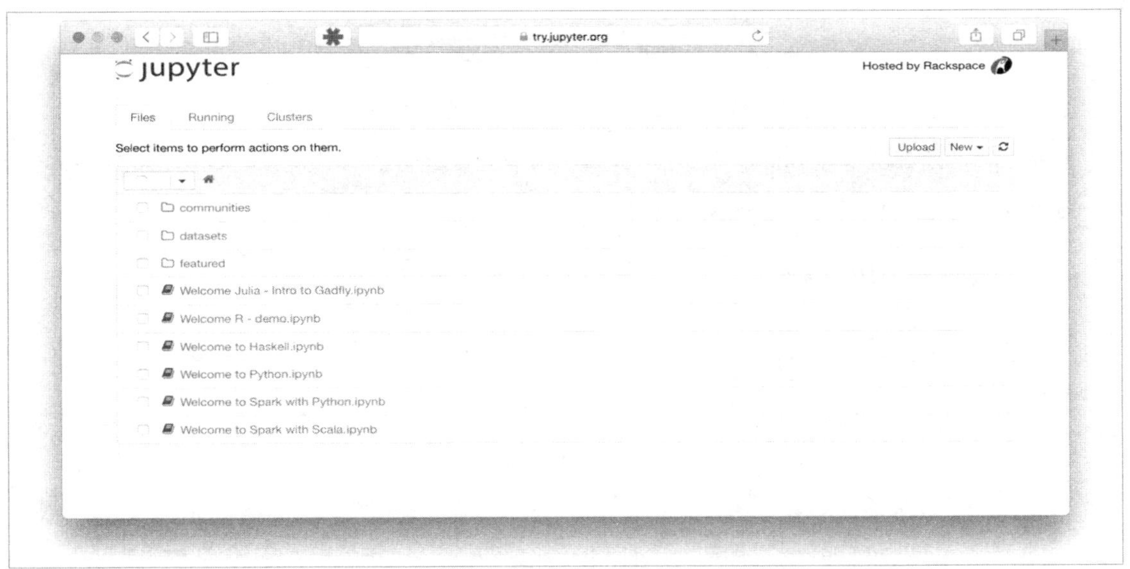

图 1-3-1　Notebook Dashboard 界面

从图 1-3-1 的 Notebook Dashboard 界面中可以看到，它的顶部有 Files、Running 和 Clusters 三个选项。其中 Files 中列出了所有文件，Running 显示已经打开的终端和笔记本，Clusters 则是由 IPython parallel 提供的。

如果想要将 Notebook 文件上传到当前的目录中，则可以通过将文件拖动到 Notebook 列表或单击右上角的【Upload】按钮来实现。单击【New】按钮会显示以下 4 个选项。

（1）文本文档（Text File）：单击该选项会新建一个空白页面。它相当于一个文本编辑器，可以在上面输入任何字母、单词和数字，选择好编程语言后可以在上面写脚本。此外，它还提供查找和替换文件中单词的功能。

（2）文件夹（Folder）：单击该选项后其实是在编辑文件夹列表。可以创建一个新文件夹，把所需文档放进去，也可以修改文件夹的名称或删除文件夹。

（3）终端（Terminal）：其工作方式与 macOS、Linux 计算机上的终端一样，都是在 Web 浏览器中创建终端支持。打开终端后只需在其中输入 Python，就可以写 Python 脚本了。

（4）Python 2/3：单击该选项后会创建一个基于 Python 2/3 语言的 Notebook 编辑器。

当某个 Notebook 文件正在运行时，在该文件名称前方的笔记本图标会显示为绿色，同时在右侧会出现绿色的“Running”标记。如果想要关闭某个正在运行的 Notebook 文件，那么仅仅通过关闭该文件的页面是无法实现的，需要在 Dashboard 界面明确关闭它。

如果要对 Notebook 文件实现复制、重命名、关闭或删除操作，那么请选中该文件前面的复选框，此时 Notebook 列表的顶部会显示一系列控件，如图 1-3-2 所示，单击其中的按钮可以实现相应操作。

图 1-3-2　选中某个 Notebook 文件前面的复选框后顶部会出现的控件

另外，单击顶部的【Running】按钮可以查看所有正在运行的 Notebook 文件，如图 1-3-3 所示，在此页面中也可以进行文件的关闭操作。

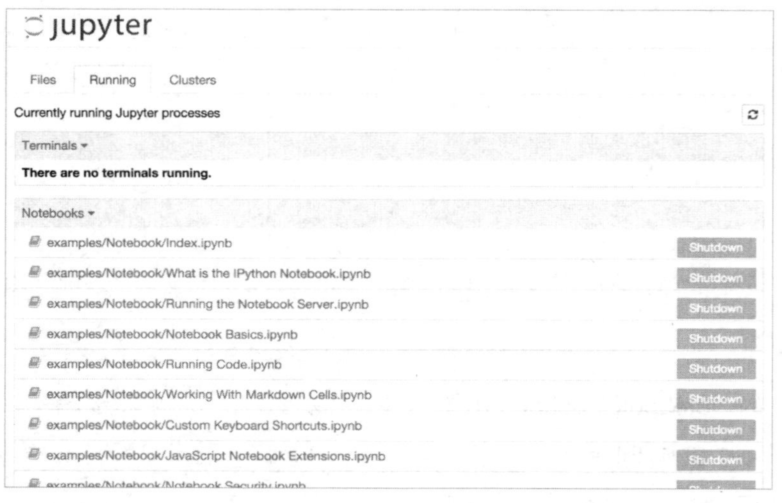

图 1-3-3　Notebook 的 Running 界面

2. Notebook 编辑器的用户界面组件

当打开一个新建的 Notebook 编辑器时，会显示笔记本名称、菜单栏、工具栏、模式指示器、内核指示器及代码单元格，如图 1-3-4 所示。

图 1-3-4　新建 Notebook 的用户界面

（1）笔记本名称（Notebook Name）：页面顶部显示的名称（Jupyter 图标旁边），即 .ipynb 文件的名称。单击笔记本名称会弹出一个对话框，可进行重命名。

（2）菜单栏（Menu Bar）：显示可用于操纵笔记本功能的不同选项。

（3）工具栏（Tool Bar）：将鼠标悬停在某个图标上可以获取该图标的功能，通过单击图标可以快速执行笔记本中最常用的操作。

（4）模式指示器（Mode Indicator）：显示 Notebook 当前所处的模式，当没有图标显示时，表示处于命令模式；当出现小铅笔图标时，表示处于编辑模式。

（5）内核指示器（Kernel Indicator）：能够显示当前所使用的内核及所处状态，当内核空闲时，会显示为空心圆环；当内核运行时，会显示为实心圆形。

（6）代码单元格（Code Cell）：默认的单元格类型，可在其中进行编程操作。

Notebook 包含一系列单元格。单元格是一个多行文本输入字段，共有代码单元格、标记单元格和原生单元格 3 种类型。单击工具栏上的下拉菜单，可以发现共有以下 4 个选项。

（1）代码（Code）：代码单元格可以编写代码，具有完整的语法突出显示和选项卡补全。使用的编程语言取决于内核，默认内核（IPython）运行 Python 代码。

（2）标记（Markdown）：非常常见的轻量级标记语言，即指定应强调文本的哪些部分（斜体、粗体和表单列表等），用来为代码添加注释和结论。

（3）原生（Raw NBConvert）：一个命令行工具，提供了一个可以直接写入输出的位置。当通过 NBconvert 传输时，原生单元格以未修改的形式到达目标格式。例如，如果将完整的 LaTeX 输入到原生单元格中，则该单元格在由 NBconvert 转换后仍由 LaTeX 呈现。

（4）标题（Heading）：添加标题，使文档看起来更干净整洁，它现在已经变成 Markdown 里的一个语法，用两个 # 表示。

Notebook 中的单元格共有以下两种模式。

（1）编辑模式（Edit Mode）：表示单元格处于可编辑状态，此时单元格中出现光标，单元格边框显示为绿色，模式指示器出现小铅笔图标。此种状态下可以进行代码的编写和更改等操作。

（2）命令模式（Command Mode）：表示单元格处于可操作状态，此时单元格中没有光标，单元格左边显示为蓝色，边框为灰色，模式指示器中无图标。此种状态下无法针对单个单元格输入内容，但可以对整个 Notebook 进行操作，如单元格的删除、切换等。

如果想要更详细地了解 Notebook 的用户界面，则可以执行菜单栏中的【Help】→【User Interface Tour】命令，其动态的交互展示能够使读者对 Notebook 有更深刻的认知。

另外，如果在 Dashboard 的界面中打开的是一个 Markdown 文件，那么将会进入一个文件编辑器（File Editor）的用户界面，如图 1-3-5 所示。由于文件编辑器的界面组件相对比较简单，因此此处不再详细说明。

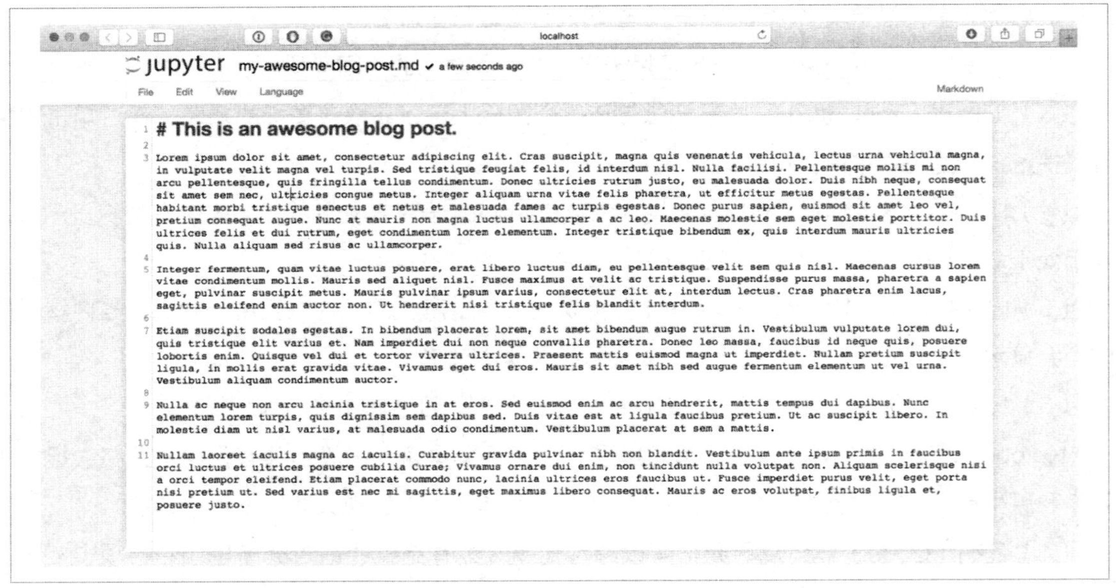

图 1-3-5　Notebook 的文件编辑器界面

3. Notebook 的键盘导航

Jupyter Notebook 的模态用户界面经过优化之后可以有效地使用键盘。这是通过使用两组不同的键盘快捷键实现的：一组在编辑模式下处于激活状态，另一组在命令模式下处于激活状态。

最重要的键盘快捷键是进入编辑模式的【Enter】和进入命令模式的【Esc】。

由于在编辑模式下，键盘的大部分按键主要用于单元格内容的输入，因此编辑模式中的快捷方式相对较少。而在命令模式下，由于不需要输入单元格内容，整个键盘都可以用于快捷方式，因此有更多的快捷操作可使用。执行菜单栏中的【Help】→【Keyboard Shortcuts】命令，可以了解在不同模式下的快捷操作。图 1-3-6 展示了 macOS 系统下的 Keyboard Shortcuts 界面。

图 1-3-6 macOS 系统下的 Keyboard Shortcuts 界面

另外，如果想要自己设置快捷操作，则可以在图 1-3-6 所示的界面中单击右上角的【编辑快捷键】按钮来更改快捷键，或者执行菜单栏中的【Help】→【Edit Keyboard Shortcuts】命令进行编辑。

对于快捷操作的学习，建议按以下顺序进行。

（1）基本导航：【Enter】【Shift+Enter】【Up/K】【Down/J】。

（2）保存 Notebook：【S】。

（3）更改单元格类型：【Y】【M】【1~6】【T】。

（4）创建单元格：【A】【B】。

（5）编辑单元格：【X】【C】【V】【D】【Z】。

（6）内核操作：【I】【0】（均按两次）。

1.3.4 Jupyter Notebook 的基本使用

为了给后续 Python 的编程学习打下一个良好的基础，此处对 Notebook 的基本使用操作进行简单介绍。

1. 运行代码

前面已经说明，在编辑模式下，可以对代码单元格进行输入和运行代码的操作。

例 1.3.2 输出 Hello，world

```
print('Hello, world')                # 输出 Hello, world
```

要运行代码可以单击工具栏中的运行按钮，或者使用快捷键【Shift+Enter】，运行开始后单元格前方的中括号里会出现【*】标记，同时在下方会产生一个新的空代码单元格。运行结束后，单元格前方的中括号里会显示运行的顺序，运行结果如图 1-3-7 所示。

```
Hello, world
```

图 1-3-7　输出 Hello，world 的运行结果

另外，还有两个快捷键也可用于代码的运行。

（1）【Alt+Enter】：运行当前单元格并在下方插入新的单元格。

（2）【Ctrl+Enter】：运行当前单元格并进入命令模式，此时不会有新的单元格产生。

此外，单击菜单栏中的【Cell】选项，在其下拉菜单中可以选择运行所有单元格、运行以上 / 以下单元格等运行方式。

2. 停止运行

如果在代码的运行过程中发现代码错误或陷入死循环需要停止正在运行的代码，则可以通过在命令模式下连续按下两次【I】键来实现，也可以单击工具栏中的正方形按钮来停止代码运行。运行被强制停止后会出现 KeyboardInterrupt 的提示。

此外，还可以通过中断内核运行来实现此操作。内核是代码运行的单独进程，可以通过选择菜单栏中的【Kernal】选项对内核进行中断、重启等操作。如果想要在一个 Notebook 中切换不同的 Python 版本，则也可以通过切换内核来实现。

在单元格中输入以下代码并运行，尝试用以上不同方法来停止运行，停止运行的结果如图 1-3-8 所示。

例 1.3.3　停止运行

```
import time                    # 导入 time 包
time.sleep(10)                 # 暂停 10s 后再执行程序
```

```
---------------------------------------------------------------------------
KeyboardInterrupt                         Traceback (most recent call last)
<ipython-input-5-c20d360cf4b6> in <module>
      1 import time
----> 2 time.sleep(10)

KeyboardInterrupt:
```

图 1-3-8　代码停止运行后的结果

3. 结果输出

Notebook 的所有输出都是在内核中生成的异步显示。例如，如果执行以下单元格，则会每隔 0.5s 看到输出一行新的内容。

例 1.3.4 输出的异步显示

```
import time, sys            # 导入 time，sys 包
for i in range(8):          # 遍历 0-7 的序列
    print(i)                # 输出此次循环的值
    time.sleep(0.5)         # 暂停 0.5s 后再执行程序
```

当所有内容都输出完成后，会看到如图 1-3-9 所示的运行结果。

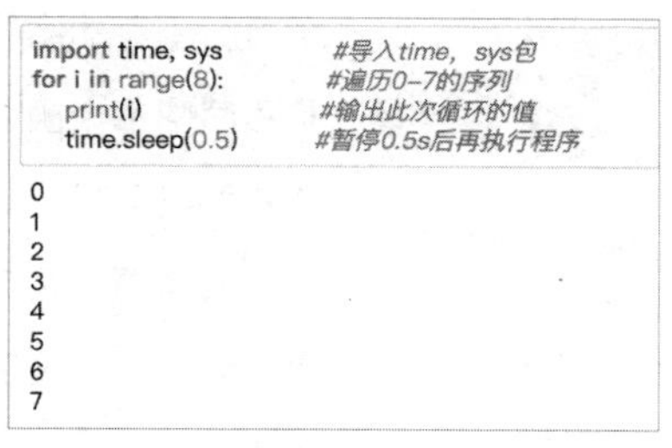

图 1-3-9 输入异步显示的最终结果

当输出的内容较多时，输出区域可以折叠。可以通过单击或双击输出结果左侧的活动区域来实现。当输出内容多到超过某个值时，输出会自动进行折叠，如图 1-3-10 所示。

```
In [3]: for i in range(50):     #遍历0-49的序列
            print(i)            #输出此次循环的值

0
1
2
3
4
5
6
7
8
9
10
单击显示输出；双击隐藏
12
13
14
15
16
17
18
```

图 1-3-10 输出区域折叠示例

4．魔术关键字

魔术关键字（Magic Keywords）是用于控制 Notebook 的特殊命令。它们在代码单元格中运行，以【%】或【%%】开头，【%】控制一行，【%%】控制整个单元。由于魔术关键字的用法很多，这里只介绍较为常见的几种，更多用法可以参考魔术命令的官方文档。

例 1.3.5 部分魔术关键字

```
%[关键字]                    # 控制一行代码
%%[关键字]                   # 控制代码块
%lsmagic                     # 输出所有魔术命令
```

```
%time                                        # 代码的单次运行时间
%timeit                                      # 平均运行时间
%matplotlib inline                           # 嵌入图形
%run [py 文件的相对地址 ]                     # 运行 Python 文件
%load [ 脚本相对地址 ]                        # 从外部脚本中插入代码
%who                                         # 列出所有的全局变量
%who str                                     # 列出所有的字符型全局变量
%prun                                        # 程序中每个函数消耗的时间
!pwd                                         # 获取当前目录
ls                                           # 获取当前目录下所有的文件内容
!ls                                          # 获取当前目录下所有的文件内容
%ls                                          # 获取当前目录下所有的文件内容
!ls *.csv                                    # 查看当前目录下有哪些 csv 数据集
!curl [ 文件地址 ] >> [./ 存储地址及名称 ]     # 下载网络文件
```

5. 文档存储及分享

Notebook 有自动存储的功能，默认以 .ipynb 格式存储。如果想要改变其存储格式，则可以执行菜单栏中的【File】→【Download】命令，然后可以选择将文档存储为 Python、HTML、Markdown、LaTeX 和 PDF 等格式。

另外，Notebook 还有一个非常“酷炫”的功能，即可以进行 PPT 的制作和展示，其所制成的 PPT 风格非常简单明晰。

在 Notebook 的菜单栏中选择【View】→【Cell Toolbar】→【Slideshow】命令，这时在文档的每个单元右上角都会显示【Slide Type】的下拉菜单。通过选择不同的选项设置不同的类型，以此控制 PPT 的格式。【Slide Type】下拉菜单中有以下 5 种类型。

（1）Slide：主页面，在 PPT 放映过程中通过按左右方向键进行切换。

（2）Sub-Slide：子页面，在 PPT 放映过程中通过按上下方向键进行切换。

（3）Fragment：碎片页面，一开始是隐藏的，按空格键或方向键后显示，实现动态效果。

（4）Skip：跳过页面，在幻灯片中不显示的单元。

（5）Notes：备注页面，作为演讲者的备忘笔记，不在幻灯片中显示。

当编写好幻灯片形式的 Notebook 之后，需要在终端中使用 nbconvert 来进行展示。

例 1.3.6 以 PPT 形式打开 Notebook 文档

```
jupyter nbconvert [notebook.ipynb] --to slides --post serve
```

1.4 Markdown单元格的使用

前文已经介绍了单元格的 3 种类型，除最常用的代码单元格外，标记（Markdown）单元格也是 Notebook 的一大特色。本节主要简单介绍 Markdown 单元格的使用，更详细的 Markdown 使用说明可以参考其官方文档说明。

1.4.1 入门简介

Markdown 是一种可以使用普通文本编辑器编写的标记语言，通过简单的标记语法，可以使普通文本内容具有一定的格式。同时 Markdown 也是 Web 编写者常用的 text-to-HTML 工具。也就是说，Markdown 可以使用易阅读、易编写的纯文本格式进行编写，然后将其转换为结构有效的 XHTML（或 HTML）。

因此，所谓“Markdown”，其实包含两部分，一部分是纯文本的格式化语法，另一部分是将纯文本格式转换为 HTML 的软件工具。这里主要对 Markdown 的语法进行说明。

为了提高可阅读性，Markdown 的语法完全由标点字符组成，并且这些标点字符在经过精心挑选之后，与其语法指代的含义有所对应。例如，一个单词周围的星号实际上是表明强调，Markdown 列表也对应于实际的列表。

Markdown 可以内联 HTML，但它并不是 HTML 的替代品，甚至有明显的差别。它的语法集非常小，仅对应一小部分的 HTML 标签。HTML 是一种发布格式，而 Markdown 是一种写作形式。因此，Markdown 的格式化语法仅解决可以用纯文本传达的问题。而对于 Markdown 语法未涵盖的标记，只需直接使用 HTML 标签即可。

1.4.2 基础语法

Markdown 的基础语法主要包括以下内容。

1. 段落和换行

一个 Markdown 的段落是由一个或多个连续的文本行组成的，它的前后需要有一个以上的【空行】。普通的段落不应使用【空格】或【制表符】来缩进。

Markdown 允许段落内的强迫换行，可以通过在需要换行处插入两个【空格】然后按【Enter】键来实现。

例 1.4.1 展示了段落和换行的代码。

例 1.4.1 段落和换行

```
段落一的第一行
段落一的第二行


段落二
```

运行结果如图 1-4-1 所示。

段落一的第一行
段落一的第二行

段落二

图 1-4-1 段落和换行运行结果

2. 标题

Markdown 支持两种样式的标题，即 Setext 样式和 atx 样式，其中 atx 样式更为常用。

Setext 样式的标题是通过给标题内容使用【 = 】(第一级标题) 和【 - 】(第二级标题) 加“下划线”的方式来实现。

例 1.4.2 Setext 样式的标题

```
标题一
=====


标题二
-----
```

注意

只要【 = 】或【 – 】数量有两个及以上均可实现标题格式。

atx 样式的标题则是通过在行的开头使用 1~6 个【 # 】字符再加上一个【 空格 】分别实现标题的 1~6 级别。另外，在工具栏的下拉菜单中，如果选择【 标题 】选项，那么该单元格中就会自动出现一个【 # 】加上【 空格 】，也就是 atx 样式的一级标题格式。

例 1.4.3 atx 样式的标题

```
# 标题一


## 标题二
```

以上两种样式的运行结果是相同的，如图 1-4-2 所示。

标题一

标题二

图 1-4-2　标题运行结果

3. 列表

列表分为有序列表和无序列表两种。有序列表使用数字加上一个英文的句点再加上【空格】表示，无序列表则使用【*】【+】或【-】再加上【空格】表示。

当然，通过在次级列表前面加上 4 个【空格】或【制表符】也可以实现列表的嵌套使用。

例 1.4.4　列表

```
1. 有序列表 1
    1. 有序列表 1.1
    2. 有序列表 1.2
2. 有序列表 2
3. 有序列表 3

* 无序列表 1
    * 无序列表 1.1
    * 无序列表 1.2
+ 无序列表 2
- 无序列表 3
```

运行结果如图 1-4-3 所示。

1. 有序列表1
    A. 有序列表1.1
    B. 有序列表1.2
2. 有序列表2
3. 有序列表3

- 无序列表1
    - 无序列表1.1
    - 无序列表1.2
- 无序列表2
- 无序列表3

图 1-4-3　列表运行结果

注意

无论在有序列表的标记上使用的数字是什么，它都会从第一行列表的数字开始逐个向下计数。也就是说，即使输入以下代码，也会得到图 1-4-3 中有序列表部分的相同结果。

例 1.4.5 列表

```
1. 有序列表 1
   1. 有序列表 1.1
   1. 有序列表 1.2
9. 有序列表 2
5. 有序列表 3
```

4. 引用

Markdown 中对文字的引用通过【 > 】来实现。引用同样可以嵌套使用,【 > 】的数量表示了引用的嵌套层级。另外，引用的区块里也可以包含其他 Markdown 格式，如标题、列表等。

例 1.4.6 引用

```
> 引用段落 1
>> 引用段落 1.1

>### 引用段落 2 标题
* 无序列表 1
* 无序列表 2
```

运行结果如图 1-4-4 所示。

图 1-4-4 引用运行结果

5. 特殊文本

一些常用的表示文本强调的特殊文本格式，如加粗、斜体、删除线等可以通过在需要强调的文字两端加不同数量的【 * 】【 _ 】或【 ~ 】来实现。

例 1.4.7 特殊文本

```
* 斜体 1*
_ 斜体 2_
** 粗体 1**
```

```
__ 粗体 2__

*** 粗斜体 1***

___ 粗斜体 2___

~~ 加删除线 ~~
```

运行结果如图 1-4-5 所示。

斜体1
斜体2
粗体1
粗体2
粗斜体1
粗斜体2
~~加删除线~~

图 1-4-5　特殊文本运行结果

6. 特殊格式

（1）分隔线：在一个空白行中输入 3 个及以上的【 * 】或【 - 】或【 _ 】，除符号之间可以插入【空格】外，该行内不能有其他内容。

（2）对齐方式：在需要对齐的文本内容前面加上【 <p align='orientation'> 】，后面加上【 </p> 】。基本格式为 <p align='orientation'> 文本内容 </p>，左、中、右对齐时把【 orientation 】改成对应的【 left 】【 center 】【 right 】即可。

（3）加下划线：在需要加下划线的文本内容前面加上【 <u> 】，后面加上【 </u> 】，基本格式为 <u> 文本内容 </u>。

（4）特殊字符：在特殊字符之前加【 \ 】可以插入一些用于构成 Markdown 语法的特殊标点符号。

例 1.4.8　特殊格式

```
***

<p style="text-align: left" > 左对齐 </p>

<p style="text-align: center" > 居中 </p>

<p style="text-align: right" > 右对齐 </p>


<u> 加下划线 </u>


\* 文本前加星号
```

运行结果如图 1-4-6 所示。

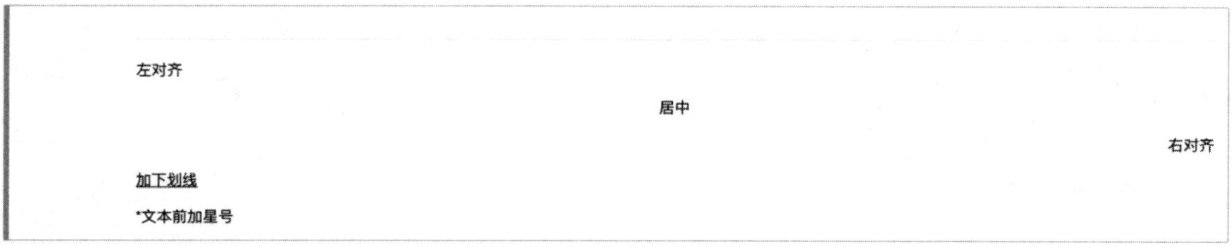

左对齐

居中

右对齐

<u>加下划线</u>

*文本前加星号

图 1-4-6　特殊格式运行结果

1.4.3　扩展语法

Markdown 扩展语法主要包括以下内容。

1. 插入代码

代码的插入分行内插入和代码块插入两种。当需要行内插入时，直接将代码用单引号括起来即可；当插入代码块时，有以下两种方式可供选择。

（1）在代码块第一行开头输入 4 个【空格】或一个【制表符】。

（2）使用 3 个反引号【```】在代码块前后将其括起来。

另外，当需要代码高亮时，可以在代码块之前的【```】后面加入代码语言。需要注意的是，插入代码块之前需要至少一个空行。借用例 1.3.4 中的代码块来进行如下示例。

例 1.4.9　插入代码

````
行内插入 'import pandas' 行内插入

插入代码块方式一


    import time, sys                    # 导入 time，sys 包
    for i in range(8):                  # 遍历 0-7 的序列
        print(i)                        # 输出此次循环的值
        time.sleep(0.5)                 # 暂停 0.5s 后再执行程序

插入代码块并高亮（Python）


```python
import time, sys                        # 导入 time，sys 包
for i in range(8):                      # 遍历 0-7 的序列
````
````

```
    print(i)                                # 输出此次循环的值
    time.sleep(0.5)                         # 暂停 0.5s 后再执行程序
```

```
插入代码块并高亮（javascript）

```javascript
console.log("Hello World")      // 输出 Hello World
```
```

运行结果如图 1-4-7 所示。

```
行内插入'import pandas'行内插入

插入代码块方式一

    import time, sys          #导入time, sys包
    for i in range(8):        #遍历0-7的序列
        print(i)              #输出此次循环的值
        time.sleep(0.5)       #暂停0.5s后再执行程序

插入代码块并高亮（Python）

    import time, sys          #导入time, sys包
    for i in range(8):        #遍历0-7的序列
        print(i)              #输出此次循环的值
        time.sleep(0.5)       #暂停0.5s后再执行程序

插入代码块并高亮（javascript）

    console.log("Hello World")      //输出Hello World
```

图 1-4-7　插入代码运行结果

2. 插入表格

插入表格时，用【|】表示单元格边界，在表格标题行下方插入一行同样列数的【-】，每个单元格中的【-】数量可以为任意个。Notebook 中的表格会自动对齐，有良好的格式。同时，为了精简表格的样式，可以省略每行首尾单元格靠表格边框的【|】。与插入代码块一样，插入表格前至少需要一个空行。

例 1.4.10　插入表格

```
完整表格格式

| 学号 | 姓名 | 分数 |
|--|--|--|
| 小明 | 男 |75|
| 小红 | 女 |79|
```

```
| 小陆 | 男 |92|

精简表格格式

学号 | 姓名 | 分数
-|-|-
小明 | 男 |75
小红 | 女 |79
小陆 | 男 |92
```

运行结果如图 1-4-8 所示。

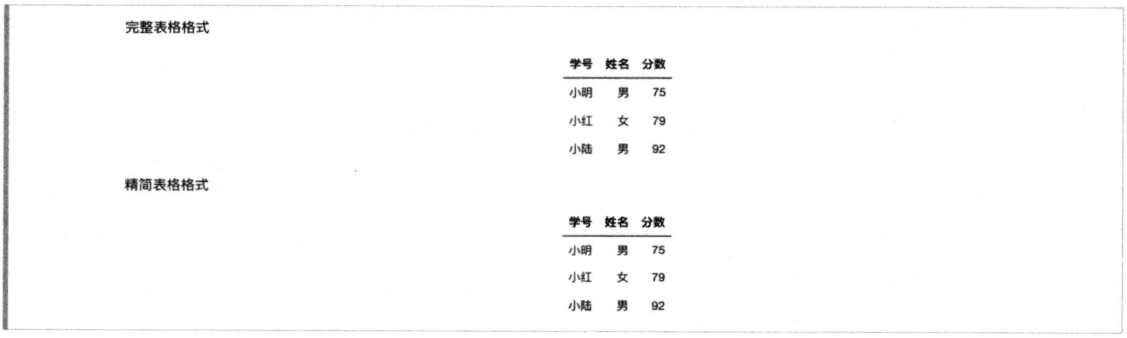

完整表格格式

学号	姓名	分数
小明	男	75
小红	女	79
小陆	男	92

精简表格格式

学号	姓名	分数
小明	男	75
小红	女	79
小陆	男	92

图 1-4-8　插入表格运行结果

3. 插入链接

要在文本中插入链接有以下 3 种方式。

（1）行内式：用【方括号】来标记链接的文字，然后在【方括号】后面紧接着的【圆括号】内插入网址链接即可。如果还想要加上链接的 title 文字，则可以在网址后面用【双引号】把 title 文字包起来。

（2）参考式：用【方括号】来标记链接的文字，在【方括号】后再接上另一个【方括号】，里面填入用以辨识链接的标记，然后在文件的任意处把这个标记的链接内容定义出来。链接内容的格式为：带有辨识标记的【方括号】加上一个【冒号】加上一个以上的【空格】或【制表符】再加上链接的网址，然后可以选择性地加上 title 内容，用【单引号】【双引号】或【括号】包着。

（3）自动链接：用【<】和【>】把网址链接包起来，最终直接显示网址链接。

例 1.4.11　插入链接

```
** 行内式插入链接：**
行内式超链接 1[ 百度 ](http://www.baidu.com)
```

```
行内式超链接 2[ 百度 ](http://www.baidu.com " 悬停显示百度 ")


** 参考式插入链接：**
常用的搜索引擎有 [ 谷歌 ] [1] [ 雅虎 ] [2] 和 [ 百度 ] [3].


 [1]:  http://google.com/        " 谷歌 "
 [2]:  http://search.yahoo.com/  ' 雅虎 '
 [3]:  http://www.baidu.com    ( 百度 )


** 自动链接：**
<http://www.baidu.com/>
```

运行结果如图 1-4-9 所示。

行内式插入链接：
行内式超链接1百度
行内式超链接2百度

参考式插入链接：
常用的搜索引擎有[谷歌] 1 [雅虎] 2 和[百度] 3.

自动链接：
http://www.baidu.com/

图 1-4-9　插入链接运行结果

4. 插入图像

插入图像的方式有两种：行内式和参考式。与插入链接的方式类似，只需在插入链接的方式前面加上【感叹号】即可。

例 1.4.12　插入图像

```
** 行内式插入 Jupyter logo：**
![Jupyter logo](http://jupyter.org/assets/main-logo.svg "Jupyter")


** 参考式插入 Jupyter logo：**
![Jupyter logo][logo]


[logo]:  http://jupyter.org/assets/main-logo.svg "Jupyter"
```

运行结果如图 1-4-10 所示。

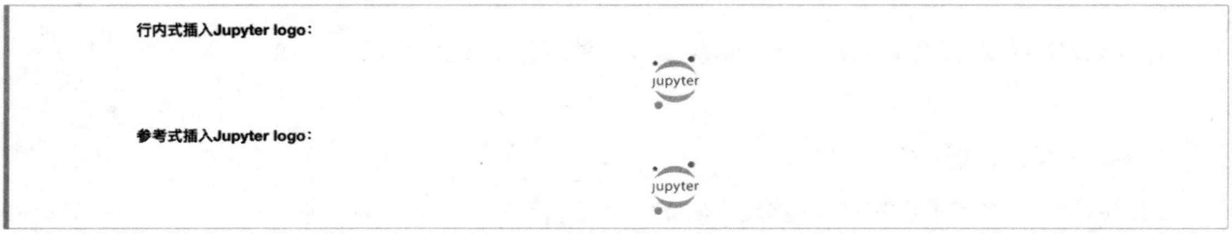

行内式插入Jupyter logo：

jupyter

参考式插入Jupyter logo：

jupyter

图 1-4-10　插入图像运行结果

5. 插入 LaTeX 公式

在 Notebook 中插入 LaTeX 公式的方法有很多，Notebook 的官方文档中也给出了许多例子。这里只作简要的介绍。

（1）插入行内公式：在公式两边都用【 $ 】包起来。

（2）插入整行公式：在公式两边都用【 $$ 】包起来。

例 1.4.13　插入 LaTeX 公式

```
** 插入行内公式：**
质能守恒方程的方程式是： $E = mc^2$


** 插入整行公式：**
$$\sum_{i=1}^n a_i = 0$$
$$f(x_1, x_x, \ldots, x_n) = x_1^2 + x_2^2 + \cdots + x_n^2 $$
$$\sum^{j-1}_{k=0}{\widehat{\gamma}_{kj} z_k}$$
```

运行结果如图 1-4-11 所示。

插入行内公式：
质能守恒方程的方程式是： $E = mc^2$

插入整行公式：

$$\sum_{i=1}^n a_i = 0$$

$$f(x_1, x_x, \ldots, x_n) = x_1^2 + x_2^2 + \cdots + x_n^2$$

$$\sum^{j-1}_{k=0}{\widehat{\gamma}_{kj} z_k}$$

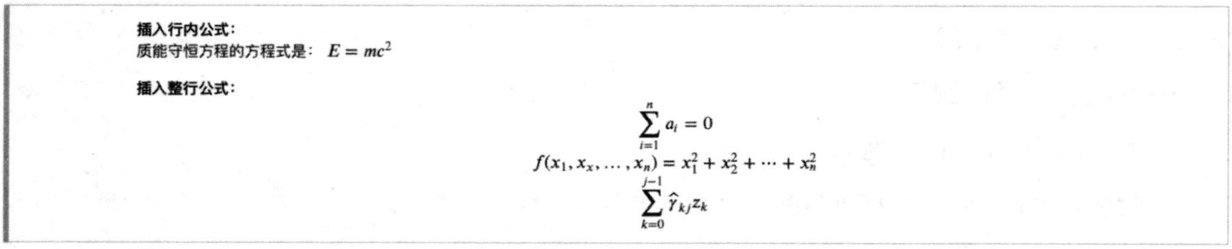

图 1-4-11　插入公式运行结果

1.5 Spyder入门

1.5.1　Spyder——Python 编程的“热带雨林”

Spyder 是使用 Python 编程语言进行科学计算的集成开发环境（IDE）。它结合了综合开发

工具的高级编辑、分析、调试功能及数据探索、交互式执行、深度检查和科学包的可视化功能，为用户带来了很大的便利。其官网的 slogan 如图 1-5-1 所示。

图 1-5-1　Spyder 官网的 slogan

Spyder 不仅仅是一个代码编辑的舞台，还是一系列工具有机组合而成的生态系统。就像人们进入一片丰富的热带雨林，起初可能会令人迷失方向，但熟悉了环境之后，就会看到一个多姿多彩的世界。Spyder 包含的核心组件如图 1-5-2 所示。

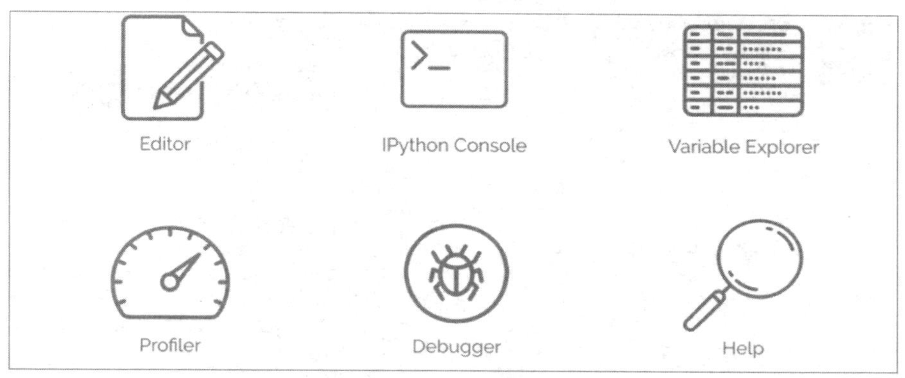

图 1-5-2　Spyder 包含的核心组件

1.5.2　Spyder 的特点

作为一个在 Python 用户中知名度很高的集成开发环境，Spyder 自然有其独特之处。

1. 类 MATLAB 设计

Spyder 在设计上参考了 MATLAB，变量查看器模仿了 MATLAB 中“工作空间”的功能，并且有类似 MATLAB 的 PYTHONPATH 管理对话框，对熟悉 MATLAB 的 Python 初学者非常友好。

2. 资源丰富且查找便利

在 Spyder 中拥有变量自动完成、函数调用提示及随时随地访问文档帮助的功能，并且其能够访问的资源及文档链接包括了 Python、Matplotlib、Numpy、Scipy、Qt、IPython 等多种工具及工具包的使用手册。

3. 对初学者友好

Spyder 在其菜单栏中的【Help】中给新用户提供了交互式的使用教程及快捷方式的备忘单，能够帮助新用户快速直观地了解 Spyder 的用户界面及使用方式。

4. 工具丰富，功能强大

Spyder 除拥有一般 IDE 普遍具有的编辑器、调试器和用户图形界面等组件外，还拥有对象查看器、变量查看器、交互式命令窗口和历史命令窗口等组件。此外，还具有数组编辑及个性定制等多种功能。

1.5.3 Spyder 的用户界面组件

打开一个新建的 Spyder 文档，其界面如图 1-5-3 所示。

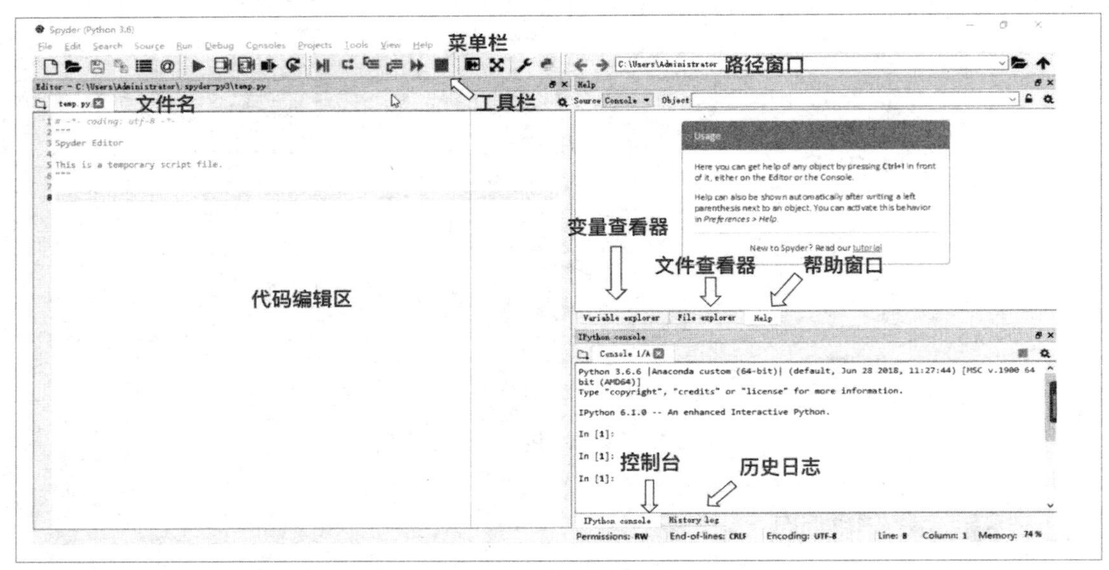

图 1-5-3 新建 Spyder 文档的界面

（1）菜单栏：显示可用于操纵 Spyder 各项功能的不同选项。

（2）工具栏：通过单击图标可快速执行 Spyder 中最常用的操作，将鼠标悬停在某个图标上可以获取相应功能的说明。

（3）路径窗口：显示文件目前所处路径，通过其下拉菜单和后面的两个图标可以很方便地进行文件路径的切换。

（4）代码编辑区：编写 Python 代码的窗口，左边的行号区域显示代码所在行。

（5）变量查看器：类似 MATLAB 的工作空间，可以方便地查看变量。

（6）文件查看器：可以方便地查看当前文件夹下的文件。

（7）帮助窗口：可以快速便捷地查看帮助文档。

（8）控制台：类似 MATLAB 中的命令窗格，可以一行行地交互。

（9）历史日志：按时间顺序记录输入到任何 Spyder 控制台的每个命令。

1.5.4 Spyder 的核心构建块

如图 1-5-2 所示，Spyder 的核心构建块共有编辑器、控制台、变量浏览器、探查器、调试器及帮助 6 个。

1. 编辑器（Editor）

编辑器是编写 Python 代码的窗口，通过在给定文本旁边按【Tab】键，可以在编写时获得自动建议并进行自动补全。编辑器的行号区域可以用来提示警告和语法错误，以便在运行代码之前监测潜在问题。另外，通过在行号区域中的非空行旁边双击可以设置调试断点。

2. 控制台（IPython Console）

控制台可以有任意个，每个控制台都在一个独立的过程中执行，每个控制台都使用完整的 IPython 内核作为后端，且具有轻量级的 GUI 前端。IPython 控制台支持所有的 IPython 魔术命令和功能，并且还具有语法高亮、内联 Matplotlib 图形显示等特性，极大地改进了编程的工作流程。

3. 变量浏览器（Variable Explorer）

在变量浏览器中可以查看所有全局变量、函数、类和其他对象，或者可以按几个条件对其进行过滤。变量浏览器基于 GUI，适用于多种数据类型，包括数字、字符串、集合、Numpy 数组、Pandas DataFrame、日期 / 时间和图像等；可以实现多种格式文件之间数据的导入和导出，还可以使用 Matplotlib 的交互式数据可视化选项。

4. 探查器（Profiler）

探查器以递归的方式确定文件中调用的每个函数和方法的运行时间和调用次数，并且将每一个过程都分解为最小的单个单元。这使我们可以轻松地识别代码中的瓶颈，指出对优化最关键的确切语句，并在后续更改后测量性能增量。

5. 调试器（Debugger）

Spyder 中的调试是通过与 IPython 控制台中的增强型 ipdb 调试器集成来实现的，而这允许从 Spyder GUI 及所有熟悉的 IPython 控制台命令直接查看和控制断点并且执行流程，给编程工作带来了很大的便利。

6. 帮助（Help）

帮助中可以提供任何 Python 对象（包括类、函数、模块等）的使用文档或源代码；有手动触发和自动触发两种模式，可以随时随地实现文档的查询。

由于 Spyder 强大的帮助组件中有非常详细的关于 Spyder、Python 及各种 Python 对象的使用指南，这里不再对 Spyder 的使用方法进行更加详细的说明。读者可以在使用的过程中加深对它的了解。

同时，为了更方便进行数据分析的各项结果展示和结论说明，本书在后续章节中的编程工作基本都在 Jupyter Notebook 中完成。希望大家在学习时也能尝试使用 Spyder，以便在以后的数据分析工作中可以做出相对更优的选择。

1.6 小结

本章首先通过数据来说明 Python 语言在数据科学实践中举足轻重的地位，同时对 Python 编程的特性做了简要介绍。

接着详细介绍了 Anaconda 套件。其中主要说明了 Anaconda 的重要功能，介绍了 Anaconda 的下载和安装方法，同时比较了两个常用的环境和工具包管理工具 Navigator 和 Prompt。此外，还针对 Conda 进行了比较详细的介绍。

然后对 Anaconda 套件中广泛使用的工具 Jupyter Notebook 进行了介绍。主要说明了其在使用中的优势、使用界面及一些基本的使用方法。

之后针对 Jupyter Notebook 中的一大特色——标记（Markdown）单元格进行了单独的说明。主要介绍了 Markdown 的入门知识及一些基础和扩展的语法。

最后介绍了 Anaconda 套件中的一个用于科学计算的集成开发环境 Spyder。主要说明了其特点、用户界面组件及其核心构建模块。

通过本章的介绍，相信大家对于如何基于 Python 搭建数据科学环境有了自己的认识，对 Python 的 Anaconda 套件也有了一定的了解。

第 2 章

CHAPTER 2

Python 基础

第 1 章讲述了如何搭建基于 Python 的数据科学环境。现在是万事俱备，只欠代码！众所周知，狗熊会政委带领大家完成过很多关于火锅的案例，政委可谓是狗熊会的“火锅英雄”。所以，本书的众多章节仍然以火锅团购数据为分析案例，借此来阐述如何利用 Python 进行数据科学实践。那么，现在就请大家开始数据科学实践的火锅团购分析之旅吧。

2.1 “火锅团购数据”简介

提起冬天，大家会想起什么？是银装素裹的景色？是亲友相聚的团圆？还是春节假期难得的闲暇？对吃货来说，冬天是最好的季节。炖得酥烂的羊肉汤，捧在手里香甜诱人的烤红薯和炒栗子，浇着爽辣汤汁的烤鱼等，都是冬日里令人无法割舍的美食。更何况，冬天还给了人们一个能敞开了吃的绝妙理由：积蓄热量，抵御寒冷（义正词严！）。

冬天里，最不能落下的美食之一，就是本章（也是后续多个章节）要介绍的主题——火锅。火锅，作为一种历史悠久、老少皆宜的美食，全国盛行。和三五好友相约打边炉，才是初冬应有的味道。

如果你也是吃货，是否调研过火锅有多少种呢？你最喜欢吃的火锅又是哪一种呢？是以麻辣为主的川系火锅，还是鲜美清淡的粤系火锅？是传统京味铜炉火锅，又或者是汤汁浓郁的滇味腊排骨火锅？

火锅不仅美味，还可以催生出巨大的产业。根据《2018 中国火锅产业餐饮大数据研究报告》（报告由辰智餐饮大数据研究中心与中国烹饪协会联合发布）显示，我国火锅餐饮市场从 2014 年至 2018 年，年增长率均在 10% 以上，每年全国新增的火锅店面都多于关闭的火锅店面，火锅行业仍然在扩张之中，越来越多的人投身火锅行业。这一现象导致的直接结果就是使本行业处于完全竞争的状态，各商家之间竞争十分激烈。

那么在这样激烈的竞争下如何才能成功突围就成为各位竞争者需要仔细思考的问题，为了能从相对科学的角度给出建议，本书决定以火锅团购的数据为例，来进行火锅行业中一些真实业务问题的分析。

本书收集了截至 2018 年 8 月 1 日某团购平台上西安与郑州火锅团购产品的销售数据。基于该数据，本书将分析一些火锅行业面对的真实业务问题。例如，影响火锅团购销量的因素，如何为火锅商户设计团购套餐，新开火锅店的选址问题等。从这些真实的业务问题出发，介绍如何使用 Python 进行数据科学的实践。

数据科学实践第一步，干什么？答案肯定是“读数据”。如果数据读不进来，就无法知道数据到底是什么样子，从而无法分析数据。因此，需要先把火锅团购数据读进来，看看火锅团购数据都包含了哪些信息。

2.2 读写数据

2.2.1 文件管理

在读入数据之前，工作路径的设置尤为重要，就像要想吃火锅，就必须要知道火锅店地址一样，这个叫“Python”的人，要去找到“数据”这个火锅店的地址。这是后面做一系列研究的基础，所以先来介绍设置工作路径的方法。

例 2.2.1 设置工作路径

```
import os
os.getcwd()                    ## 查看当前的工作目录
os.chdir('XXXXX')              ## 此处请将路径换成自己计算机中数据的存放位置
os.getcwd()                    ## 重新查看
```

其中，os 是 Python 的标准模块，import 可理解为加载，import os 即加载 os 模块。os.getcwd() 可以查看当前的工作目录。不同的数据科学项目应该存储于不同的目录，所以这时就需要我们根据数据文件的位置来设置工作目录。命令 os.chdir 就是将工作目录更改成数据存放位置的函数。最后设置完成后，最好再利用 os.getcwd() 检查一下路径是否设置成功。本书为了方便起见，所有被使用的数据都尽量存储在网络上，所以导入数据时有时会使用其他命令。

2.2.2 读入火锅团购数据

围绕着“火锅团购”会有店铺信息、团购信息和评论这 3 个方面的数据。因此，本书会主要使用以下 3 个扩展名为 .xlsx 的文件。

（1）shops_nm.xlsx：店铺数据集。包含每家门店所在的城市及具体地址、大众评分、店铺菜品种类及该店铺的人均消费情况等信息。

（2）coupon_nm.xlsx：团购活动内容数据集。包含每个团购活动的举办地址、所属店铺、内容、价位、购买人数及评价人数等信息。

（3）comment_nm.xlsx：团购活动评论数据集。包含用户对该团购活动评论的时间、内容、评分及所属门店等信息。

这 3 张数据表的信息整合后共同记录了每个团购活动所属店铺的信息、具体的团购信息及大众对该活动的评价信息。

数据介绍清楚以后，接下来面临的问题就是如何读入这些数据。希望这里大家先“不求甚解”，记住一种叫作 Pandas 的 Python 模块能提供函数读取数据即可，关于 Pandas 的具体内容会在后续章节中详细讲解。接下来，就从导入团购活动内容数据集 coupon_nm.xlsx 开始 Python 之旅。

例 2.2.2　读取 .xlsx 格式数据

```
import pandas as pd                                    # 导入 Pandas 模块
coupon = pd.read_excel("https://github.com/xiangyuchang/xiangyuchang.github.io/blob/
          master/BearData/coupon_nm.xlsx?raw=true")  # 读入数据
coupon.head()                                          # 查看数据的前 5 行
```

运行结果如图 2-2-1 所示。

	团购名	店名	团购活动ID	团购介绍	购买人数	团购评价	评价人数	到期时间	团购价	市场价	地址	团购内容	备注	购买须知
0	壹分之贰豪华生日派对套餐	壹分之贰聚会吧桌游轰趴馆(旗舰店)	38744470	仅售880元，价值7342元豪华生日派对聚会桌游轰趴夜场10小时（通宵包场）！免费WiFi，...	0	暂无评价	暂无评价	2018-08-10	NaN	NaN	【西安市雁塔区小寨东路11号壹又贰分之壹B楼1003】	【内容: 豪华主题场地, 规格: 10小时, 价格: 600元】【内容: 轰趴场地布置, 规...	随便退	【有效期2017年06月07日至2018年08月10日】\n【可用时间周末法定节假日通用08...
1	壹分之贰豪华棋牌包间	壹分之贰聚会吧桌游轰趴馆(旗舰店)	38632123	仅售98元，价值240元豪华棋牌包间4小时套餐（4人）1份！免费WiFi！	0	暂无评价	暂无评价	2018-08-10	NaN	NaN	【西安市雁塔区小寨东路11号壹又贰分之壹B楼1003】	【内容: 豪华棋牌包间4小时套餐（4人），规格: 1份, 价格: 240元】	随便退	【有效期2017年05月26日至2018年08月10日】\n【可用时间周末法定节假日通用08...
2	壹分之贰豪华生日派对套餐	壹分之贰聚会吧桌游轰趴馆(旗舰店)	38744514	仅售480元，价值3685元豪华生日派对聚会桌游轰趴5小时（包场）！免费WiFi，需预约！	0	暂无评价	暂无评价	2018-08-10	NaN	NaN	【西安市雁塔区小寨东路11号壹又贰分之壹B楼1003】	【内容: 豪华主题场地, 规格: 5小时, 价格: 300元】【内容: 轰趴场地布置, 规格...	随便退	【有效期2017年06月07日至2018年08月10日】\n【可用时间周末法定节假日通用08...

图 2-2-1　coupon_nm.xlsx 数据集信息

从图 2-2-1 中可以看出，这份数据可以观察到每个团购所属的店铺、内容介绍、购买人数、评价人数、价格和店铺地址等信息。如果 coupon 是 CSV 文件，则也可以很方便地读取，只需要将代码第 2 行中的 pd.read_excel 改为 pd.read_csv 即可，注意这里的编码方式是 'gbk'。

例 2.2.3　读取 .csv 格式数据

```
import pandas as pd
coupon_nm = pd.read_csv("https://github.com/xiangyuchang/xiangyuchang.github.io/blob/
          master/BearData/coupon_nm.csv?raw=true", encoding='gbk')
coupon_nm.head()
```

代码运行后会得到与图 2-2-1 同样的结果。

虽然已经读取了火锅数据，但是这些都是扩展名为 .xlsx 或 .csv 的数据文件。那么其他存储类型的数据如何读取呢？下面来介绍 Python 对于 TXT 文件的读写。

2.2.3 利用 open() 函数读写文件

open 是 Python 中的内置函数，其正确的使用逻辑是：打开文件—读取文件内容—关闭文件。需要注意的是，文件使用完毕之后一般需要关闭，因为文件对象会占用系统资源，并且操作系统在同一时间内能够打开的文件数量有限。

open() 函数使用的基本语法如下。

```
f = open(< 文件名 >, < 打开模式 >)
```

其中，打开模式用于控制使用何种方式打开文件。open() 函数提供了 7 种基本的打开模式，见表 2-2-1。

表 2-2-1 open() 函数的 7 种基本打开模式

打开模式	说明
'r'	只读模式（默认模式），如果文件不存在，则报错；如果文件存在，则正常读取
'w'	覆盖写模式，如果文件不存在，则新建文件，然后写入；如果文件存在，则先清空文件内容，再写入
'x'	创建写模式，如果文件存在，则报错；如果文件不存在，则新建文件，然后写入内容，比 w 模式更安全
'a'	追加写模式，如果文件不存在，则新建文件，然后写入；如果文件存在，则在文件的最后追加写入
'b'	二进制文件模式，如 rb、wb、ab，以 bytes 类型操作数据
't'	文本文件模式
'+'	与 r/w/x/a 一同使用，在原功能基础上增加同时读写功能

下面利用 open() 函数新建一个名为 food 的 TXT 文件，然后写入内容。

例 2.2.4 open() 函数读写文件

```
# 打开一个文件
f = open("food.txt", "w")
# 在文件中写入两行话
f.write(" 西安火锅真棒。\n 我喜欢西安的火锅 !!\n")
# 关闭打开的文件
f.close()
```

这样就会在工作目录下发现有一个 food.txt 文件，打开后出现两行话，分别是“西安火锅真棒”和“我喜欢西安的火锅 !!”，如图 2-2-2 所示。

food.txt - 记事本
文件(F) 编辑(E) 格式(O) 查看(V) 帮助(H)
西安火锅真棒。
我喜欢西安的火锅!!

图 2-2-2　food.txt 文件内容

最后利用 f.close 可以把文件关闭。在这个过程中，需要注意的是，当 food 文件在目录中已经存在时，如果我们还以“w”的模式打开，那么原来文件中的内容就会被清空。

Python 还有很多文件读取的方法，这里就不一一介绍了，等到需要用时再进行仔细讲解。

2.3　Python数据类型与结构

俗话说，知己知彼，方能百战百胜。虽然在前面已经读取了火锅的团购数据，但是最先做的不应该是直接对数据进行分析，而是要了解数据。而了解数据，就要先从数据类型与结构开始。

2.3.1　基本数据类型

在数据科学实践中，通常需要知道变量是什么类型才可以进行相应的分析。在 Python 中有一个 type() 函数，可以用来查看基本的数据类型，其语法如下。

```
type( 变量名 )                # 用来查看变量的数据类型
```

例 2.3.1　type 查看变量数据类型

```
type(200)                     # 返回值为 int
type(-1)                      # 返回值为 int
type(pow(2, 10))              # 返回值为 int，pow(2, 10) 是 2 的 10 次方
type(True)                    # 返回值为 bool
```

看到这里，大家肯定会问，导入一个数据集后，每个数据集有很多个变量，总不能一个一个地查看数据类型吧。针对这个问题 Python 也有相应的解决办法——dtypes 函数，它可以用来查看所有字段的数据类型，如图 2-3-1 所示。下面举例说明如何在 coupon 这个数据集上使用它。

例 2.3.2　dtypes 查看变量数据类型

```
coupon.dtypes
```

运行结果如图 2-3-1 所示。

Python 有很多数据类型，这里将会简要介绍整数、浮点数、复数、布尔值和字符串这几类。

Python 的数字有 4 种数据类型，分别是整数（int）、浮点数（float）、复数（complex）和布尔值（bool）。

```
团购名          object
店名            object
团购活动ID        int64
团购介绍          object
购买人数          int64
团购评价          object
评价人数          object
到期时间          object
团购价          float64
市场价          float64
地址            object
团购内容          object
备注            object
购买须知          object
dtype: object
```

图 2-3-1　coupon 数据集变量数据类型

1. 整数

整数又称为整型，也就是 int 类型。在 Python 中，可以直接对整数进行算数运算。整数与数学中定义的整数概念一致。例如，1、−2、45687 等。

从图 2-3-1 中可以看出，【团购活动 ID】与【购买人数】都是整数变量。这里大家不妨思考一下，【团购活动 ID】需要用整数变量来存储吗?

2. 浮点数

简单来说，浮点数就是带小数点的数字，也就是 float 型。从图 2-3-1 中可以看出，【团购价】【市场价】等都是浮点数。

例 2.3.3　type 查看浮点数类型数据

```
type(85.0)                # 返回值为 float
type(4/5)                 # 返回值为 float
```

下面来看一个例子，如图 2-3-2 所示，“六婆串串香火锅”的团购价“85.0”为浮点数。

	团购名	店名	团购活动ID	团购介绍	购买人数	团购评价	评价人数	到期时间	团购价	市场价	地址	团购内容	备注	购买须知
4	六婆串串香火锅100代金券	六婆串串香火锅	38767590	仅售85元，价值100元代金券！免费停车，免费WiFi！	6	暂无评价	暂无评价	2018-08-30	85.0	100.0	【西安市雁塔区长丰园小区12号楼7号商铺】【西安市周至县中心街隆发云塔广场C016号】	【内容: 代金券, 规格: 1张, 价格: 100元】	随便退	【有效期2017年06月09日至2018年08月30日】\n【可用时间周末法定节假日通用09...

图 2-3-2　coupon 数据集的一条数据信息

3. 复数

在 Python 中，复数的虚数部分通过后缀“j”来表示。

例 2.3.4　创建复数

```
12.3 + 4j                 # 创建复数
```

还可以使用 real 和 imag 函数来查看复数的实部和虚部。

例 2.3.5 查看复数的实部和虚部

```
(3 + 1j).real                    # 返回值为 3.0
(3 + 1j).imag                    # 返回值为 1.0
```

注意

虚部的系数如果是 1，那么也需要写出来，否则会产生错误，读者可以试验一下。

4. 布尔值

布尔值就是逻辑值，“对”或“错”，“是”或“否”。就像人们对火锅的态度有“爱”或“不爱”一样，这就对应了逻辑值 True 和 False。因为它们的主要用途是进行逻辑运算，所以可以通过“==”“>”“<”等创建布尔值。下面来看一些简单的例子。

例 2.3.6 创建布尔值

```
1 == 1                           # 返回值为 True
1 > 2                            # 返回值为 False
1 != 2                           # 返回值为 True
(1 != 2) and (1 == 1)            # 返回值为 True
(1 != 2) or (1 > 2)              # 返回值为 False
```

那么，逻辑运算能在数据科学实践中做什么呢？这里还是回到火锅的例子上来。如图 2-3-3 所示，查看 coupon_nm 数据集可以发现，第一行和第三行的团购名都是“壹分之贰豪华生日派对套餐”。那么需要读者思考的问题就是，它们到底是不是同一个团购呢？

	团购名	店名	团购活动ID	团购介绍	购买人数	团购评价	评价人数	到期时间	团购价	市场价	地址	团购内容	备注	购买须知
0	壹分之贰豪华生日派对套餐	壹分之贰聚会吧桌游轰趴馆(旗舰店)	38744470	仅售880元，价值7342元豪华生日派对聚会桌游轰趴夜场10小时（通宵包场）！免费WiFi，...	0	暂无评价	暂无评价	2018-08-10	NaN	NaN	【西安市雁塔区小寨东路11号壹又贰分之壹B楼1003】	【内容: 豪华主题场地, 规格: 10小时, 价格: 600元】【内容: 轰趴场地布置, 规...	随便退	【有效期2017年06月07日至2018年08月10日】\n【可用时间周末法定节假日通用08...
1	壹分之贰豪华棋牌包间	壹分之贰聚会吧桌游轰趴馆(旗舰店)	38632123	仅售98元，价值240元豪华棋牌包间4小时套餐（4人）1份！免费WiFi！	0	暂无评价	暂无评价	2018-08-10	NaN	NaN	【西安市雁塔区小寨东路11号壹又贰分之壹B楼1003】	【内容: 豪华棋牌包间4小时套餐（4人），规格: 1份, 价格: 240元】	随便退	【有效期2017年05月26日至2018年08月10日】\n【可用时间周末法定节假日通用08...
2	壹分之贰豪华生日派对套餐	壹分之贰聚会吧桌游轰趴馆(旗舰店)	38744514	仅售480元，价值3685元豪华生日派对聚会桌游轰趴5小时（包场）！免费WiFi，需预约！	0	暂无评价	暂无评价	2018-08-10	NaN	NaN	【西安市雁塔区小寨东路11号壹又贰分之壹B楼1003】	【内容: 豪华主题场地, 规格: 5小时, 价格: 300元】【内容: 轰趴场地布置, 规格...	随便退	【有效期2017年06月07日至2018年08月10日】\n【可用时间周末法定节假日通用08...

图 2-3-3 查看 coupon 数据集

解决的办法是，通过对比团购 ID 来确定是不是同一个团购活动，这时就可以用到布尔运算。具体操作代码如下。

例 2.3.7 对比团购 ID

```
coupon.iloc[0, 2] == coupon.iloc[2, 2]                # 返回值为 False
```

注意

> 如果不做特殊说明，本书都假设读者已经导入了所需使用的数据。

由返回值 False 可知，二者相等这件事不成立，所以这并不是同一个团购。这里需要说明的是，在 Python 中，利用 Pandas 模块导入的数据都以数据框（DataFrame）的方式存储。而从数据框中取出某行某列就需要在数据集后加 .iloc，并用方括号 [i, j] 表示行列的位置，i 表示行数，放置在前，j 表示列数，放置在后。但需要注意的是，Python 中从 0 开始计数，如 coupon.iloc[0, 2] 表示第一行第三列，coupon.iloc[2, 2] 表示第三行第三列。这些具体的函数操作都会在后面讲解，这里大家可以先去试着理解布尔运算的用途。

当然，还可以利用布尔值寻找需要的数据。例如，最近大家都很喜欢吃"六婆串串香火锅"，那么如何找到"六婆串串香火锅"的数据呢？大家可以试试下面的方法。

例 2.3.8 寻找"六婆串串香火锅"

```
coupon[coupon[' 店名 '] == [' 六婆串串香火锅 ']
```

运行结果如图 2-3-4 所示。

	团购名	店名	团购活动ID	团购介绍	购买人数	团购评价	评价人数	到期时间	团购价	市场价	地址	团购内容	备注	购买须知
4	六婆串串香火锅100代金券	六婆串串香火锅	38767590	仅售85元，价值100元代金券！免费停车，免费WiFi！	6	暂无评价	暂无评价	2018-08-30	85.0	100.0	【西安市雁塔区长丰园小区12号楼7号商铺】【西安市周至县中心街隆发云塔广场C016号】	【内容: 代金券, 规格: 1张, 价格: 100元】	随便退	【有效期2017年06月09日至2018年08月30日】\n【可用时间周末法定节假日通用09...

图 2-3-4　布尔值查找结果

利用布尔值，一行代码就可以寻找到需要的数据。布尔数据类型会经常在数据科学的实践中使用，其目的就是通过简单的逻辑运算来实现快速处理数据。

5. 字符串

字符串是一系列字符，也就是 str 型。简单来说，就是用一对单引号（'）、双引号（"）或三引号（'''）括起来的一串字符。例如，"Python 分析火锅数据 "、'Python' 等。

例 2.3.9 查看字符串类型数据

```
type(' 六婆串串香火锅 ')        # 返回值为 str
```

根据返回结果可知，' 六婆串串香火锅 ' 是字符串 str 类型。

Python 提供了 5 种字符串类型数据的常用操作，分别是"+"（字符串拼接），"*"（复制），"in"（是否在字符串中），单个索引和切片索引，"len"（字符串长度）。

例 2.3.10 字符串类型数据的 5 种常用操作

```
name = '六婆串串香火锅'
name + name                # 返回值为 '六婆串串香火锅六婆串串香火锅'
name * 3                   # 返回值为 '六婆串串香火锅六婆串串香火锅六婆串串香火锅'
'六婆' in name             # 返回值为 True
name[0]                    # 返回值为 '六'
name[2:4]                  # 返回值为 '串串'
len(name)                  # 返回值为 7
```

字符串类型的数据其实是通过一种特殊的数据结构列表（list）存储的。想要更多理解字符串的例子，可以从数据结构的介绍中获得。

6. 数据类型转换

数据类型转换在项目实践中经常用到。例如，一个火锅店的月销售额是一个字符串类型，转换为数字类型才可以进行数值计算和统计分析。Python 提供了便捷的数据类型转换函数，见表 2-3-1。

表 2-3-1 Python 的数据类型转换函数

函数	功能
float()	将其他类型数据转为浮点数
str()	将其他类型数据转为字符串
int()	将其他类型数据转为整型

还记得之前让大家思考的关于【团购活动 ID】的问题吗？火锅数据中的字段【团购活动 ID】，Python 认为它是数值型。但是，此时的团购 ID 相加减是没有意义的，其本质是字符串。这就需要更改数值型数据为字符型数据。使用 str() 函数就可以成功地将第一条数据的 ID“38744470”转换成字符串 '38744470'。

例 2.3.11 将团购活动 ID 转化为字符串类型

```
ID = coupon.loc[0, '团购活动 ID']
ID = str(ID)               # 转换数据类型
print(type(ID))            # 转换为字符串
```

2.3.2 基本数据结构

在 Python 中，基本的数据结构有列表、元组、字典和集合等。当然，还有其他第三方库中的数据结构。例如，Pandas 库中的 Dataframe。本小节重点介绍基本数据结构。

1. 列表

列表数据结构由一系列按特定顺序排列的元素组成。

（1）列表的生成。在 Python 中，用逗号将不同元素分隔开，整体放在一个方括号“[ ]”中就可以创建列表。列表中的数据类型可以是相同的，也可以是不同的。同时，列表还可以进行嵌套。

例 2.3.12 创建列表

```
list0 = [ ]                                                    # 创建空列表
list1 = [' 团购名 ', ' 店名 ', ' 团购活动 ID', ' 团购介绍 ', ' 购买人数 ', ' 团购评价 ', ' 评价人数 ', ' 地址 ',
        ' 团购内容 ']                                           # 创建火锅数据字段名列表
list2 = ['13377118', '8', ' 随便退 ']                           # 创建团购信息列表
list3 = [' 壹分之贰聚会吧桌游轰趴馆 ( 旗舰店 )', list2]          # 列表嵌套
```

上述示例中，列举了常见的列表形式。空列表可以直接用 [ ] 建立。在 list1 中，可以把火锅数据的字段名都放在列表中。在 list2 中，'13377118' 是团购活动的 ID，属于字符型；'8' 表示购买人数，是数值型。list3 是列表的嵌套形式，把 list2 列表直接当成新列表 list3 的某一个元素即可。

（2）查看列表数据类型。当使用 type() 函数查看列表数据类型时，如果数据是列表结构，则会返回 <class 'list'>，表示数据为列表结构。

例 2.3.13 查看列表数据类型

```
type(list1)                                                    # 返回值为 <class 'list'>
```

（3）列表的连接。在数据科学实践中，经常需要把不同的列表合并起来成为一个新的列表。在 Python 中，列表连接类似字符串连接，使用“+”即可。

例 2.3.14 列表连接

```
list1 = [' 团购名 ', ' 店名 ', ' 团购活动 ID', ' 团购介绍 ', ' 购买人数 ', ' 团购评价 ', ' 评价人数 ', ' 地址 ',
        ' 团购内容 ']
list4 = [' 到期时间 ', ' 团购价 ', ' 市场价 ', ' 备注 ', ' 购买须知 ']
list5 = list1 + list4
print(list5) # 返回值为 [' 团购名 ', ' 店名 ', ' 团购活动 ID', ' 团购介绍 ', ' 购买人数 ', ' 团购评价 ',
             # ' 评价人数 ', ' 地址 ', ' 团购内容 ', ' 到期时间 ', ' 团购价 ', ' 市场价 ', ' 备注 ', ' 购买须知 ']
```

通过 list1 与 list4 的连接，实现了把火锅数据集的列名放在同一个列表 list5 中。

（4）列表的长度。可以使用 len() 函数来查看列表的长度。例如，针对例 2.3.14 中建立的列表 list5，可以通过 len 来查看其变量个数。

例 2.3.15 查看列表长度

```
len(list5)                                        # 返回值为 14
```

（5）列表中是否存在某个元素。在 Python 中，经常使用 in 和 not in 来判断一个元素是否在列表中。结果返回逻辑值，True 或 False。

例 2.3.16 判断列表中是否存在某个元素

```
'团购活动 ID' in list5                            # 返回值为 True
'客户名' in list5                                 # 返回值为 False
```

（6）列表索引与切片。在数据科学实践中，经常会存在不同类型数据的索引与切片问题。列表当然也有其索引与切片的规则。

列表索引使用的形式如下。

```
列表名 [ 索引数字 ]
```

注意

索引数字表示的是元素所在的位置，Python 中位置是从 0 开始的。

例 2.3.17 列表索引

```
list5[0]                 # 返回值为 '团购名'
```

另外，如果从正向开始索引，则从 0 开始；如果从负向开始索引，则从 −1 开始。

例 2.3.18 列表正负向索引

```
Lst = [20, 22, 24, 26, 28]
Lst[0]                   # 返回值为 20
Lst[1]                   # 返回值为 22
Lst[-1]                  # 返回值为 28
```

列表切片则是通过使用“:”隔开索引的边界来实现。需要注意的是，两个作为边界的索引，第一个索引的元素包含在切片中，第二个索引的元素不包含在切片中（可以理解为区间中的左闭右开）。另外，“ : ”除可以指定索引位置的上下边界外，还可以指定步长。

具体的切片操作格式如下。

```
序列对象 [ 起始元素 : 终止元素 : 步长值 ]
```

例 2.3.19 列表切片

```
Lst[2:4]                 # 提取从第 3~5 个元素之间的元素，返回值为 [24, 26]
Lst[0:4:2]               # 提取从第 1~5 个元素之间的元素，步长为 2，返回值为 [20, 24]
Lst[-2:-4:-2]            # 提取倒数第 1~4 个元素之间的元素，步长为 2，返回值为 [26]
Lst[-3:-1]               # 返回值为 [24, 26]
```

为了更加清楚的解释索引和切片这两个重要概念，这里使用图 2-3-5 做一个详细的说明。

负向索引	-5	-4	-3	-2	-1	
正向索引	0	1	2	3	4	
Lst=	[20 ,	22 ,	24 ,	26 ,	28]	
正向切片	0	1	2	3	4	5
负向切片	-5	-4	-3	-2	-1	

图 2-3-5　列表索引和切片说明

（7）列表删除。列表删除使用 del 函数就可以实现。

例 2.3.20　删除列表

```
del list5[0]                # 删除列表 list5 第 0 个元素
del list5                   # 删除列表 list5
```

（8）列表的常用函数。

例 2.3.21　列表的常用函数

```
list4 = [' 到期时间 ', ' 团购价 ', ' 市场价 ', ' 备注 ', ' 购买须知 ']
list4.append(' 团购名 ')         # 在列表最后的位置加入 " 团购名 "
list4.insert(0, ' 店名 ')        # 在列表的第一个位置加入 " 店名 "
list4.append(' 团购名 ')         # 在列表最后的位置再加入 " 团购名 "
list4.count(' 团购名 ')          # 计算有多少个元素是 " 团购名 "，返回值为 2
```

具体运行结果读者可自行运行后查看。

2. 元组

元组是一种有序的数据类型，因其不能被修改，故而其运行速度比列表快。它还有一个很大的优点，即存于元组的数据较为安全，不会因为设计疏忽而改变数据内容。

（1）元组的创建。元组使用小括号“()”就可以建立。

例 2.3.22　创建元组

```
tuple0 = ()                 # 建立空元组
tuple1 = (2, 4, 5)
tuple2 = ('a', 'b', 'c')
tuple3 = (21, 'a', 'c')
```

（2）元组索引与切片。元组与列表都是元素的序列，所以也可以和列表一样通过下标进行索引和切片。

例 2.3.23 元组索引与切片

```
tuple2[1]                  # 返回值为 'b'
tuple2[0:3]                # 返回值为 ('a', 'b', 'c')
```

（3）元组的修改。元组中的元素值是不允许修改的。例如，tuple2[2] 的元素本身是 'c'，但是如果把 4 赋值给这个位置，进行内容更改，就会报错。

例 2.3.24 元组修改

```
tuple2[2] = 4
```

运行结果如图 2-3-6 所示。

```
---------------------------------------------------------------------------
TypeError                                 Traceback (most recent call last)
<ipython-input-65-4eeb4193e165> in <module>()
----> 1 tuple2[2]=4

TypeError: 'tuple' object does not support item assignment
```

图 2-3-6 元组修改报错结果

例 2.3.24 说明，元组元素是不可变的，不能对其中元素进行增、删、插、改等操作。但是可以对元组进行拼接和截取，以获得新的元组。

例 2.3.25 元组的拼接和截取

```
tuple4 = tuple2 + tuple3       # 拼接元组
tuple5 = tuple4[2:5]           # 截取元组
```

运行结果：('c', 21, 'a')，实现了新元组的构建。

3. 字典

在 Python 中，根据一个信息查找另一个信息的方式构成了“键值对”，表示索引用的键和对应的值构成的成对关系，而这也可以构成一个“字典”。在实际中有很多这样的例子，大家都会给自己的笔记本设置密码，一个账户的用户名和密码合起来就构成了一个字典。同样，由西安市所有火锅店的名称和联系电话构成的通讯录也可以称为一个字典。有了这个通讯录，想吃哪家吃哪家。

（1）创建字典。使用花括号“{}”就可以创建字典，字典用键 - 值（key-value）存储，其中 key 与 value 用“:”对应。下例是一个关于每家火锅店对应的团购人数的字典。

例 2.3.26 创建字典

```
dict0 = {' 六婆串串香火锅 ': 6, ' 嗲串串 ': 14}
type(dict0)                    # 返回值为 dict，说明是字典类型
```

这个字典表示，六婆串串香火锅有 6 人团购，嗲串串有 14 人团购。

（2）访问字典中的值与更新字典。字典中值的访问可以通过以下方式来实现。

```
字典名 [ 键 ]
```

例 2.3.27 访问字典中的值

```
dict0['嗲串串']                    # 返回值为 14，即嗲串串有 14 人团购
```

如果要给字典新加一个键值对，那么直接添加即可。

例 2.3.28 给字典添加新的键值对

```
dict0['古城串串'] = 0              # 给字典添加新的键值对
dict0                              # 返回值为{'六婆串串香火锅': 6, '古城串串': 0, '嗲串串': 14}
```

此时，字典 dict0 中多了一个键值对，('古城串串': 0)。

字典中元素的值还可以直接更改，操作起来很方便。例如，“古城串串”的团购人数增加了，就可以通过直接赋值实现字典的更新。

例 2.3.29 更改字典中元素的值

```
dict0['古城串串'] = 2              # 设置古城串串的值为 2
dict0                              # 返回值为{'六婆串串香火锅': 6, '古城串串': 2, '嗲串串': 14}
```

字典中删除某个键值对用 del 函数即可。

例 2.3.30 删除键值对

```
del dict0['古城串串']              # 删除键值对
dict0                              # 返回值为{'六婆串串香火锅': 6, '嗲串串': 14}
```

此时，字典中就不再有'古城串串'。

(3)字典的常用操作。字典的使用中，往往可以根据指定的键得到其相应的结果。具体操作参数见表 2-3-2。

表 2-3-2 字典的常用操作

函数	返回值
keys()	返回所有键的信息
values()	返回所有值的信息
items()	返回所有键值的信息
get()	如果键存在，则返回相应的值；如果键不存在，则结果为 get() 方法设置的默认值

这里需要说明的是，get() 方法避免了在获取指定键的值时，由于不存在该键而导致的异常。同时，get() 方法可以设置默认值。

例 2.3.31 字典常见操作

```
dict0.keys()                       # 返回值为['六婆串串香火锅', '嗲串串']
dict0.values()                     # 返回值为[6, 14]
```

```
dict0.items()                               # 返回值为 [(' 六婆串串香火锅 ', 6), (' 嗲串串 ', 14)]
dict0.get(' 嗲串串 ')                        # 返回值为 14
dict0.get(' 狗熊串串 ', 'dict0 中无此商家 ')   # 返回值为 'dict0 中无此商家 '
```

读者可自行运行以上代码，查看运行结果是否与注释一致。

4. 集合

Python 中的集合与字典一样，里面的顺序是无序的；集合中的元素不可重复；集合中的元素需要是不可变类型，与字典中的键一样；集合可以理解为，只有键没有值的字典。Python 的集合在数据科学实践中有两个非常重要的功能，一个是进行集合操作，另一个是消除重复元素。

（1）创建集合。集合的创建共有以下两种方法。

①直接使用 {} 创建：可以使用数值、字符串和元组，而不能使用列表、字典当作元素值。

②借助 set() 函数创建：可通过列表、元组、字符串创建。

例 2.3.32 创建集合

```
## 直接使用 {} 创建
set1 = {1, 2, 's', 1, 1, 1}
set1                              # 返回值为 {1, 2, 's'}
type(set1)                        # 返回值为 set，即集合类型

## 借助 set() 函数创建
set2 = set([1, 3, 4, 5])          # 使用列表创建
set2                              # 返回值为 {1, 3, 4, 5}
set3 = set((1, 3, 'e'))           # 使用元组创建
set3                              # 返回值为 {'e', 1, 3}
set4 = set('python')              # 使用字符串创建
set4                              # 返回值为 {'h', 'n', 'o', 'p', 't', 'y'}
```

（2）集合的数学运算。Python 集合支持数学意义上的集合运算。例如，交集、差集、补集和并集等。

例 2.3.33 集合运算

```
A = {1, 2, 3}
B = {3, 4, 5}
A - B                             ## 差集
A | B                             ## 并集
```

```
A & B                                    ## 交集
```

读者可自行运行以上代码，查看结果与数学意义上的是否一样。

（3）集合的常用操作。与列表、元组、字典一样，集合也有类似的一些常用操作。例如，向集合中添加元素，删除集合中的元素，清空集合中的所有元素等。

例 2.3.34 集合的常用操作

```
set1 = {' 古城串串 ',' 嗲串串 ',' 六婆串串香火锅 '}        # 创建集合 set1
set1.add(' 天天鲜羊肉馆 ')                                # 集合 set1 添加元素 ' 天天鲜羊肉馆 '
set1.remove(' 天天鲜羊肉馆 ')                             # 集合 set1 移除元素 ' 天天鲜羊肉馆 '
set1.clear()                                              # 清空集合 set1
```

以上代码实现了对集合 set1 的增、删、清空等操作。

5. 时间类型数据

数据科学实践的分析对象不仅仅限于数值型和字符型两种，常见的还有时间类型。时间类型可以看作一种特殊的数据结构，也可以是一种特殊的数据类型。通过时间类型数据能够获取到年、月、日和星期等信息。但是时间类型的数据在读入以后常以字符串的形式出现，无法实现相关分析。

此种情况下，Python 提供了其他能够进行计算的时间数据类型，Pandas 的 to_datetime() 函数就可以实现这一目标。下面以数据集 coupon 中的【到期时间】为例，实现转换字符串的时间为可计算的标准时间。

首先导入 coupon 对应的数据，然后查看数据前 2 行。

例 2.3.35 查看 coupon 数据前 2 行

```
coupon.head(2)                                # 查看数据集前 2 行
```

运行结果如图 2-3-7 所示。

	团购名	店名	团购活动ID	团购介绍	购买人数	团购评价	评价人数	到期时间	团购价	市场价	地址	团购内容	备注	购买须知
0	壹分之贰豪华生日派对套餐	壹分之贰聚会吧桌游轰趴馆(旗舰店)	38744470	仅售880元，价值7342元豪华生日派对聚会桌游轰趴夜场10小时（通宵包场）！免费WiFi，...	0	暂无评价	暂无评价	2018-08-10	NaN	NaN	【西安市雁塔区小寨东路11号壹又贰分之壹B楼1003】	【内容: 豪华主题场地, 规格: 10小时, 价格: 600元】【内容: 轰趴场地布置, 规...	随便退	【有效期2017年06月07日至2018年08月10日】\n【可用时间周末法定节假日通用08...
1	壹分之贰豪华棋牌包间	壹分之贰聚会吧桌游轰趴馆(旗舰店)	38632123	仅售98元，价值240元豪华棋牌包间4小时套餐（4人）1份！免费WiFi！	0	暂无评价	暂无评价	2018-08-10	NaN	NaN	【西安市雁塔区小寨东路11号壹又贰分之壹B楼1003】	【内容: 豪华棋牌包间4小时套餐（4人）, 规格: 1份, 价格: 240元】	随便退	【有效期2017年05月26日至2018年08月10日】\n【可用时间周末法定节假日通用08...

图 2-3-7 coupon 数据集前 2 行

coupon 数据集中的【到期时间】应该是时间类型的变量。但是读入以后，它的具体类型可通过 dtypes 查看。

例 2.3.36 查看到期时间数据类型

```
coupon[' 到期时间 '].dtypes                    # 返回值为 dtype('O')
```

此时，转换前【到期时间】这一列的数据类型为 object（具体含义可先由读者自行查找，以后仔细讲解）。这显然与实际情况是不符的，需要进行数据类型的转换才能继续后续的分析，那么转换以后是什么情况呢?

例 2.3.37 时间类型转换

```
coupon['到期时间'] = pd.to_datetime(coupon['到期时间'])        # to_datatime 是用来转换为
                                                               # 时间类型数据的函数
coupon['到期时间'].dtypes                                      # 返回值为 dtype('<M8[ns]')
```

运行以上代码后，【到期时间】这一字段就变成了时间数据类型。

进一步，我们可以考虑提取某条团购活动的年月日信息。转化为时间数据类型的变量给这些操作带来了很大的便利。

例 2.3.38 提取 coupon 数据集中第一条团购活动的年月日

```
coupon['到期时间'][0].year          # 返回值为 2018
coupon['到期时间'][0].month         # 返回值为 8
coupon['到期时间'][0].day           # 返回值为 10
```

其实时间类型数据的很多属性都可以被很方便地提取，提取方法与例 2.3.38 类似。具体的属性可以参考表 2-3-3。

表 2-3-3　时间类型数据的属性

属性名称	说明
year	年
month	月
day	日
hour	小时
minute	分钟
second	秒
week	一年中第几周
weekday_name	星期名称

另外，在进行实际问题的处理过程中，很多时候数据中的时间会以各种形式出现，那么要如何来处理呢？这时就可以用到 time 模块。

例 2.3.39 浮点型时间

```
import time
```

```
print(time.time())                       # 返回值为当前时间点的值，具体为 1562438853.377634，
                                         # 是 float 格式的当前时间
```

大家看到这一长串数字肯定会感觉非常奇怪，怎么当前的时间值是一系列浮点数字？其实时间本身就是相对概念，所以在计算机存储中会给定一个初始时间（为 1910 年 1 月 1 日），然后给定一个计算规则，其他时间只需要记录与这个初始时间的差距。如果要显示这个时间的真实表示方式，那么就利用这个算法做逆向运算以获得当前时间。通常说的时间戳单位就是这个概念，而时间戳单位是最适于做日期运算的结构。使用 Python 中 time 库的 localtime() 函数，可以获取当前时间的标准时间格式。

例 2.3.40 获取当前标准格式的时间数据

```
print(time.localtime(time.time()))                 # 从时间戳转化为时间形式，
                                                   # 返回值为 tuple 格式的当前时间
print(time.asctime(time.localtime(time.time())))   # 从 tuple 形式转换为可读形式，
                                                   # 返回值为 Tue Jul 2 15:48:33 2019
```

进一步探究可以发现，这并不符合中文常用的年、月、日数据格式。如果要将时间数据调整为符合日常习惯的规范数据，则可以使用 time.strftime() 函数，按照指定形式定制时间数据。

例 2.3.41 规范时间数据

```
print(time.strftime('%Y-%m-%d %H:%M:%S', time.localtime()))   # 返回值 2018-11-09 11:46:13
```

此时数据显示的形式就是比较规范的形式。

此外，Python 还可以通过函数来实现时间差的计算，或者给某个固定时间加上一段时间来计算未来的时间。

例 2.3.42 时间数据运算

```
import datetime                                      # 导入模块 datetime
datetime.datetime.now()                              # 获取当前时间
t1 = datetime.datetime(2018, 11, 11, 11, 1, 29, 738212)   # 自定义时间
t1
t2 = datetime.datetime.now()
t2
sub = t2 - t1                                        # 时间相减
sub.seconds                                          # 时间相差秒数
t2.year                                              # 时间中的年
t2.month                                             # 时间中的月
t2.day                                               # 时间中的日
```

```
t2.hour                                    # 时间中的小时
t2.minute                                  # 时间中的分钟
t2.second                                  # 时间中的秒
```

具体结果，读者可自行运行以上代码，体验 datetime 这个模块。

2.4 控制流、函数与模块

前文介绍了 Python 的基本数据类型和基本数据结构，本节将主要介绍 Python 中的控制流，包括条件和循环执行语句，同时，还将介绍用户自编函数的结构及在编写完后的调用。最后，在 Python 中，除自行编写程序代码外，还提供了很多现成的 Python 模块以供调用。在数据科学实践中，这些模块能大大提高工作效率。

2.4.1 控制流

Python 语句与 C 语言、R 语言等一样，程序由 3 种基本结构组成，分别是顺序结构、分支结构和循环结构。

1. 顺序结构

顺序结构指的是做一件事情是按顺序完成每个步骤的。例如，一道家喻户晓的脑筋急转弯题目：请问把一头大象装进冰箱里的流程是什么？相信大家都知道，就是打开冰箱，把大象装进去，最后关上冰箱。从这个例子中，大家应该理解了什么是顺序结构，其实就是一种做分析时的逻辑顺序。

以计算某家火锅团购的打折力度为例，该语句就是按照从上到下的顺序，一条语句一条语句地执行，这是最基本的结构。

例 2.4.1 逻辑顺序

```
price1 = float(input(' 请输入团购价 '))          # 请输入团购价
price2 = float(input(' 请输入市场价 '))          # 请输入市场价
Z = price1 / price2                              # 计算折扣
print(" 折扣是 ", Z)                             # 输出折扣
```

2. 分支结构

分支结构指的是根据条件判断的结果来选择不同向前执行路径的运行方式。例如，每次做完团购活动以后，商家们都会复盘，看看本次营销效果如何。其中，购买人数自然是一个观测点，如

果购买人数大于 50 人，则说明营销效果还不错，否则就说明下次需要调整团购方案，再接再厉！

例 2.4.2 if-else 分支结构

```
result = int(input(' 本次火锅团购购买人数? ：( 如果有请填写个数 )'))
if result > 50:
    print(" 本次活动营销效果好 !")
else:
    print(" 下次明天再接再厉 ")
```

这时有人会质疑购买人数大于50人就是效果好吗？于是可以修改一下评价标准，大于150人，效果好；50~150 人都算一般，团购活动微调；50 人以下，需要分析原因，活动内容还需再调研整改。这里就涉及了多分支结构 if-elif-else，举例如下。

例 2.4.3 if-elif-else 分支结构

```
result = int(input(' 本次火锅团购购买人数多 r 了吗? ：( 如果有请填写个数 )'))
if result > 150:
    print(" 效果好棒 !")
elif 50 <= result < 150:
    print(" 活动内容微调 ")
else:
    print(' 内容整改，再接再厉 !')
```

3. 循环结构

在数据科学的实际项目中，经常会遇到一些规律性的重复操作，所以在程序中就需要重复某个语句，这就需要用到所谓的“循环”。在 Python 中，常用 for 和 while 语句来完成循环。

（1）遍历循环：for。for 循环的语法如下。

```
for < 循环变量 > in < 遍历结构 >:
    < 语句块 >
```

这里的对象可以是字符串、列表、元组、字典，还可以是文件、range() 函数等。

例如，如果需要把 coupon 数据集中的【团购活动 ID】一个一个地输出出来，则可以依照例 2.4.4 来实现。

例 2.4.4 一个一个地输出团购活动 ID

```
for i in coupon[' 团购活动 ID']:
    print(i)
```

另外，for 循环经常与 range() 函数一起使用，使用 range() 函数可以指定语句块的循环次数，基本使用方法如下。

```
for < 循环变量 > in range( 初始值 , 终止值 , 步长 ):
    < 语句块 >
```

继续上面的例子，把 coupon 数据集中的【团购活动 ID】是偶数的输出出来。

例 2.4.5 输出偶数团购活动 ID

```
for i in range(0, len(coupon[' 团购活动 ID']), 2):
    print(i)
```

for 循环除以上的常规操作外，还可以与前文讲述的列表结合在一起使用，可以使语句更加简洁。下面介绍一种简便的方法来做循环 —— 列表生成式。

列表生成式结构如下。

```
[ 表达式 for i in 序列 ]
```

下面的例子是通过列表生成式提取 coupon 数据集中的团购时间信息。

例 2.4.6 列表生成式提取团购时间信息

```
coupon[' 到期时间 '] = pd.to_datetime(coupon[' 到期时间 '])      # 把每个团购的到期时间转换
                                                                # 成时间格式
coupon[' 到期时间 '].dtypes                                     # 返回值为 dtype('<M8[ns]')
year1 = [i.year for i in coupon[' 到期时间 ']]                  # 提取每个 ' 到期时间 ' 的年
month1 = [i.month for i in coupon[' 到期时间 ']]                # 提取每个 ' 到期时间 ' 的月
day1 = [i.day for i in coupon[' 到期时间 ']]                    # 提取每个 ' 到期时间 ' 的日
weekday1 = [i.weekday_name for i in coupon[' 到期时间 ']]       # 提取每个 ' 到期时间 ' 的星期
```

（2）while 循环。while 循环所做的事与 if 语句类似，即检查一个布尔表达式的真假。不同的是，while 循环的代码块不是只被执行一次，而是执行完后再跳回 while 顶部，不停地重复，直到出现 False 为止。

while 循环的语法如下。

```
while  条件或表达式 :
    循环体
```

例如，计算 10 以内自然数之和。

例 2.4.7 while 循环计算 10 以内自然数之和

```
x = 0; m = 0
while x < 11:
    m += x
    x += 1
```

```
print(m)                                    #返回值为 55
```

另外，Python 中还提供了 while-else 循环，当循环条件为 False 时，执行 else 语句块。

while-else 循环的语法如下。

```
while 条件表达式:
    循环体
else:
    语句块
```

例如，比 6 小的数输出小于 6，否则输出不小于 6。

例 2.4.8 输出小于等于 6 的数

```
count = 0
while count < 6:
    print(count, " is  less than 6")
    count = count + 1
else:
    print(count, " is not less than 6")
```

运行结果如图 2-4-1 所示。

```
0  is  less than 6
1  is  less than 6
2  is  less than 6
3  is  less than 6
4  is  less than 6
5  is  less than 6
6  is not less than 6
```

图 2-4-1 whil-else 语句输出小于等于 6 的数

2.4.2 函数

1. 函数的基本使用

以函数 $y = f(x)$ 为例，给定一个 x，就有唯一的 y 可以求出来。例如，$y = 4x+1$，当 $x = 2$ 时，$y = 9$；当 $x = 1$ 时，$y = 5$。而在编程语言中，函数就不再是一个表达式了，它是能实现特定功能的可重用的语句组，通过函数名来表示和调用。

Python 中函数的定义如下。

```
def 函数名(<参数列表>):
```

```
函数体
return <返回值列表>
```

各参数说明如下。

（1）函数名：符合 Python 命名规则的任意有效标识符。

（2）参数列表：调用该函数时传递给它的值，多个参数用逗号隔开。

（3）return：产生函数返回值，其中多条返回语句可被接受。如果 Python 达到函数尾部时仍然没有遇到 return 语句，则会自动返回 None。

在火锅数据集中，针对每家火锅的团购价和市场价，可以编写一个计算参与团购能省多少钱的函数。

例 2.4.9 编写计算团购省钱数的函数

```
def save_money(price, discount_price):
    balance = price - discount_price
    return balance
```

这里 save_money 是函数名，price 和 discount_price 是两个参数。函数体部分执行的是 balance = price - discount_price，最后函数返回的是 balance 的值。

2. 函数的调用

定义后的函数需要经过“调用”才能得到运行。

调用函数的基本方法如下。

```
函数名（实际赋值参数列表）
```

例 2.4.10 调用 save_money() 函数

```
coupon[" 差额 "] = save_money(price=coupon[' 市场价 '], discount_price=coupon[' 团购价 '])
coupon.iloc[4, ]
```

运行结果如图 2-4-2 所示。

```
团购名                                  六婆串串香火锅100代金券
店名                                        六婆串串香火锅
团购活动ID                                     38767590
团购介绍                       仅售85元，价值100元代金券！免费停车，免费WiFi！
购买人数                                           6
团购评价                                        暂无评价
评价人数                                        暂无评价
到期时间                               2018-08-30 00:00:00
团购价                                           85
市场价                                          100
地址             【西安市雁塔区长丰园小区12号楼7号商铺】【西安市周至县中心街隆发云塔广场C016号】
团购内容                        【内容：代金券，规格：1张，价格：100元】
备注                                          随便退
购买须知        【有效期2017年06月09日至2018年08月30日】\n【可用时间周末法定节假日通用09...
差额                                           -15
Name: 4, dtype: object
```

图 2-4-2 函数调用运行结果

由运行结果可知，参与六婆串串香火锅团购可省 15 元。

3．函数的参数传递

函数调用时，默认按照位置顺序的方式传递参数，就像刚才计算差额的 save_money() 函数一样，按照顺序传递。当然，在 Python 中还可以按照名称传递参数。

例 2.4.11 按照名称传递参数

```
coupon[" 差额 "] = save_money(discount_price=coupon[' 市场价 '], price=coupon[' 团购价 '])
coupon.iloc[4, ]
```

运行结果如图 2-4-3 所示。

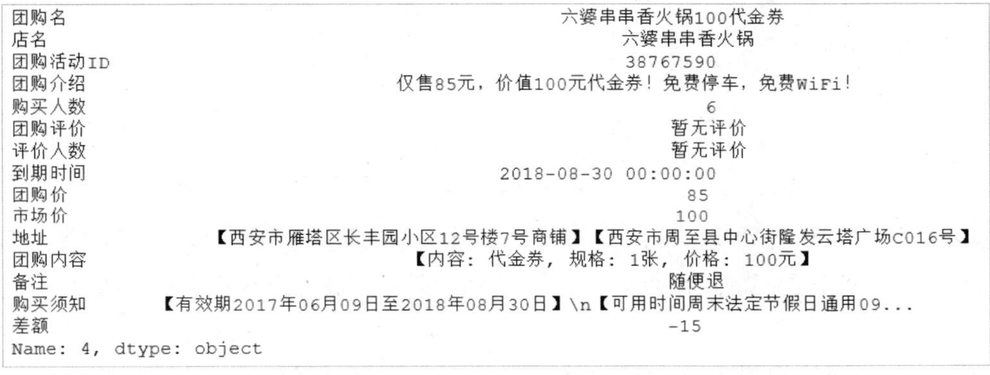

```
团购名                                      六婆串串香火锅100代金券
店名                                          六婆串串香火锅
团购活动ID                                      38767590
团购介绍                          仅售85元，价值100元代金券！免费停车，免费WiFi！
购买人数                                          6
团购评价                                        暂无评价
评价人数                                        暂无评价
到期时间                                2018-08-30 00:00:00
团购价                                          85
市场价                                          100
地址               【西安市雁塔区长丰园小区12号楼7号商铺】【西安市周至县中心街隆发云塔广场C016号】
团购内容                             【内容：代金券，规格：1张，价格：100元】
备注                                          随便退
购买须知        【有效期2017年06月09日至2018年08月30日】\n【可用时间周末法定节假日通用09...
差额                                          -15
Name: 4, dtype: object
```

图 2-4-3　按照名称传递参数运行结果

客户如果想知道商家让利多少元，那么就用“团购价”减去“市场价”，这时，指定第一个参数 discount_price 是“团购价”，第二个参数 price 是“市场价”，便可实现参数名称传递。从图 2-4-3 中可以看出，六婆串串香火锅的市场价与团购价的差额为 15 元。

4．参数带默认值

调用函数时，有时传递的参数并不完整，这时只需要在定义函数时给参数赋默认值即可。需要注意的是，在定义函数时，指定默认的参数必须在所有参数的最后，否则将产生语法错误，并且默认参数必须指向不可变的对象。

例如，吃货们把一个月参加团购活动省下的钱存起来，如果在年化利率的默认值为 0.08 的情况下要计算这笔钱的单日利息，那么应该怎样做呢?

例 2.4.12 参数带默认值

```
def interest(money, day=1, interest_rate=0.08):
    income = money * interest_rate * day / 365
    return income
interest(2000)  # 返回值为 0.4383561643835616，即本金 2000，年化率 0.08 时的单日利息
```

5. 可变参数

在Python中，还可以定义可变参数，即传入函数中的实际参数可以是0个、1个，甚至任意个。可变参数的形式主要有 *parameter 和 **parameter 两种。

（1）*parameter 形式。这种形式表示接收任意多个参数，并将这些参数放在一个元组中。在参数传递时，按照位置传递。

例 2.4.13 按照位置传递可变参数

```
## 定义函数
def hotpot(*name):
    print(' 我喜欢的火锅店有：')
    for item in name:
        print(item)


## 调用 3 次 hotpot() 函数，分别制定不同个数的实际参数
hotpot(' 六婆串串香火锅 ')                          # 返回值为我喜欢的火锅店有：' 六婆串串香火锅 '
hotpot(' 六婆串串香火锅 ', ' 海底捞 ')               # 返回值为我喜欢的火锅店有: ' 六婆串串香火锅 ',
                                                    # ' 海底捞 '
hotpot(' 六婆串串香火锅 ', ' 海底捞 ', ' 大喜串串 ') # 返回值为我喜欢的火锅店有: ' 六婆串串香火锅 ',
                                                    # ' 海底捞 ', ' 大喜串串 '
```

当然，还可以使用已经存在的列表作为函数的可变参数，在列表的名称前加“*”即可。

例 2.4.14 使用列表作为可变参数

```
name = [' 六婆串串香火锅 ', ' 海底捞 ', ' 大喜串串 ']
hotpot(*name)                # 返回值为我喜欢的火锅店有：六婆串串香火锅、海底捞、大喜串串
```

（2）**parameter 形式。在参数传递时，如果想要按照参数名传递，则可以用 **parameter 形式，表示接收任意多个参数并将这些参数放在字典中。

例 2.4.15 按照参数名传递可变参数

```
## 定义函数
def hotpotid(**id):
    print()
    for key, value in id.items():
        print("[" + key + "] 的 ID 是：" + value)


## 调用函数
```

```
hotpotid( 六婆串串香火锅 ='38767590', 大喜串串 ='35787585')
```

调用结果如图 2-4-4 所示。

与位置调用类似，这里可以使用已经存在的字典作为函数的可变参数，在字典的名称前加“**”即可。

例 2.4.16 字典作为可变参数

```
dict = {' 大喜串串 ': '35787585', ' 六婆串串香火锅 ': '38767590', ' 海底捞 ': '38767585'}
hotpotid(**dict)
```

运行结果如图 2-4-5 所示。

```
[六婆串串香火锅]的 ID 是：38767590
[大喜串串]的 ID 是：35787585
```

图 2-4-4　按照参数名传递可变参数运行结果

```
[大喜串串]的 ID 是：35787585
[六婆串串香火锅]的 ID 是：38767590
[海底捞]的 ID 是：38767585
```

图 2-4-5　字典作为可变参数运行结果

6. 匿名函数

匿名是指不署名或不署真实姓名。在 Python 中就有这样“匿名”的低调而神秘的函数，也称为 lambda 表达式。通常在需要一个函数，但是又不想浪费精力去命名一个函数的场合下使用。

例如，对于一个 lambda 表达式：lambda x, y: x - y，关键字 lambda 表示匿名函数，冒号前面的 x, y 表示函数参数，冒号后面则是函数体。它最终实现的功能是求 x - y 的值。如果还想实现之前计算每家火锅市场价与团购价差额的例子，那么应该如何利用匿名函数计算呢?

例 2.4.17 匿名函数计算差额

```
func = lambda x, y: x - y
func(coupon[' 市场价 '], coupon[' 团购价 '])
```

运行结果如图 2-4-6 所示。

这里用匿名函数代替了 save_money() 函数的功能，x, y 是形式参数，x - y 是函数体内容。

```
0         NaN
1         NaN
2         NaN
3      2179.0
4        15.0
5       282.0
6      4062.0
7       142.0
8        19.0
9         2.0
10        5.0
11        9.0
12       22.0
13        7.5
14       17.0
15        9.1
16     1001.0
17     2155.0
```

图 2-4-6　匿名函数计算差额运行结果

2.4.3 模块

当一个函数比较简单时，写进一个文件就可以了。但是当函数越来越复杂时，将所有代码写进一个程序文件中就会导致文件过长或过大，不利于管理与维护。如果可以进行分类，放入不同的文件中存放，就会显得非常整洁。按不同类别存放文件就形成了不同的模块。

在 Python 中，模块实际就是包含函数和其他语句的 Python 脚本文件，扩展名为 .py。模块可以被其他程序引入，以使用该模块中的函数等功能。

在 Python 中可以使用以下 3 种方法导入模块或模块中的函数。

（1）import 模块名。

（2）import 模块名 as 新名称。

（3）from 模块名 import 函数名。

例 2.4.18 导入 Pandas 模块

```
import pandas                        # 导入 Pandas 模块
import pandas as pd                  # 导入 Pandas 模块，记为 pd
from pandas import DataFrame         # 导入 Pandas 模块中的 DataFrame
```

这里 import 是将整个模块导入，而 form 是从模块中导入某个函数。import 与 from 还有一个不同，就是使用 import 导入的模块，模块中的函数使用时必须是“模块名 .”的形式。

例 2.4.19 导入 math 模块

```
import math                          # 导入 math 模块
from math import sqrt                # 导入 math 模块的 sqrt 函数
import math as shuxue                # 导入 math 模块，记为 shuxue
print(math.sqrt(3))                  # 返回值为 1.7320508075688772
print(sqrt(3))                       # 返回值为 1.7320508075688772
print(shuxue.sqrt(3))                # 返回值为 1.7320508075688772
```

注意

模块可以简单看作由大量函数构成的为了完成某一功能的集合体。而本书作为数据科学实践的入门书籍，目的就是阐述在数据科学实践的各个环节中使用的 Python 数据科学实践模块。

2.5 面向对象编程的基本概念

编程分为面向过程编程和面向对象编程两种。

（1）面向过程编程。

面向过程编程最易被接受，就是根据业务逻辑从上到下写代码，与游戏中的垒俄罗斯方块类似。因此，它往往需要用一长段代码来实现指定功能，开发过程中最常见的操作就是粘贴、复制，即将之前实现的代码块复制到现需功能处。但是随着业务的扩大，人们急需增强代码的可重用性和可读性，于是就出现了面向对象的编程。

（2）面向对象编程。

面向对象编程需要“类”和“对象”来实现。什么是“类”和“对象”呢？举个例子，如果火锅品牌是“类”，那么海底捞、小肥羊、重庆小天鹅等就是“对象”。另外，还记得小时候玩的印章吗？如图 2-5-1 所示。“类”是上面一排的 Hello Kitty 模板，而“对象”则是下面印出来的图形。所以，“类”是“对象”的抽象。

图 2-5-1　Hello Kitty 印章

2.5.1　类的基本定义和使用

1．类的定义

在 Python 中，具有相同属性和行为的一类实体被称为类，它是创建对象的基础。

定义一个最简单的类只需要两行代码，其基本形式如下。

```
class 类名 :
    statement  # 类体
```

类名一般以大写字母开头，如果是两个单词，那么第二个单词的首字母也需要大写。类体主要由属性列表、方法列表等组成。如果没想好具体功能，则可以用 pass 语句代替。例如，定义一个团购火锅的类，在还没想好具体功能时，类体直接放入 pass 语句即可。

例 2.5.1　定义 Hot_pot（火锅）的类

```
## 定义一个 "Hot_pot（火锅）的类 "
class Hot_pot():
    pass
```

2．类的属性与方法

在使用 class 建立类时，只要把所需的属性和方法列出即可。类的属性就是类中的变量；方法是以关键字 def 开头表示的函数。关于方法的使用，还有以下几点需要注意。

（1）方法的第一个参数必须是 self，且不能省略。

（2）方法的调用需要将类实例化，并以“实例名 . 方法名”的形式调用。

（3）方法定义时需要作为一个整体缩进一个单位。

例 2.5.2　Hot_pot 类的属性与方法

```
class Hot_pot():
```

```
    cooking = "instant boiled"                    # 烹饪方式属性
    season = "four seasons"                       # 适用季节属性
    def cook(self):                               # 定义 cook() 函数，即方法
        print(' 涮火锅 ')
    def eat(self, name):                          # 定义 eat() 函数
        self.name = name
        print(self.name, ' 是 %s 的烹饪方式 , 适合季节是 %s。'%(self.cooking, self.season))
```

上面的例子实现了使用 class 语句创建 Hot_pot 类，并为其添加了【烹饪方式】和【适用季节】两个属性。同时，还使用 def 定义了 cook() 函数和 eat() 函数。对于 cook() 函数，输出了“涮火锅”。对于 eat() 函数，增加参数 name，并输出了“name 是 instant boiled 的烹饪方式 , 适合季节是 four seasons。”。

3. 类的属性及方法的查看

任何类，都有其特有的属性和方法，通常以双下划线“__”开头和结尾，可以通过 dir() 函数展示类的属性及方法。

例 2.5.3 类的属性与方法查看

```
dir(Hot_pot)  # 返回值
['__class__', '__delattr__', '__dict__', '__dir__', '__doc__', '__eq__', '__format__', '__ge__',
 '__getattribute__', '__gt__', '__hash__', '__init__', '__init_subclass__', '__le__', '__lt__',
 '__module__', '__ne__', '__new__', '__reduce__', '__reduce_ex__', '__repr__', '__setattr__',
 '__sizeof__', '__str__', '__subclasshook__', '__weakref__', 'cook', 'cooking', 'eat', 'season']
```

2.5.2 对象

1. 创建对象

根据类的模板创建对象，可称为实例化。创建对象的语法如下。

```
对象名 = 类名
```

可以理解为对象名就是变量名，需要注意的是，对象名的首字母必须为小写字母，与类区分开。

例 2.5.4 创建对象

```
dish = Hot_pot()        # 创建 Hot_pot 类的对象 dish
dish.cooking            # dish 的 cooking 属性，返回值为 'instant boiled'
dish.season             # dish 的 season 属性，返回值为 'four seasons'
```

```
dish.cook()                          # dish 的 cook 方法，返回值为涮火锅
dish.eat(' 四川火锅 ')               # 返回值为 ' 四川火锅是 instant boiled 的烹饪方式，
                                     # 适合季节是 four seasons。'
```

上例实现了对 Hot_pot 类创建实例对象 dish，并对 dish 调用了实例方法。在实例对象方法中，第一个参数 self 表示实例本身，只能通过实例进行调用。

当创建类的实例对象时，Python 会检查是否定义一个名为“__init__”的函数，这个函数是类的一个特殊方法，可以理解为一个初始化手段。如果这个函数已经定义，那么 Python 会自动调用并运行它。这里重新声明 Hot_pot 类，并为其增加 __init__() 方法。__init__() 方法在创建类的实例对象时，可以向这个实例对象传递参数值。

例 2.5.5 创建类的实例对象

```
class Hot_pot():
    def __init__(self, cooking, season):
        self.cooking = cooking                # 属性
        self.season = season                  # 属性
    def cook(self, ):                         # 定义 cook() 函数，即方法
        print(' 涮火锅 ')
    def eat(self, name):                      # 定义 eat() 函数
        self.name = name
        print(self.name, ' 是 %s 的烹饪方式，适合季节是 %s。'%(self.cooking, self.season))
dish1 = Hot_pot('boiled', 'winter')           # 创建火锅类的对象
```

这样就可以得到 Hot_pot 类的一个对象，名为 dish1。从该例中可以看出，创建实例对象需要参数，实际上这是 __init__() 函数的参数。

2. 对象的属性

实例对象的属性值可以通过“对象名 . 属性名”的方式获取。

例 2.5.6 获取实例属性

```
dish1.cooking                        # 返回值为 'boiled'
dish1.season                         # 返回值为 'winter'
```

实例的属性是可以修改的，但只能修改该实例的属性，对于其他用同一类创建的实例是不会有修改效果的。

例 2.5.7 修改实例的属性

```
dish1.season = 'summer'
```

```
dish1.season                                  # 返回值为 'summer'
```

3. 对象的方法

对象的方法与类的方法是一样的。

例 2.5.8 对象的方法

```
dish1.eat(' 四川火锅 ')      # 对象方法 eat 的引用，返回值为 ' 四川火锅是 boiled 的烹饪方式，
                            # 适合季节是 summer。'
```

2.5.3 继承

面向对象编程的最大优点之一就是可以通过继承来减少代码。继承是两个类或多个类之间的父子关系，子类继承了父类的所有公有的属性和方法。例如，每个人都从父母身上继承了一些身体、性格上的特征，但是又不同于父母，有些是我们自有的，父母却不具备的。因此，被继承的类称为父类，新的类称为子类。

继承类的一般格式如下。

```
class < 类名 >( 父类名 ):
  pass
```

各参数说明如下。

（1）class：定义类的关键字。

（2）类名：符合标识符规范的名称。

（3）父类名：该类继承的父类名称。

（4）pass：空语句。

继承父类以后，就有了父类的属性和方法。例如，狗熊会火锅店有一次团购活动的参与人数只有 60 人，效果不是很理想。这就需要在原来的团购活动方案上进行调整。那么，这里的新方案可以认为是老方案的一个子类，老方案称为父类。但是，新方案又不完全复制原来的模式，还有自己的特色，如在保留原来模式的基础上赠送礼品等。这就涉及继承问题了。

例 2.5.9 继承

```
class Hot_pot_coupon:
  # 定义构造方法
  def __init__(self, name, mix):
     self.name = name
     self.mix = mix
  def introduce(self):
```

```
        print('%s 的团购价：%d 元 '%(self.name, self.mix))
class New(Hot_pot_coupon):
    def __init__(self, name, mix, addition):
        # 调用父类的构造方法
        Hot_pot_coupon.__init__(self, name, mix)
        self.addition = addition
    # 覆写父类的方法
    def introduce(self):
        print('%s 的团购价：%d 元 , 赠品是 %s。'%(self.name, self.mix, self.addition))
M = Hot_pot_coupon(' 情人节情侣火锅套餐 ',70)
M.introduce()    # 返回值为情人节情侣火锅套餐的团购价：70 元
P = New(' 情人节情侣火锅套餐 ', 70, ' 巧克力 ')
P.introduce()    # 返回值为情人节情侣火锅套餐的团购价：70 元 , 赠品是巧克力。
```

该例通过继承的方法，根据父类 Hot_pot_coupon 创建了子类 New。New 类继承了父类中的 name 和 mix，即团购名称和团购价。同时，比父类还多了一个方法 addition，即赠品。

2.5.4 方法重写

如果父类方法的功能不能满足子类的需求，则可以选择在子类重写父类的方法。

例 2.5.10 方法重写常用格式

```
class Hot_pot_coupon:
    def myMethod(self):
        print(' 调用父类方法 ')
class New(Hot_pot_coupon):
    def myMethod(self):
        print(' 调用子类方法 ')
c = New()
c.myMethod()
super(New, c).myMethod()
```

例如，在例 2.5.11 中，定义父类为 Vegetables，该类中定义一个 harvest() 方法。不管子类是什么蔬菜，都会显示“蔬菜是……”。如果想针对不同的蔬菜给出不同的提示，则可以在子类中重写 harvest() 方法。例如，在创建子类 Tomatoe 时，重写 harvest() 方法。

例 2.5.11 子类 Tomatoe 的方法重写

```
class Vegetable:
    color = " 绿色 "
    def harvest(self, color):
        print(" 蔬菜是：" + color + " 的！ ")
        print(" 蔬菜已经买回来了 ......")
        print(" 蔬菜原来是：" + Vegetables.color + " 的！ ")
class Tomatoe(Vegetable):
    color = " 红色 "
    def __init__(self):
        print(" 这是西红柿 ")
    def harvest(self, color):
        print(" 西红柿是：" + color + " 的！ ")
        print(" 西红柿已经买回来了 ")
        print(" 西红柿原来是：" + Vegetables.color + " 的！ ")        # 返回值为类属性 color
```

2.6 Numpy简介

Numpy 是众多数据科学模块所需要的基础模块，多用于科学计算中存储和处理大型矩阵。虽然其本身并没有提供很多高级的数据科学实践功能，但是却成为数据科学实践中最常用的模块。

2.6.1 Numpy 数组对象

Numpy 提供了两种基本对象：ndarray 和 ufunc。ndarray 是存储单一数据类型的多维数组，而 ufunc 则是能够对数组进行处理的函数。

1. 数组的创建

Numpy 提供了 array() 函数，用于创建数组。

例 2.6.1 array() 函数创建数组

```
import numpy as np                              # 导入 numpy
a1 = np.array([1, 2, 10, 4])                    # 利用列表构建一维数组
a2 = np.array([[1, 2, 3, 4], [4, 15, 6, 17]])   # 利用列表构建二维数组，可理解为矩阵
```

数组作为一个数据类型是有自己的属性变量的。表 2-6-1 列出了数组的属性及其作用。

表 2-6-1　数组的属性及其作用

属性	作用
ndim	表示数组的维度
shape	表示数组的维度，即行列数
size	表示数组中元素的总个数
dtype	表示数组中元素的类型

以例 2.6.1 中创建的数组 a2 为例，通过下列操作查看其相应的属性。

例 2.6.2　查看数组属性

```
a2.ndim                    # 返回值为 2
a2.shape                   # 返回值为 (2, 4)
a2.size                    # 返回值为 8
a2.dtype                   # 返回值为 dtype('int32')
```

2. 数组的数据类型

在数据科学实践中，通常需要使用不同精度的数据类型来使计算结果更精确。Numpy 中的大部分数据类型都是以数字结尾的，而且所有数组的数据类型必须一致才更容易确定存储空间。

Numpy 中提供了逻辑值、整数和浮点数等多种数据类型，并且每种数据类型的名称均对应其转换函数，可以使用“np. 数据类型 ()”的方式将数据直接转换成对应类型的数据对象。

例 2.6.3　数据类型转换

```
np.float(50)               # 返回值为 50.0
np.int(50.35)              # 返回值为 50
```

数组的数据类型也可以由用户自己定义。例如，要创建一个火锅团购的信息清单，它包含的字段有团购名称、团购人数和团购价。可以事先使用 dtype() 函数来定义这些字段的类型，再进行数组的创建。

例 2.6.4　创建火锅团购信息清单

```
## 自定义数据类型
hot = np.dtype([('name', np.str_, 10), ('number', np.int64), ('price', np.float64)])
hot                        # 返回值为 dtype([('name', '<U10'), ('number', '<i8'), ('price', '<f8')])


## 创建数组
```

```
hotbuy = np.array([(' 一锅两头牛美味双人餐 ', '35', '98'), (' 小龙腾四海 100 元代金券 ', '43', '79'),
          (' 酸汤鱼火锅 2-3 人餐 ', '1', '165')])
```

运行结果如图 2-6-1 所示。

```
array([['一锅两头牛美味双人餐', '35', '98'],
       [ '小龙腾四海 100 元代金券', '43', '79'],
       [ '酸汤鱼火锅 2-3 人餐', '1', '165'], dtype='<U12')
```

图 2-6-1　火锅团购的信息清单

2.6.2　数据读入

有了 Numpy 数组的基础，就很容易理解利用 Numpy 读入数据的方法。由于 Numpy 中所有数组的数据类型必须一致才更容易确定存储空间，因此这里以新的数据集 coupon_nm_new.csv 为例，向大家介绍数据导入方法。

例 2.6.5　数据读入

```
import numpy as np

## 自定义数据类型
hot = np.dtype([(' 团购活动 ID', np.str_, 10), (' 团购名 ', np.str_, 10), (' 店名 ', np.str_, 10), (' 购买人数 ',
          np.float64), (' 团购价 ', np.str_, 10), (' 市场价 ', np.str_, 10), (' 地址 ', np.str_, 10)])

## 读入数据
raw_data = np.loadtxt('coupon_nm_new.csv', delimiter=", ", dtype=hot)
raw_data
```

运行结果如图 2-6-2 所示。

```
array([('38744470', '壹分之贰豪华生日派对', '壹分之贰聚会吧桌游轰', 0., '0', '0', '【西安市雁塔区小寨东'),
       ('38632123', '壹分之贰豪华棋牌包间', '壹分之贰聚会吧桌游轰', 0., '0', '0', '【西安市雁塔区小寨东'),
       ('38744514', '壹分之贰豪华生日派对', '壹分之贰聚会吧桌游轰', 0., '0', '0', '【西安市雁塔区小寨东'),
       ...,
       ('30029899', '骨得香大盆骨炒鸡 4 到', '骨得香大盆骨', 4., '0', '0', '【郑州市巩义市货场路'),
       ('30029206', '炒鸡双人餐！ 免费停车', '骨得香大盆骨', 27., '0', '0', '【郑州市巩义市货场路')],
       ('38716258', '骨得香烧烤 100 元代', '骨得香大盆骨', 0., '0', '0', '【郑州市巩义市货场路')],
       dtype=[('团购活动 ID', '<U10'), ('团购名', '<U10'), ('店名', '<U10'), ('购买人数', '<f8'), ('团购价', '<U10'),
              ('市场价', '<U10'), ('地址', '<U10')])
```

图 2-6-2　coupon_nm_new.csv 数据集导入结果

通过建立自定义的数据类型的字段，成功地导入了数据集 coupon_nm_new.csv。

2.6.3 数据去重

在数据科学实践中，难免会出现“脏”数据的情况，其中重复数据就是一种“脏”数据。在海量数据面前总不能手动一个一个删除重复值，因此在 Numpy 中，可以通过 unique() 函数对数据进行去重。

例 2.6.6 去除重复值

```
raw_data[['店名']].size                #返回值为 1855，即数据集中'店名'这一列有 1855 行
np.unique(raw_data[['店名']]).size     #返回值为 628，即'店名'这一列去重后有 628 行
```

2.6.4 基本索引方式

1. 一维数组索引

在 Numpy 中，一维数组索引与前文提到的 list 索引方法一致。

例 2.6.7 一维数组索引

```
shop = raw_data[['店名']]
shop[2]                    #索引第 3 家店铺
shop[2:6]                  #索引第 3 家到第 5 家店铺
```

更多内容这里就不一一赘述了。

2. 多维数组索引

多维数组每一个维度都有一个索引，各维度索引之间用逗号隔开。例如，如何随时调出来每个团购活动的人数？这就可以利用多维数组进行索引。

例 2.6.8 创建三维数组

```
#建立三维数组 arr
arr = np.array([raw_data['团购活动 ID'], raw_data['团购名'], raw_data['购买人数']])
```

通过上面的例子，创建了一个关于'团购活动 ID'、'团购名'和'购买人数'的三维数组，如图 2-6-3 所示。

```
array([['38744470', '38632123', '38744514', ..., '30029899', '30029206', '38716258'],
       ['壹分之贰豪华生日派对', '壹分之贰豪华棋牌包间', '壹分之贰豪华生日派对', ...,
        '骨得香大盆骨炒鸡 4 到', '炒鸡双人餐！免费停车', '骨得香烧烤 100 元代'],
       ['0.0', '0.0', '0.0', ..., '4.0', '27.0', '0.0']], dtype='<U32')
```

图 2-6-3 创建三维数组

如果希望数组中每一行表示一家店铺的信息，则可以通过转置将数据变形成数据科学实践中常用的形式。

例 2.6.9 转置

```
arrt = arr.T
arrt
```

运行结果如图 2-6-4 所示。

```
array([['38744470', '壹分之贰豪华生日派对', '0.0'],
       ['38632123', '壹分之贰豪华棋牌包间', '0.0'],
       ['38744514', '壹分之贰豪华生日派对', '0.0'],
       ...,
       ['30029899', '骨得香大盆骨炒鸡 4 到', '4.0'],
       ['30029206', '炒鸡双人餐！免费停车', '27.0'],
       ['38716258', '骨得香烧烤 100 元代', '0.0']], dtype='<U32')
```

图 2-6-4 转置结果

最后，通过行列数进行基本索引，调出第一条数据。

例 2.6.10 行列数索引

```
# 数组索引
arrt[0, 0:3]        # 返回值为 array(['38744470', ' 壹分之贰豪华生日派对 ', '0.0'], dtype='<U32')
```

当然，除上述的基本索引外，还可以通过布尔值进行索引。例如，想找出团购人数为 50 人的团购活动，就可以通过布尔值进行索引。

例 2.6.11 布尔值索引

```
raw_data[raw_data[' 购买人数 '] == 50]
```

运行结果如图 2-6-5 所示。

```
array([('39113898', '大宅门 2-3 人套餐', '大宅门火锅(西关正街', 50., '118', '266', '【西安市阎良区延安街'),
       ('36710627', '经典 4 人餐！免费 Wi', '槿熙芝士年糕自助火锅', 50., '0', '0', '【西安市碑林区东大街'),
       ('30752267', '辣巴人 50 元代金券', '辣巴人', 50., '39.9', '50', '【西安市碑林区体育场'),
       ('38572198', '川香石锅鱼 3-4 人餐', '李双全川香石锅鱼', 50., '126', '178', '【郑州市新郑市薛店镇'),
       ('5870273', '王婆大虾 100 元代金', '王婆大虾(华信店)', 50., '88', '100', '【郑州市管城区中州大')],
       dtype=[('团购活动ID', '<U10') , ('团购名', '<U10'), ('店名', '<U10'), ('购买人数', '<f8'), ('团购价', '<U10'),
              ('市场价', '<U10'), ('地址', '<U10')])
```

图 2-6-5 索引结果

2.6.5 利用 Numpy 进行统计分析

在 Numpy 中，有许多可以用于统计分析的函数，常见的有 sum、mean、std、var、min、max 等。下面就以【购买人数】为例来对其进行统计分析。

例 2.6.12 查看购买人数的数据类型

```
people = raw_data[' 购买人数 ']
people                  # 返回值为 array([    0.,     0.,     0., ...,  31150.,  36271., 115796.])
people.dtype            # 返回值为 dtype('float64')
```

此时的数据类型为浮点型，而根据常识，人数应该为整数，因此需要将其转换成整型。

例 2.6.13 将购买人数转换为整型

```
people = people.astype(int)
people.dtype                            # 返回值 dtype('int32')
```

当购买人数转换为整型后，就可以进行统计分析了。

例 2.6.14 对购买人数进行统计分析

```
people.sort()                           # 排序
print(' 排序后购买人数为 :', people)    # 返回值为排序后购买人数为 :
                                        # [    0     0     0 ... 31150 36271 115796]
np.sum(people)                          # 返回值为 1204699
round(np.std(people), 2)                # 返回值为 3601.10 ，保留 2 位小数
round(np.mean(people), 2)               # 返回值为 649.43，保留 2 位小数
round(np.var(people), 2)                # 返回值为 12967948.94，保留 2 位小数
np.max(people)                          # 返回值为 115796
np.min(people)                          # 返回值为 0
```

由运行结果可知，在本数据集中，西安火锅团购购买平均人数约为 649 人，方差为 12967948.94，说明波动很大。购买人数最多的团购有 115796 人，最少的只有 0 人。

通过对 Numpy 模块的讲述，可以发现 Numpy 在数据科学实践中应用起来并不方便，其主要原因在于 Numpy 数据结构的设置要求每个元素都必须是同样的数据类型，但这并不符合我们采集得到数据的逻辑。为了解决这个问题，Python 的 Pandas 模块应运而生，第 3 章将对该模块进行介绍。

2.7 小结

本章讲解了 Python 基本数据类型、结构、文件读写、函数、控制流及面向对象等基础编程知识。如果把这些比成大厨做菜的食材，那么了解到这些之后，在做出 Python 大餐的道路上我们就已经迈出了成功的一大步，剩下的就需要在实际数据科学实践项目中利用“基础食材”去进行制作了。食材的质量是影响菜品最终效果的一个关键因素，因此 Python 的基础部分也是很重要的，希望大家认真学习。

第 3 章

CHAPTER 3

Python 的数据处理模块

经过第 2 章的学习，大家应该已经熟悉了火锅团购数据与团购的业务。相信大家也可以读入火锅团购数据了。那么数据科学的下一步是什么？答：清洗与处理数据，即把数据处理成我们想要的样子。Python 提供了一个强大的库——Pandas，可以帮助我们完成这一步骤。

大家可别小瞧数据清洗，以为“数据科学”只与那些“高大上”的模型有关。实际上，完整的数据科学实践项目，在数据清洗和预处理上占的时间往往达到 80%，剩下的 20% 才是数据建模。

注意

不要忘记政委是个公认的吃货，尤爱火锅和烧烤。但这两天可犯了愁：熊大过两天就要来西安考察工作，亟须找个高端大气上档次的饭馆！可是饭馆这么多，怎样才能挑个合适的？正犯愁呢。政委灵机一动：赶紧翻出第 2 章使用的火锅团购数据，正好可以用 Pandas 来分析一下，找到性价比最高的饭馆，打开 Jupyter 就开干！

3.1 初级篇——相遇Pandas

在 10 分钟内，我们将学会以下内容。

（1）使用 Pandas 读入 CSV、Excel 文件。

（2）使用 Pandas 过滤重复值和缺失值。

（3）使用 Pandas 特有的判断表达式。

（4）使用 Pandas 进行切片操作。

学完以上内容，我们就能掌握基本的数据清洗工作。本章使用的环境为 Python 3.5.2，Pandas 0.24.2。

3.1.1 读入数据——数据分析的“米”

在正式开始之前，需要提一点：学习 Pandas 并不容易，Pandas 官方文档的页数有将近 2000 页。初学时，学了后面忘了前面是常有的事情。为此，本章只讲解在实际项目中最常用的一些函数与思想，学完本章后，至少能完成 80% 的数据清洗工作。

数据科学实践的第一步是获取数据。俗话说，“巧妇难为无米之炊”。在数据科学实践领域中，数据就是“米”。获取数据的途径有两种，一种是使用爬虫从互联网上爬取数据，另一种是从现有数据库中下载。本章假设火锅团购数据是现成的，所以直接读入数据即可，后续章节会讲解如何爬取现有的火锅团购数据。读入文件函数说明见表 3-1-1。

表 3-1-1　读入文件函数说明

函数接口	函数作用	参数说明
pandas.read_excel()	读取 Excel 文件	io：文件名，字符串类型 encoding：设置编码方式，'utf8' 或 'gbk' index_col：设置为行索引的列名，字符串
pandas.read_csv()	读取 CSV 文件	io：文件名，字符串类型 encoding：设置编码方式，'utf8' 或 'gbk' index_col：设置为行索引的列名，字符串

例 3.1.1　读入文件

```
import pandas as pd                                             # 导入 Pandas 模块
raw_data = pd.read_excel("https://github.com/xiangyuchang/xiangyuchang.github.io/blob/
        master/BearData/shops_nm.xlsx?raw=true")                # 读入数据
print(' 数据的维度是：', raw_data.shape)                         # 返回值为 (699, 9)
raw_data.head()                                                 # 查看数据的前 5 行
```

运行结果如图 3-1-1 所示。

	店名	关键词	城市	评分	评价数	人均	地址	营业时间	菜名
0	老北京涮羊肉	火锅	xa	4.4	877.0	45.5	西安市雁塔区朱雀大街250号东方大酒店西门斜对面（子午路站下车向北走60米路西）	11:00-21:00	【羊肉】【豆腐】【麻酱】【精品肥牛】【粉丝】【羔羊肉】【牛肚】【油豆皮】【香菇】【豆皮】【土...
1	鲜上鲜文鱼庄(望庭国际店)	火锅	xa	4.6	535.0	56	西安市高新区高新路80号望庭国际一栋楼10106室	11:00-23:00	【菌菇大拼】【麻酱】【菠萝飞饼】【鸳鸯锅】【酸菜鸳鸯锅】【青菜】【毛肚】【文鱼】【菌汤】【鱼...
2	大龙燚火锅(李家村店)	火锅	xa	4.6	29.0	大概92左右	西安市碑林区雁塔北路时亿广场南座2楼李家村华润万家外	10:00-22:00	【手撕竹笋】【麻辣排骨】【砣砣牛肉】【菠萝飞饼】【鸭血】【四川金针菇】【麻辣牛肉】【贡菜】【...
3	鲜上鲜文鱼庄(阳阳国际店)	火锅	xa	4.6	906.0	56	西安市雁塔区朱雀大街132号阳阳国际广场C座2楼	11:00-22:00	【海带】【鸳鸯锅】【冻豆腐】【荷包豆腐】【生鱼片】【毛肚】【文鱼】【清汤锅】【山珍菌汤锅】【...
4	大龙燚火锅(粉巷店)	火锅	xa	4.6	2253.0	人均：100	西安市碑林区粉巷南院门15A南苑中央广场食尚南苑2F	周一至周日10:00-21:00	【麻辣排骨】【千层毛肚】【鸳鸯锅】【鸭血】【天味香肠】【薄土豆】【功夫黄瓜】【清汤锅】【印度...

图 3-1-1　读入文件运行结果

在这里，使用了 pandas.read_excel() 读入 Excel 文件，并输出前 5 行观察数据。如果想打开 CSV 文件，则使用 pandas.read_csv() 即可。

注意

CSV 文件的编码格式默认为 UTF8，但是 Office 的 CSV 文件的编码格式不是 UTF8，而是 GBK，使用时需要注意。大家可以使用 encoding 参数修改编码。

Data Frame

index	a	b
0	x	x
1	x	x
2	x	x
3	x	x
4	x	x

columns　rows

图 3-1-2　DataFrame 数据结构

SERIES

index	element
0	1
1	2
2	3
3	4
4	5

图 3-1-3　Series 数据结构

Pandas 常用的基本数据结构主要有两类：Series 和 DataFrame。

所谓 DataFrame，就是类似 Excel，如图 3-1-2 所示的具有行和列两个维度的特殊数据结构。肯定有人会认为这不就是矩阵吗？这里需要大家仔细去思考，真实业务场景面对的数据是与图 3-1-1 导入的火锅团购数据的结果一样：第一列店名是文本，第四列评分是数字。所以，这与矩阵等平时被使用的结构的区别就在于，每一列的数据类型要相同，但是不同列的可以不同。基于这个理念，可以通过构建字典或数组的方式生成 DataFrame。其实在上面的例子中，读入的数据就已经被自动转换成 DataFrame 了。

所谓 Series，简单理解，就是 DataFrame 中的一列（并不完全准确，但可以这么理解），如图 3-1-3 所示。

3.1.2 检查重复——重复的东西咱不要

获取到的原始数据往往存在各种问题，其中最容易解决的是重复值。为什么会有重复值存在？就互联网上获取到的数据而言，可能是商家支付了一笔不菲的“流量费”，平台在多个位置展示同一商家的信息，这样商家能够更大概率地获取流量。好奇的读者可以进入“大众点评”“美团”“百度糯米”随意查看。

把数据读入后，第一步要做的是检查数据重复、缺失的情况。对于重复值，直接剔除即可；对于缺失值，可采用剔除缺失值或插值法填充数据。常用重复值函数说明见表 3-1-2。

表 3-1-2　判断、丢弃重复值函数说明

函数接口	函数作用	参数说明
dataFrame.duplicated()	判断是否存在重复值	无参数
dataFrame.drop_duplicates()	丢弃重复值	subset：某列名或多个列名 keep：指定保留方式，参数可选 • 'first'：保留第一个重复值 • 'last'：保留最后一个重复值 • False：丢弃所有重复值

例 3.1.2　判断、丢弃重复值

```
# 判断是否存在完全一致的数据行
duplicated_data = raw_data[raw_data.duplicated() == True]
if len(duplicated_data) == 0:
    print(' 不存在完全一致的数据行 ')
else:
    print(duplicated_data)
```

运行结果：不存在完全一致的数据行。

那么，现在制造一个完全重复的数据行，把数据框中的第一行赋值给第二行。

例 3.1.3　赋值

```
print(raw_data.iloc[0, :])
raw_data.iloc[1, :] = raw_data.iloc[0, :]
```

运行结果如图 3-1-4 所示。

```
店名                                              老北京涮羊肉
关键词                                                火锅
城市                                                  xa
评分                                                 4.4
评价数                                               877
人均                                                45.5
地址        西安市雁塔区朱雀大街250号东方大酒店西门斜对面（子午路站下车向北走60米路西）
营业时间                                       11:00-21:00
菜名      【羊肉】【豆腐】【麻酱】【精品肥牛】【粉丝】【羔羊肉】【牛肚】【油豆皮】【香菇】【豆皮】【土...
Name: 0, dtype: object
```

图 3-1-4　运行结果

再次运行前一部分的代码块，就能自动发现第二个商户的信息与第一个商户的信息完全相同。同样的方式，可以检查店名是否有重复的。显然只有第二个商户是我们赋值的重复信息，所以返回值为“老北京涮羊肉”。

例 3.1.4　判断是否存在重复店名

```
# 判断是否存在重复的店名
duplicated_shops = raw_data['店名'][raw_data['店名'].duplicated() == True]
if len(duplicated_shops) == 0:
    print('不存在重复的店名')
else:
    print(duplicated_shops)
# 返回值为老北京涮羊肉
```

下面使用 drop_duplicates() 函数来去除重复值。

例 3.1.5　drop_duplicates() 函数去重

```
# 等价于 raw_data = raw_data[raw_data['店名'].duplicated() == False]
drop_duplicates_shops = raw_data.drop_duplicates(subset=['店名'])
drop_duplicates_shops.head()
```

其运行结果返回了去重后商户信息列表，如图 3-1-5 所示。

	店名	关键词	城市	评分	评价数	人均	地址	营业时间	菜名
0	老北京涮羊肉	火锅	xa	4.4	877.0	45.5	西安市雁塔区朱雀大街250号东方大酒店西门斜对面（子午路站下车向北走60米路西）	11:00-21:00	【羊肉】【豆腐】【麻酱】【精品肥牛】【粉丝】【羔羊肉】【牛肚】【油豆皮】【香菇】【豆皮】【土...
2	大龙燚火锅(李家村店)	火锅	xa	4.6	29.0	大概92左右	西安市碑林区雁塔北路时亿广场南座2楼李家村华润万家外	10:00-22:00	【手撕竹笋】【麻辣排骨】【砣砣牛肉】【菠萝飞饼】【鸭血】【四川金针菇】【麻辣牛肉】【贡菜】【...
3	鲜上鲜文鱼庄(阳阳国际店)	火锅	xa	4.6	906.0	56	西安市雁塔区朱雀大街132号阳阳国际广场C座2楼	11:00-22:00	【海带】【鸳鸯锅】【冻豆腐】【荷包豆腐】【生鱼片】【毛肚】【文鱼】【清汤锅】【山珍菌汤锅】【...
4	大龙燚火锅(粉巷店)	火锅	xa	4.6	2253.0	人均:100	西安市碑林区粉巷南院门15A南苑中央广场食尚南苑2F	周一至周日10:00-21:00	【麻辣排骨】【千层毛肚】【鸳鸯锅】【鸭血】【天味香肠】【薄土豆】【功夫黄瓜】【清汤锅】【印度...
5	鲜上鲜文鱼庄(凤城五路店)	火锅	xa	4.5	1398.0	差不多56	西安市未央区凤城五路地铁D口出人人乐5楼	全天	【生菜】【鸳鸯锅】【千叶豆腐】【荷包豆腐】【生鱼片】【毛肚】【文鱼】【鱼丸】【撒尿牛丸】【山...

图 3-1-5　去重后商户信息列表

综上所述，数据框中数据去重的方法如下：首先通过 duplicated() 方法判断是否存在重复行，然后通过 Pandas 特有的判断表达式就可以按条件输出符合条件的数据框。需要注意的是，删除重复值可以采用 drop_duplicates() 方法，也可以采用“duplicated() + Pandas 判断表达式”的方法，二者有相同的效果。

3.1.3 判断表达式——更 Pythonic

熊大马上就要下飞机到西安了。数据科学实践还没做完，到底带他去哪里吃饭呢？干脆把评分最高为 5 分的店铺都找出来，然后再选吧，不犹豫了。这里就要使用 Pandas 特有的判断表达式，先看下面这个例子。

例 3.1.6 判断表达式筛选

```
for i in range(len(df1)):
    if df1[column1].iloc[i] == value1:
        print(df1[column1].iloc[i])
```

可以看到，这至少需要 3 行代码才能完成筛选某一列的值，非常麻烦而且速度也很慢。那么，有没有办法简化操作呢？这就需要用到 Pandas 判断表达式了。

Pandas 判断表达式本质上相当于“for 循环 + if 条件判断”，但开发效率和运行效率更高。最关键的是，Pandas 条件表达式也可以任意组合叠加。需要注意的是，组合叠加相当于“且”的关系，而非“或”的关系。

例 3.1.7 条件判断式筛选

```
# 筛选某一列的值，返回符合条件的所有行
df1[df1[column1] == value1]

# 筛选某一列的值，返回符合条件的某一列
df1[column2][df1[column1] == value1]

# 筛选多列的值，返回符合条件的所有行
df1[df1[column1] == value1][df1[column2] == value2][...]

# 筛选多列的值，返回符合该条件的多列
df1[[column1, column2]][df1[column1] == value1][...]
```

从例 3.1.7 中可以看出，Pandas 的条件判断式把 for 循环和 if 条件判断的语句从至少 3 行，缩减为一行。

最后还是来找一下带熊大吃饭的店铺吧。

例 3.1.8 店铺筛选

```
print(raw_data[raw_data[' 评分 '] == 5])
# 显示共有 67 家店铺
```

3.1.4 检查缺失——要命的缺失

注意

相比于重复值，我们应更关心是否存在缺失值。

在过去，很多企业并不重视数据，或者说并没有意识到数据的重要性。对于数据的存储也仅仅是为了“存”，而非分析（这其实是在说，过去的大企业并不一定比现在的中小企业拥有更多的数据）。对数据的不重视导致存在大量的填写不规范，漏填、错填等，这些行为都会导致整条数据无法使用或分析价值低。通过 isnull() 方法作用于某一列或某几列就可以判断是否存在缺失值。判断缺失值函数说明见表 3-1-3。

表 3-1-3 判断缺失值函数说明

函数接口	函数作用	参数说明
Series.isnull()	判断 Series 中是否有元素缺失	无参数
dataFrame.dropna()	丢弃缺失值	axis：0 或 1，分别为行 / 列方向 how：指定丢弃方式，参数可选 • 'any'：这一行 / 列只要有一个元素缺失，则这一行 / 列都丢弃 • 'all'：这一行 / 列所有元素都为空才会丢弃 subset：指定在某些列内才生效

下面找一下是否有商户的评价数存在缺失值。

例 3.1.9 判断缺失值

```
is_null_data = raw_data[raw_data[' 评价数 '].isnull() == True]
print(is_null_data)


raw_data2 = raw_data[raw_data[' 评价数 '].isnull() == False]
```

运行结果如图 3-1-6 所示。

	店名	关键词	城市	评分	评价数	人均	地址	营业时间	菜名
24	重庆巴之缘火锅	火锅	xa	0.0	NaN	NaN	NaN	NaN	NaN
41	中国重庆老版火锅(凤城四路店)	火锅	xa	0.0	NaN	NaN	NaN	NaN	NaN
119	壹分之贰聚会吧桌游轰趴馆(旗舰店)	火锅	xa	0.0	NaN	NaN	NaN	NaN	NaN
189	佰人王火锅(浐水路店)	火锅	zz	0.0	NaN	NaN	NaN	NaN	NaN

图 3-1-6　判断缺失值

由图 3-1-6 可知，有 4 条数据存在大量的缺失值，直接利用 Pandas 判断表达式即可剔除缺失值。剔除后，数据维度变为 (695, 9)。去除缺失值后的 DataFrame 命名为 raw_data2（注意不要重复命名相同变量）。

3.1.5　切片函数——最“笨”的办法

以为这就顺利结束了吗？那你就太小看“墨菲定律”了！

> 墨菲定律：凡是会出错的地方就一定会出错。

那么，这里什么地方会出错呢？其实上面已经提到了，“缺失值”并不单单是缺失的值，还包括错填的情况，什么是错填呢？例如，“人均”字段里正常情况下只能填 100、200 这类数字，但是偏偏有人填了“人均:100”。你可能要问了，怎么还有“这么贴心”的商家？还别说，真有。大部分商家都“这么贴心”。请看图 3-1-7 商户信息的第 3 行和第 4 行。

	店名	关键词	城市	评分	评价数	人均	地址	营业时间	菜名	团购价	购买人数
0	老北京涮羊肉	火锅	xa	4.4	877.0	45.5	西安市雁塔区朱雀大街250号东方大酒店西门斜对面（子午路站下车向北走60米路西）	11:00-21:00	【羊肉】【豆腐】【麻酱】【精品肥牛】【粉丝】【羔羊肉】【牛肚】【油豆皮】【香菇】【豆皮】【土...	118.5	1692
1	老北京涮羊肉	火锅	xa	4.4	877.0	45.5	西安市雁塔区朱雀大街250号东方大酒店西门斜对面（子午路站下车向北走60米路西）	11:00-21:00	【羊肉】【豆腐】【麻酱】【精品肥牛】【粉丝】【羔羊肉】【牛肚】【油豆皮】【香菇】【豆皮】【土...	118.5	1692
2	大龙燚火锅(粉巷店)	火锅	xa	4.6	2253.0	人均:100	西安市碑林区粉巷南院门15A南苑中央广场食尚南苑2F	周一至周日 10:00-21:00	【麻辣排骨】【千层毛肚】【鸳鸯锅】【鸭血】【天味香肠】【薄土豆】【功夫黄瓜】【清汤锅】【印度...	88.0	19584
3	鲜上鲜文鱼庄(凤城五路店)	火锅	xa	4.5	1398.0	差不多56	西安市未央区凤城五路地铁D口出人人乐5楼	全天	【生菜】【鸳鸯锅】【千叶豆腐】【荷包豆腐】【生鱼片】【毛肚】【文鱼】【鱼丸】【撒尿牛丸】【山...	52.0	11798
4	蜜悦士鲜牛肉时尚火锅(凯德广场店)	火锅	xa	4.4	48.0	63	西安市雁塔区南二环凯德广场四楼东南角	10:00-21:00	【吊龙伴】【三花腱】【番茄锅】【招牌牛舌】【油豆皮】【油炸豆腐皮】【菌汤鸳鸯锅】【手工面】【...	59.9	40

图 3-1-7　切片

那么怎样处理呢？

第一反应可能是：“Pandas 判断表达式”。严格来说，这没错。但是，如果又出现“人均

100”“大概 100 左右”“差不多 100”，就没法用 Pandas 判断表达式了。这类表达式只能用“==”“>=”“>”“<=”“<”进行判断，其他情况无能为力。

为简单起见，本小节只能先采用切片函数，再调用“for 循环 + if 条件判断”的方式对上面提到的几种情况进行筛选。在后面的小节中，将采用“apply() 函数 + re 正则表达式”进行处理。切片函数说明见表 3-1-4。

表 3-1-4　切片函数说明

函数接口	函数作用	参数说明
Series.iloc[row] \ dataFrame.iloc[row, col] \	获取某行某列的元素	无参数名 row：行索引的数字 col：列索引的数据
Series.loc[row] \ dataFrame.loc[row, col_name]	获取某行某列的元素	无参数名 row：行索引的数字 col_name：列名

类似于 Python 内置 list 类型，Pandas 的切片操作也可以指定切片的起始位置或只指定其一。首先，用上述切片函数查看一下 ' 人均 ' 这一列的情况。

例 3.1.10　切片函数应用

```
s1_average = raw_data2.loc[1, ' 人均 ']
print(type(s1_average))        # 返回值为 float
s2_average = raw_data2.loc[2, ' 人均 ']
print(type(s2_average))        # 返回值为 str
```

其次，通过返回值应该理解 raw_data2 中的 ' 人均 ' 这一列是用 Series 存储的。数字的地方用 float 类型存储，而有特殊字符的地方用 str 类型存储。那么下面就来重新清洗 ' 人均 ' 这一列吧。

例 3.1.11　切片操作

```
filter_words = [' 人均：', ' 人均 ', ' 大概 ', ' 左右 ', ' 差不多 ']                # 定义需要过滤的词
for i in range(len(raw_data2)):
    value = raw_data2[' 人均 '].iloc[i]              # 取出人均这一行中的值
    if type(value) is int or type(value) is float:
        continue        # 判断该值是否为整数或浮点类型数字，如果满足，则跳过进入下一步
    for word in filter_words:
        if word in value:            # 判断需要过滤的词是否在 value 中，如果在，则去除
```

```
        raw_data2.loc[i, ' 人均 '] = raw_data2.loc[i, ' 人均 '].replace(word, '')

    raw_data2.head()
```

运行结果如图 3-1-8 所示。

	店名	关键词	城市	评分	评价数	人均	地址	营业时间	菜名	商家等级
0	老北京涮羊肉	火锅	xa	4.4	877.0	45.5	西安市雁塔区朱雀大街250号东方大酒店西门斜对面（子午路站下车向北走60米路西）	11:00-21:00	【羊肉】【豆腐】【麻酱】【精品肥牛】【粉丝】【羔羊肉】【牛肚】【油豆皮】【香菇】【豆皮】【土...	2
1	老北京涮羊肉	火锅	xa	4.4	877.0	45.5	西安市雁塔区朱雀大街250号东方大酒店西门斜对面（子午路站下车向北走60米路西）	11:00-21:00	【羊肉】【豆腐】【麻酱】【精品肥牛】【粉丝】【羔羊肉】【牛肚】【油豆皮】【香菇】【豆皮】【土...	2
2	大龙燚火锅(李家村店)	火锅	xa	4.6	29.0	92	西安市碑林区雁塔北路时亿广场南座2楼李家村华润万家外	10:00-22:00	【手撕竹笋】【麻辣排骨】【砣砣牛肉】【菠萝飞饼】【鸭血】【四川金针菇】【麻辣牛肉】【贡菜】【...	2
3	鲜上鲜文鱼庄(阳阳国际店)	火锅	xa	4.6	906.0	56	西安市雁塔区朱雀大街132号阳阳国际广场C座2楼	11:00-22:00	【海带】【鸳鸯锅】【冻豆腐】【荷包豆腐】【生鱼片】【毛肚】【文鱼】【清汤锅】【山珍菌汤锅】【...	2
4	大龙燚火锅(粉巷店)	火锅	xa	4.6	2253.0	100	西安市碑林区粉巷南院门15A南苑中央广场食尚南苑2F	周一至周日 10:00-21:00	【麻辣排骨】【千层毛肚】【鸳鸯锅】【鸭血】【天味香肠】【薄土豆】【功夫黄瓜】【清汤锅】【印度...	2

图 3-1-8　切片操作运行结果

本例使用了 Pandas 的 iloc 和 loc 方法来选取每一行的元素，再对其进行类型判断。如果为 int 或 float 类型，则说明不存在错填的情况，直接 continue ；对于错误值，采用 Python 的字符串原生方法 replace() 替换。

需要注意的是，使用“切片函数 + for 循环 + if 条件判断”的方法实现方式并不 Pythonic，不建议采用。更推荐采用“apply() 函数封装 for 循环 + if 条件判断”的方法，不但更 Pythonic，速度也更快。这种方法在后续章节中会提到。

3.1.6　描述性统计——一个函数搞定

本小节主要讨论以下函数。

（1）astype() 函数。

（2）describe() 函数。

（3）其他描述性统计函数。

常用描述性统计函数说明见表 3-1-5。

表 3-1-5　描述性统计函数说明

函数接口	函数作用	参数说明
astype()	转换数据类型	dtype：指定要转换成什么数据类型，参数可选 · 'float'：32 位浮点数 · 'int'：32 位整数 ……
describe()	生成描述性统计	无明显有用参数

例 3.1.12　其他函数

```
raw_data2['人均'] = raw_data2['人均'].astype(float)
raw_data2.describe()
```

运行结果如图 3-1-9 所示。

	评分	评价数	商家等级
count	695.000000	695.000000	695.000000
mean	4.024748	373.965468	1.752518
std	1.449025	930.503256	0.639066
min	0.000000	0.000000	0.000000
25%	4.300000	5.000000	2.000000
50%	4.500000	69.000000	2.000000
75%	4.700000	301.500000	2.000000
max	5.000000	9417.000000	2.000000

图 3-1-9　描述性统计

注意

在 3.1.5 小节中，“人均”字段中存在冗余的字符串。因此，Pandas 在读入数据时会把所有数据都当作字符串处理，调用 describe() 之前需要转换成 float 类型。调用 describe() 可以很方便地观察数据的均值、标准差、最大 / 最小值和四分位数等基本情况。

完整的 Pandas 统计方法见表 3-1-6。

表 3-1-6　完整的 Pandas 统计方法

方法	说明
count()	非 NA 值的数量
describe()	汇总统计
min()、max()	返回最小值、最大值
idxmin()、idxmax()	计算能够获取到最小值和最大值的索引值

续表

方法	说明
argmin()、argmax()	计算能获取到的最小值和最大值的索引位置
quantile()	计算样本分位数
sum()	值的总和
mean()	均值
median()	算术中位数
mad()	根据均值计算平均绝对离差
var()	样本值的方差
std()	样本值的标准差
skew()	样本值的偏度
kurt()	样本值的峰度
cumsum()	样本值累积和
cummin()、cummax()	样本值累积最小值和累积最大值
cumprod()	样本值累积乘积
diff()	计算 *n* 阶差分
pct_change()	计算百分数变化

3.1.7 其他——实用的小操作

下面通过一个例子来介绍其他简单操作。

例 3.1.13 其他函数

```
# 选择其中一列元素
raw_data2[column1]

# 选择两列元素
raw_data2[[column1, column2]]

# 选择评分大于 3.5 分的商家的所有信息
raw_data2[raw_data[' 评分 '] > 3.5]
```

```
# 打印所有列名
raw_data2.columns

# 打印所有行索引
raw_data2.index

# 得到每一行的所有值
raw_data2.values

# 人均这列所有元素加 100
raw_data2[' 人均 '] + 100

# 按“人均”排序，从小到大
raw_data2.sort_values([' 人均 '], ascending=True)

# 按 index 排序
raw_data2.sort_index()
```

3.2 进阶篇——相识Pandas

通过本节，可以学会以下内容。

(1) 使用 Pandas 的 apply() 函数。

(2) 使用 Pandas 进行分组和聚合操作。

(3) 使用 Pandas 操作时间序列。

(4) 使用 Pandas 与 SQL 结合。

学完以上内容就可以做到 Pandas 数据清洗入门了。

3.2.1 apply()——为你私人定制的函数

Pandas 内置的一些函数能非常方便地进行大部分数据处理。但是，现实中的场景往往得“按需定制”，内置的函数已经无法满足需求。

直观的想法就是写个循环，逐个元素处理。但是，这种循环最致命的硬伤是速度慢。Python 中的 for 循环可能是最耗时间的控制语句了，而且与 if 语句组合，可能还得写好几个 for 循环。

为克服这样的困难，Pandas 已经提供了 apply() 函数，能与 Python 函数完美兼容。下面使用 apply() 函数对 3.1 节中的“人均”重新做清洗。apply() 函数说明见表 3-2-1。

表 3-2-1　apply() 函数说明

函数接口	函数作用	参数说明
apply()	能随意调用各种函数	func：需要调用的函数名 axis：0 或 1，作用在行 / 列的扩展方向，只能作用在 dataFrames 上 args：其他需要传递的参数

例 3.2.1　apply() 函数

```
def clean_price(x):
    filter_words = [' 人均：', ' 人均 ', ' 大概 ', ' 左右 ', ' 差不多 ']
    if type(x) is int or type(x) is float:
        return x
    for word in filter_words:
        if word in value:
            x = x.replace(word, '')
    return x

raw_data2[' 人均 '] = raw_data2[' 人均 '].apply(clean_price)
raw_data2[' 人均 '] = raw_data2[' 人均 '].astype(float)
raw_data2.head()
```

上述代码效果等价于“for 循环 + if 条件判断”，结果与之前一致。

读者可能会问：上面的程序还是用到了很多 if 条件判断，这与直接写“for 循环 + if 条件判断”有什么区别呢？区别在于，apply() 函数经过 C 语言的加速优化后，比 Python 原生的 for 循环运行速度要快。二者运行速度差别见表 3-2-2。

表 3-2-2　二者运行速度差别

函数	时间 /s
for 循环 + if 条件判断	0.2610
apply + if 条件判断	0.0430

apply方法比for循环的速度快了5.5倍。需要注意的是，这个数据集的数据量还不足1000条，随着数据量的增加，这个速度差别会更加明显。可以说，是否使用 apply() 函数差别很大。

3.2.2 分组与聚合——速度与优雅兼具

政委此时自言自语道：请客吃饭的钱又不能报销，能不能找到既便宜又上档次的店铺?

这可怎么办，总不能还写个“for 循环 + N 个 if 条件判断”吧。apply，还是不行，这还是有 N 个 if 条件判断再循环相加。

本小节我们就用分组聚合来解决这个问题!

分组聚合，顾名思义，就是把数据元素按照某些规则进行分组，再分别对其进行运算，最后聚合起来。其原理如图 3-2-1 所示。

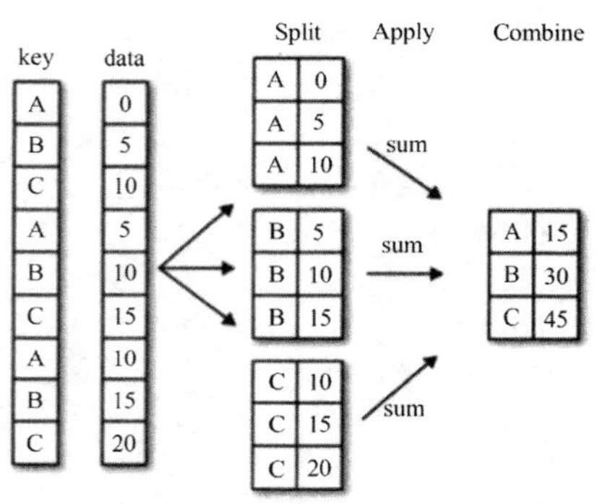

图 3-2-1　分组聚合原理

那么，Pandas 是如何实现分组聚合的呢? 下面通过一个例子进行说明。

例 3.2.2　分组聚合

```
for i in range(len(df)):
    if df['key'] == 'A':
        print(df['data'].iloc[i])
    if df['key'] == 'B':
        print(df['data'].iloc[i])
    ......
```

“for 循环 + if 条件判断”虽然也可以解决这个问题，但是其速度太慢。较快捷的解决方法，其实在图 3-2-1 中已经很明显地表示出来了：key + data —— 字典操作。

需要说明的是，字典分组非常快（字典是基于哈希运算的，时间复杂度是 $O(1)$）；在聚合阶段，Pandas 才会真正进行运算操作。这一机制也进一步加快了 Pandas 进行分组聚合的操作速度。分组与聚合函数说明见表 3-2-3。

表 3-2-3　分组与聚合函数说明

函数接口	函数作用	参数说明
pd.groupby()	按值分组	by：list，需要分组的列（可以有多列） group_keys：True 或 False，是否把相同 key 合并成一个
pd.agg()	合并计算	func：合并计算的函数，接受 axis：0 或 1

例 3.2.3　分组聚合应用

```
def cate_shops(x):
    if x <= 2:
        return 0
    if x > 2 and x <= 3.5:
        return 1
    if x > 3.5:
        return 2

raw_data2[' 商家等级 '] = raw_data2[' 评分 '].apply(cate_shops) # 构建商家等级
raw_data2.groupby(by=[' 商家等级 ']).agg({' 人均 ': 'mean'})      # 根据商家等级分组，然后对
                                                                  # 人均按照均值进行整合
```

运行结果如图 3-2-2 所示。

	人均
商家等级	
0	63.335065
1	55.055556
2	52.212667

图 3-2-2　分组聚合运行结果

下面就用刚刚学到的分组聚合函数寻找性价比最高的商家。首先，按用户对商家的评分划分出 3 个等级：0、1、2，分别代表低级商户、中级商户、高级商户。其次，用分组聚合的方法计算出每个等级的人均消费（请读者思考一下，如果不用分组聚合，那么应该如何实现？）。最后，发现评分好的商家竟然人均消费是最低的。

当然，条条大路通罗马。并不是只有用聚合函数才能达到想要的效果。一些简单的运算也可以，如例子中的加法运算，并且还可以通过 Pandas 判断表达式来完成。在实际使用中需要根据具体情况进行选择。

3.2.3 时间序列——跨不过的坎

通过商家等级找人均消费最低的店铺还远远达不到“省钱”的目的。还需要做什么呢？需要找到团购的具体信息，即找到等级高、消费低的商户的某个满意的团购。

这里需要读入另一个文件：coupon_nm.xlsx，这一文件用于存放团购信息。

例 3.2.4 文件读入与清洗

```
coupon_data = pd.read_excel("https://github.com/xiangyuchang/xiangyuchang.github.io/blob/
        master/BearData/coupon_nm.xlsx?raw=true")                    # 读入数据


# 清洗数据，把没有评价的团购，购买人数为 0 的团购等去除
coupon_data = coupon_data[coupon_data[' 团购评价 '] != ' 暂无评价 '][coupon_data[' 评价
        人数 '] != ' 暂无评价 ']
coupon_data = coupon_data[coupon_data[' 购买人数 '] != 0]
coupon_data = coupon_data.dropna()
coupon_data.head(2)
```

运行结果如图 3-2-3 所示。

	团购名	店名	团购活动ID	团购介绍	购买人数	团购评价	评价人数	到期时间	团购价	市场价	地址	团购内容	备注	购买须知
3	396元1-15人服务	壹分之贰聚会吧桌游轰趴馆(旗舰店)	13377118	仅售396元，价值2575元台球优享套餐！免费WiFi，需预约！	8	5	3	2018-09-04	396.0	2575.0	【西安市雁塔区小寨东路11号壹又贰分之壹B楼1003】	【内容: 复式结构场地, 规格: 1次, 价格: 200元】【内容: 场地布置, 规格: 1...	随便退	【有效期2016年05月06日至2018年09月04日】\n【可用时间周末法定节假日通用24...
12	100元代金券！可使用包间，免费WiFi！	哆串串	35883107	仅售78元，价值100元代金券！可使用包间，免费WiFi！	14	5	1	2018-08-16	78.0	100.0	【西安市碑林区开通巷朱秀英梆梆肉葫芦头隔壁】	【内容: 代金券, 规格: 1张, 价格: 100元】	随便退	【有效期2016年11月19日至2018年08月16日】\n【可用时间周末法定节假日通用11...

图 3-2-3 团购信息表

由于熊大来西安是 9 月，与团购到期时间不一定对得上，到时候买了团购又过期了可真是得不偿失，因此需要对“到期时间”做一些处理。先将“到期时间”转换成日期，再按条件过滤即可。转换时间函数说明见表 3-2-4。

表 3-2-4　转换时间函数说明

函数接口	函数作用	参数说明
pd.to_datetime()	把指定列转换成 datetime 时间类型	arg：需要转换的列或元素 format：转换的格式

例 3.2.5　转换时间

```
print(type(coupon_data[' 到期时间 '].iloc[0]))          # 输出第一个团购的到期时间的数据类型
coupon_data[' 到期时间 '] = pd.to_datetime(coupon_data[' 到期时间 '], format='%Y-%m-%d')
                                                        # 转换团购到期时间为时间类型数据
print(type(coupon_data[' 到期时间 '].iloc[0]))          # 重新查看第一个团购的到期时间的数据类型

from datetime import datetime                           # 将字符串转化为时间类型
filter_coupon_data = coupon_data[coupon_data[' 到期时间 '] > datetime.strptime('2018-09-01',
        '%Y-%m-%d')]                                    # 获得 2018 年 9 月 1 日后的团购信息
filter_coupon_data.head()
```

运行结果如图 3-2-4 所示。

```
<class 'str'>
<class 'pandas._libs.tslibs.timestamps.Timestamp'>
```

	团购名	店名	团购活动ID	团购介绍	购买人数	团购评价	评价人数	到期时间	团购价	市场价	地址	团购内容	备注	购买须知
3	396元1-15人服务	壹分之贰聚会吧桌游轰趴馆(旗舰店)	13377118	仅售396元，价值2575元台球优享套餐！免费WiFi，需预约！	8	5	3	2018-09-04	396.0	2575.0	【西安市雁塔区小寨东路11号壹又贰分之壹B楼1003】	【内容: 复式结构场地, 规格: 1次, 价格: 200元】【内容: 场地布置, 规格: 1...	随便退	【有效期2016年05月06日至2018年09月04日】\n【可用时间周末法定节假日通用24...
25	4人餐，免费WiFi！	大三巴澳门养生火锅(曲江店)	38179589	仅售198元，价值321元4人餐，免费WiFi！	11	4.5	2	2019-07-12	198.0	321.0	【西安市雁塔区雁塔南路南段6号】	【内容: 番茄牛粒汤, 规格: 1份, 价格: 98元】	随便退	【有效期2017年04月12日至2019年07月12日】\n【可用时间周末法定节假日通用11...
26	100元代金券	大三巴澳门养生火锅(曲江店)	38260264	仅售80元，价值100元代金券！可使用包间，免费停车，免费WiFi！	25	5	1	2020-01-29	80.0	100.0	【西安市雁塔区雁塔南路南段6号】	【内容: 代金券, 规格: 1张, 价格: 100元】	随便退	【有效期2017年04月21日至2020年01月29日】\n【可用时间周末法定节假日通用11...
27	五味缘100元晚餐代金券	五味缘小郡肝串串香(西安总店)	40790005	仅售78.8元，价值100元代金券！免费停车，免费WiFi，需预约！	44	5	4	2019-01-30	78.8	100.0	【西安市高新区科技路丈八北路地铁D口铂悦大厦4楼】	【内容: 代金券, 规格: 1张, 价格: 100元】	随便退	【有效期2018年01月29日至2019年01月30日】\n【可用时间周末法定节假日通用15...
28	小龙腾四海100元代金券	小龙腾四海火锅	40431634	仅售79元，价值100元代金券！免费WiFi！	43	2.5	2	2018-12-04	79.0	100.0	【西安市碑林区新文巷11号2幢1层10101号门面房】	【内容: 代金券, 规格: 1张, 价格: 100元】	随便退	【有效期2017年11月21日至2018年12月04日】\n【可用时间周末法定节假日通用11...

图 3-2-4　筛选时间

3.2.4 合并——Pandas 和 SQL 完美结合

虽然团购信息被筛选了出来，但是放在两张表中毕竟不方便看或建模。因此，还需要把这些信息合并在一张表中。

熟悉 SQL 数据库的读者可能会想，要是用 SQL 语句 merge 一下就好了！ Pandas 中有没有类似 merge 的方法呢？答案是有，而且是一模一样的方法。

难道就这么直接合并吗？显然不行 —— 一家店铺可以有好几个团购，要是直接合并，会出现很多空值。那么要怎样处理呢？为简单起见，我们对其中的某些字段取平均后，再进行合并。

例 3.2.6 分组聚合

```
filter_coupon_data2 = filter_coupon_data.groupby(' 店名 ').agg({
    ' 团购价 ': 'mean',
    ' 购买人数 ': 'mean',
})                                # 按照店名分拆，用团购价与购买人数均值进行聚合
filter_coupon_data2.head(10)
```

运行结果如图 3-2-5 所示（部分）。

	团购价	购买人数
店名		
2068香辣虾(巩义店)	85.000000	6638.000000
2068香辣虾(陕西总店)	86.000000	18784.000000
2306香辣虾时尚主题火锅(回郭镇店)	148.000000	12.000000
IN聚乐时尚轰趴馆(青春店)	631.333333	4.000000
串串哆哆(西亚斯店)	10.200000	288.000000
丹东烤肉店(巩义店)	93.000000	45.500000
久味鲜斑鱼毛肚火锅(中心路店)	85.000000	35.000000
乐品自助餐烤肉+火锅	31.900000	36.000000
乡村地锅柴鸡	208.000000	62.000000
云鼎汇砂	140.333333	271.666667

图 3-2-5 分组聚合运行结果

合并函数说明见表 3-2-5。

表 3-2-5 合并函数说明

函数接口	函数作用	参数说明
pd.merge()	合并两张表	left：置于左边的 dataFrame right：置于右边的 dataFrame how：指定合并方式，参数可选 · 'left'：左连接 · 'right'：右连接 · 'outer'：外连接 · 'inner'：内连接 on：按照什么字段合并 left_on：左表按照什么字段合并 right_on：右表按照什么字段合并
pd.concat()	连接两张表	objs：list，其中每个元素的类型可以是 DataFrame、Series，但元素类型必须统一，例如，[df1, df2, df3] axis：0 或 1

在例 3.2.6 中，最后输出的 dataFrame 将 groupby 的列名作为了新的 index 列，但是这往往不是最理想的情况，正常情况下，数据处理前后的操作不应该改变 index 列，也就是说，groupby 前后的 index 列应该保持一致。接下来，就将店名作为普通列，index 列转变为从 0 开始的纯数字列。

例 3.2.7 重构索引

```
filter_coupon_data2[' 店名 '] = filter_coupon_data2.index                    # 添加新列“店名”
# 重新按照编号构建 index
filter_coupon_data2.index =  list(range(len(filter_coupon_data2)))
filter_coupon_data2.head(10)
```

运行结果如图 3-2-6 所示。

	团购价	购买人数	店名
0	85.000000	6638.000000	2068香辣虾(巩义店)
1	86.000000	18784.000000	2068香辣虾(陕西总店)
2	148.000000	12.000000	2306香辣虾时尚主题火锅(回郭镇店)
3	631.333333	4.000000	IN聚乐时尚轰趴馆(青春店)
4	10.200000	288.000000	串串哆哆(西亚斯店)
5	93.000000	45.500000	丹东烤肉店(巩义店)
6	85.000000	35.000000	久味鲜斑鱼毛肚火锅(中心路店)
7	31.900000	36.000000	乐品自助餐烤肉+火锅
8	208.000000	62.000000	乡村地锅柴鸡
9	140.333333	271.666667	云鼎汇砂

图 3-2-6　重构索引运行结果

完成重构索引后，终于可以将两张表格都有店名的信息合并了。

例 3.2.8　表格合并

```
merge_data = pd.merge(left=raw_data2, right=filter_coupon_data2, on=' 店名 ', how='inner')
                                                                      # 按照店名合并
merge_data[' 购买人数 '] = merge_data[' 购买人数 '].astype(int)          # 转化为整数
print(merge_data.shape)

merge_data.head()
```

运行结果如图 3-2-7 所示。

(198, 11)

	店名	关键词	城市	评分	评价数	人均	地址	营业时间	菜名	团购价	购买人数
0	老北京涮羊肉	火锅	xa	4.4	877.0	45.5	西安市雁塔区朱雀大街250号东方大酒店西门斜对面（子午路站下车向北走60米路西）	11:00-21:00	【羊肉】【豆腐】【麻酱】【精品肥牛】【粉丝】【羔羊肉】【牛肚】【油豆皮】【香菇】【豆皮】【土...	118.5	1692
1	老北京涮羊肉	火锅	xa	4.4	877.0	45.5	西安市雁塔区朱雀大街250号东方大酒店西门斜对面（子午路站下车向北走60米路西）	11:00-21:00	【羊肉】【豆腐】【麻酱】【精品肥牛】【粉丝】【羔羊肉】【牛肚】【油豆皮】【香菇】【豆皮】【土...	118.5	1692
2	大龙燚火锅(粉巷店)	火锅	xa	4.6	2253.0	人均:100	西安市碑林区粉巷南院门15A南苑中央广场食尚南苑2F	周一至周日 10:00-21:00	【麻辣排骨】【千层毛肚】【鸳鸯锅】【鸭血】【天味香肠】【薄土豆】【功夫黄瓜】【清汤锅】【印度...	88.0	19584
3	鲜上鲜文鱼庄(凤城五路店)	火锅	xa	4.5	1398.0	差不多56	西安市未央区凤城五路地铁D口出人人乐5楼	全天	【生菜】【鸳鸯锅】【千叶豆腐】【荷包豆腐】【生鱼片】【毛肚】【文鱼】【鱼丸】【撒尿牛丸】【山...	52.0	11798
4	蜜悦士鲜牛肉时尚火锅(凯德广场店)	火锅	xa	4.4	48.0	63	西安市雁塔区南二环凯德广场四楼东南角	10:00-21:00	【吊龙伴】【三花腱】【番茄锅】【招牌牛舌】【油豆皮】【油炸豆腐皮】【菌汤鸳鸯锅】【手工面】【...	59.9	40

图 3-2-7　合并结果

图 3-2-7 所示结果显示合并后的维度只有 199 行了。这是因为我们使用了 inner 的合并方式，只有 199 家商户有团购活动。需要注意的是，由于购买人数一定是整数，因此需要转换成 int 类型。

最后，可以利用 merge_data.to_excel() 函数将处理完的文件保存为新的文件，命名为 merge_shop_coupon_nm.xlsx。注意不要覆盖原文件，以防处理错误导致原文件、新文件都不可用。由于接口和使用方法与读入数据的接口类似，因此这里不再详细展开接口用法。

3.3 小结

在进阶篇介绍了如何使用 apply()、分组聚合、时间序列和合并，结合初级篇的相关知识，就是 Pandas 最常用的一些函数了。

但是，即便熟练掌握了以上函数，还远远不够，在实际项目中，遇到的数据问题远比这些数据复杂得多。不过，万变不离其宗，学会以上函数和知识点已能解决至少 80% 的难题。

第 4 章

CHAPTER 4

Python 的绘图模块

在第 3 章中学习了如何用 Pandas 完成绝大部分的数据处理工作。在此基础上，本章将学习如何对处理后的数据进行可视化。首先，读者应该明白受限于人类目前的思维能力，人类理解数据的方法主要有两种，一种方法是通过数字特征，另一种方法是通过数据产生的机制（例如，商业数据的商业逻辑，物理世界产生数据的物理定律等）。把这两者完美地结合起来的方式就是探索性数据分析，这也是数据学科中最重要的一步。其次，探索性数据分析其实是试图通过数字特征与数据可视化的方法，结合数据产生机制解读数据与理解数据的过程。数据可视化是探索性数据分析最关键的步骤，本章主要介绍如何利用 Python 中的两个绘图模块——Matplotlib 和 Plotly 进行探索性数据分析。

4.1 为什么需要数据可视化

Matplotlib 是 Python 绘图的基石，几乎所有与绘图有关的模块都会把它作为核心的底层模块。Matplotlib 绘图风格接近 MATLAB，主要用于比较严谨的场合下。在此基础上还有 Seaborn、Bokeh 等，这些风格更美观的绘图模块可供读者自己学习与使用。Plotly 主要通过交互的方式来展现数据，可以认为其是绘图方面高级的模块。

数据可视化的重要性主要体现在以下 3 个方面。

（1）直观展现数据特点，便于建模。

正所谓，一图胜过千言万语。在前期探索数据性分析阶段，面对海量数据，很难一眼看出数据的分布特点，极有可能忽视存在的建模特征；而在数据可视化后，发现数据分布特点的可能性大大增加。

（2）将建模结果直观展现，便于调优。

建模的过程不是一蹴而就的，往往涉及“建模—调优—再建模”。这就需要将结果好坏直观展现到图片上，便于发现模型的不足之处。尤其是在机器学习、深度学习领域，往往涉及大量的调参，每次参数变化程度都很小，只看数字其实很难判别出哪组参数是最佳的，将结果可视化后就能更加直观地感受到。

（3）将工作成果可视化汇总，便于汇报。

假设政委好不容易做完了模型，效果也不错，最终给熊大过目汇报。汇报的表格见表 4-1-1，熊大看起来很不悦，而且一看前几个数字——.1235、.2345、.3456、.4567……就说：“政委啊，前几个小数怎么惊人的一致啊，你过来下咱们聊聊。”

表 4-1-1　参数准确率对应表

参数	准确率
0.1	81.1235%
0.2	82.1235%
0.3	82.2345%
0.4	82.3456%
0.5	82.4567%
0.6	82.3947%
0.7	81.1247%
0.8	82.2365%
0.9	83.4490%
1.0	82.1365%

第二次汇报，政委吸取了上次的教训，数字不变，把数字换成了图进行汇报，如图 4-1-1 所示。

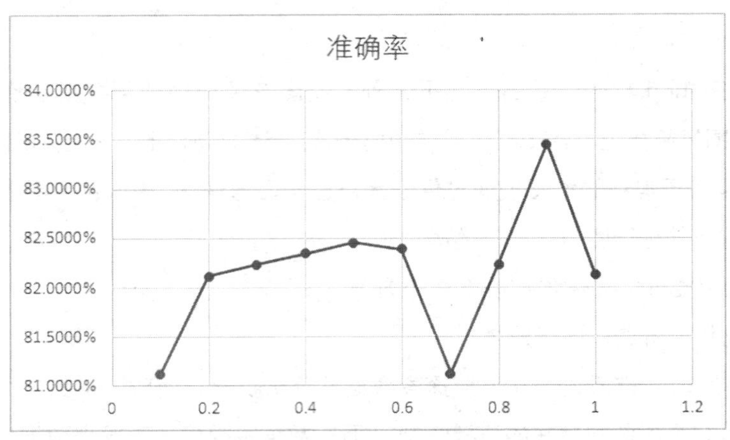

图 4-1-1 参数对应准确率

政委把一张图在熊大面前一摆，熊大一看，“喔，原来参数为 0.9 时能最优啊，嗯，效果不错，可以继续了！”政委偷偷笑着，心想：“还是上回的数字，只是画了张图而已。”

还是那句话，一图胜千言万语。

4.2 初级篇——Matplotlib基础

本章将学习以下内容。

(1) 使用 Matplotlib 构建画布。

(2) 修改 Matplotlib 的全局配置。

(3) 使用 Matplotlib 绘制 6 种主流图形

本章使用的环境为 Python 3.5.2，Matplotlib 2.0.2。

先读入第 3 章处理后的整合数据。

```
import pandas as pd                                                    # 导入 Pandas 模块
merge_data = pd.read_excel("https://github.com/xiangyuchang/xiangyuchang.github.io/blob/
        master/BearData/merge_shop_coupon_nm.xlsx?raw=true")   # 读入数据
print(' 数据的维度是：', merge_data.shape)
merge_data.head()                                                      # 查看数据的前 5 行
```

4.2.1 画布——绘图的画板

无论是 MATLAB、R、Python 还是 SAS，抑或是现实中的画家画图，基本思想是一样的：

在一张画布上堆叠各种元素。一张 2D 图片，如果把绘制时间也算一个维度，就可以认为是 3D 的（按照堆叠时间展开的 2D 图像）。所以，第一步是构建绘图的画板，相关函数说明见表 4-2-1。

表 4-2-1　构建画板的相关函数说明

函数接口	函数作用	参数说明
plt.figure()	构建白板	figsize：设置画布大小 例如，figsize=(18, 6)
fig.add_subplot(row, col, index)	创建子图，子图相互独立	无显式参数，逗号可以省略 row：行 col：列 index：子图的位置
plt.show()	展示画布	无
plt.close()	销毁画布	无

例 4.2.1　构建画板

```
import matplotlib.pyplot as plt          # 导入 Matplotlib 中的画图函数 pyplot，并且命名为 plt
fig = plt.figure(figsize=(18, 6))        # 创建 18*6 大小的图实例（相当于一个画布）
ax1 = fig.add_subplot(2, 2, 1)           # 创建 2*2=4 张图，ax1 画在第一张图上
ax2 = fig.add_subplot(2, 2, 2)           # 同理，ax2 画在第二张图上
ax3 = fig.add_subplot(2, 2, 3)           # 同理，ax3 画在第三张图上
ax4 = fig.add_subplot(2, 2, 4)           # 同理，ax4 画在第四张图上
plt.show()                               # 显示画布
plt.close()                              # 关闭画布
```

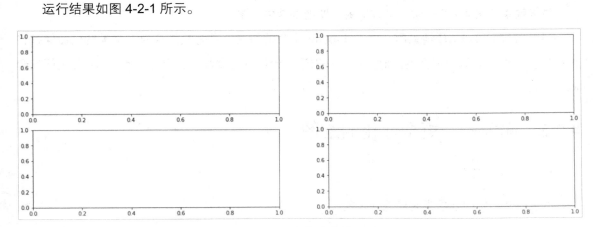

运行结果如图 4-2-1 所示。

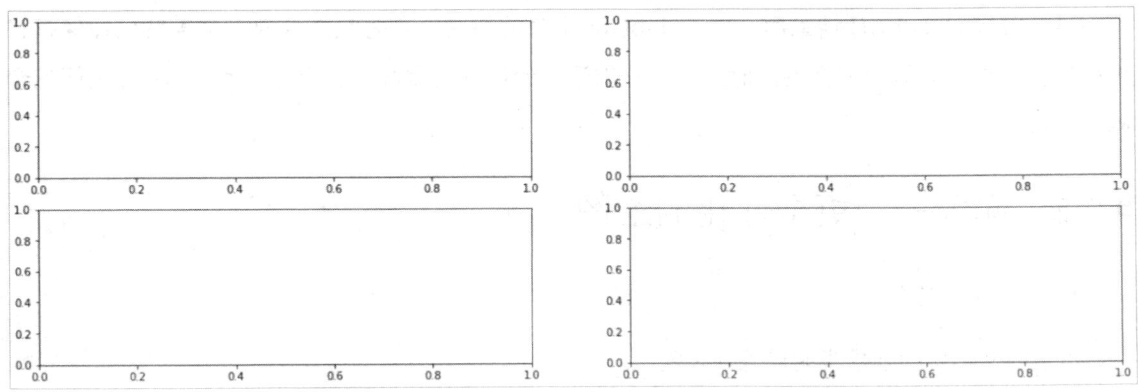

图 4-2-1　构建白板

需要说明以下几点。

（1）先通过 plt.figure() 函数创建一张完整的画布，作为最底层，之后的所有操作都在这张画布上完成。

（2）再通过 fig.add_subplot() 函数创建子图，相当于在已创建的画布上再叠加子图，子画布之间相互独立，这样就可以达到一次性完成多幅图片的效果。堆叠逻辑如图 4-2-2 所示。

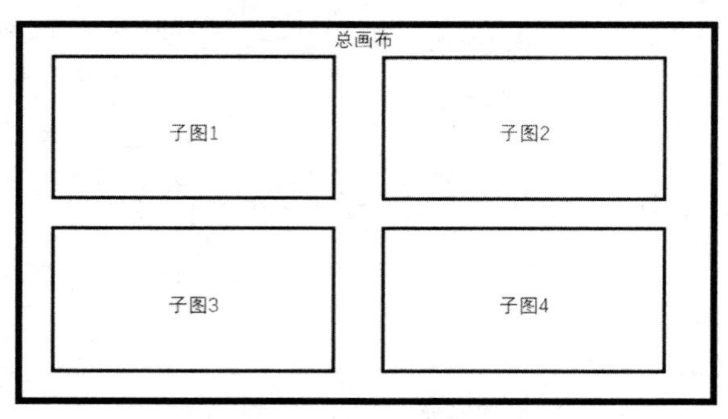

图 4-2-2　堆叠逻辑

（3）为便于展示，在这个例子中，依次创建了 4 个子图，实际上可以通过循环最后一个参数来实现堆叠逻辑。

```
fig = plt.figure(figsize=(18, 6))                    # 创建一个 18*6 大小的图实例（相当于一个画布）

for i in range(1, 5):
    ax = fig.add_subplot(2, 2, i)

plt.show()
plt.close()
```

最终效果与图 4-2-2 一致，这样能更方便地批量生产图片。

（4）每次 plt.show() 结束后，由于 Jupyter 本身的特性，所有数据只要不覆盖就仍然保存在内存中，这样可能导致反复调用时出现上一次运行的结果。因此，切记加上 plt.close() 关闭这个画布。

4.2.2　配置——更个性化的绘图

1. 指定中文字体

指定中文字体的函数说明见表 4-2-2。

表 4-2-2　指定中文字体的函数说明

函数接口	函数作用	参数说明
matplotlib.font_manager.FontProperties()	指定字体	font_path：指定字体文件的路径

例 4.2.2　无法显示中文

```
fig = plt.figure()
ax1 = fig.add_subplot(111)              # 等价于 fig.add_subplot(1, 1, 1)
ax1.set_title(' 你好 ')
plt.show()
```

Matplotlib 默认只显示英文字体，遇到中文字体会显示长方形的方框，如图 4-2-3 所示。

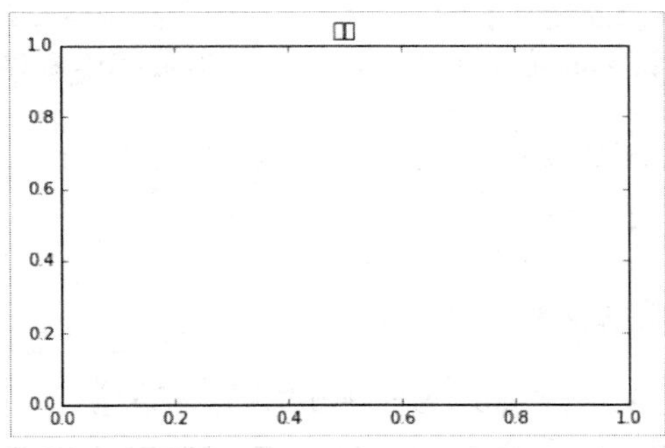

图 4-2-3　无法显示中文

例 4.2.3　显示中文

```
# 指定中文字体样式、大小
import matplotlib.font_manager as mfm
# 请换成自己计算机的字体路径
font_path = r"../data/msyh.ttc"
prop = mfm.FontProperties(fname=font_path)

fig = plt.figure()
ax1 = fig.add_subplot(111)
ax1.set_title(' 你好 ', fontproperties=prop, fontsize=20)
plt.show()
```

运行结果如图 4-2-4 所示。

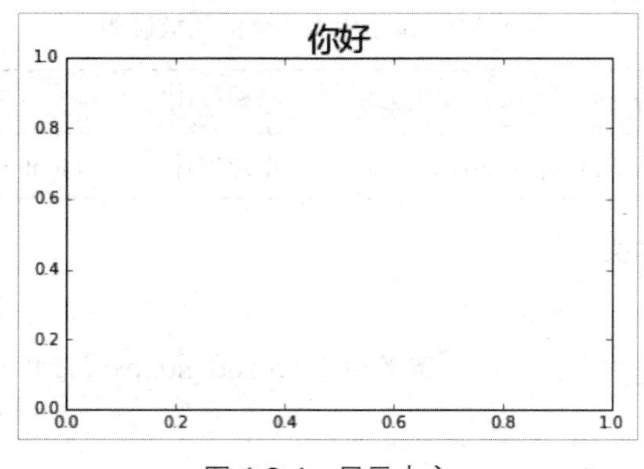

图 4-2-4　显示中文

注意

mfm.FontProperties() 中指定的是字体文件路径，而不是字体名称，建议将字体文件复制到相应的项目文件夹下。

2. 指定全局画图主题

修改画图主题的函数说明见表 4-2-3。

表 4-2-3　修改画图主题的函数说明

函数接口	函数作用	参数说明
plt.style.use()	指定主题	无显式参数 style_name：设置主题名 常用主题有 'ggplot'、'seaborn-bright'、'seaborn-white'、'seaborn-darkgrid'、'seaborn-deep' 完整 style 选择可通过以下方式查看： plt.style.available

例 4.2.4　修改画图主题

```
# 指定全局画图主题为 ggplot
plt.style.use('ggplot')
# 查看所有主题
plt.style.available
```

运行结果如图 4-2-5 所示。

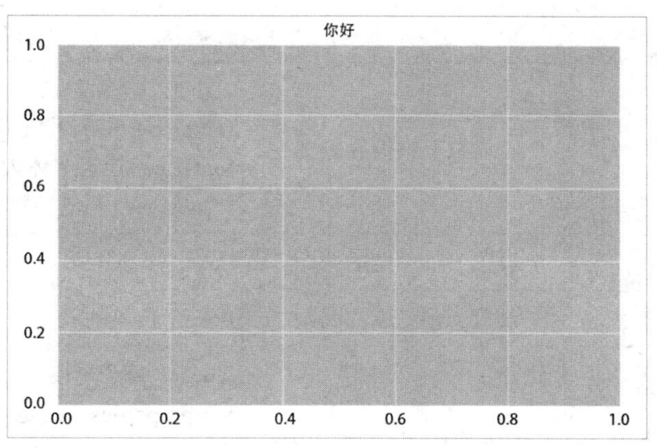

图 4-2-5　修改画图主题

3. 其他配置

其他配置函数说明见表 4-2-4（注：ax 代表子图的变量）。

表 4-2-4　其他配置函数说明

函数接口	函数作用	参数说明
ax.set_ylim()	限定 y 轴的范围	bottom：指定最小值 top：指定最大值 可使用 tuple 合并表示 (bottom, top)
ax.set_xlim()	限定 x 轴的范围	left：指定最小值 right：指定最大值 可使用 tuple 合并表示 (left, right)
ax.set_title()	设置标题	label：标题文字 fontproperties：指定字体 fontsize：指定字体大小 color：指定字体颜色 **kwargs：其他参数，继承 Text 对象
ax.set_xlabel()	设置 x 轴的标签	xlabel：标签文字 fontproperties：指定字体 fontsize：指定字体大小 **kwargs：其他参数，继承 Text 对象

续表

函数接口	函数作用	参数说明
ax.set_ylabel()	设置 y 轴的标签	ylabel：标签文字 fontproperties：指定字体 fontsize：指定字体大小 **kwargs：其他参数，继承 Text 对象
ax.set_xticks()	设置 x 轴刻度的间距	ticks：传入列表，每个元素代表一个刻度值
ax.set_yticks()	设置 y 轴刻度的间距	ticks：传入列表，每个元素代表一个刻度值
ax.set_xticklabels()	设置 x 轴刻度的显示值	labels：每个刻度上显示的值 fontproperties：指定字体 fontsize：指定字体大小 **kwargs：其他参数，继承 Text 对象
ax.set_yticklabels()	设置 y 轴刻度的显示值	labels：每个刻度上显示的值 fontproperties：指定字体 fontsize：指定字体大小 **kwargs：其他参数，继承 Text 对象
ax.hlines()	设置水平线	y：某个纵坐标，固定值 xmin：横坐标最小值 xmax：横坐标最大值
ax.vlines()	设置垂直线	x：某个横坐标，固定值 ymin：纵坐标最小值 ymax：纵坐标最大值
ax.legend()	设置图例	lables：标签名 loc：图例的位置，参数可选 ・'best'：自动选择最佳位置 ・'upper left'：左上角 ・'upper right'：右上角 bbox_to_anchor：指定图例的位置 ・(横坐标,纵坐标) ・(横纵最大 1.0, 最小 0.0) prop：等同于 fontproperties fontsize：字体大小 **kwargs：其他参数，继承 Text 对象
ax2=ax1.twinx()	子图 ax1、ax2 共享 x 轴	无
ax2=ax1.twiny()	子图 ax1、ax2 共享 y 轴	无
plt.savefig()	保存图片	fname：文件名 dpi：像素，单个数值即可

由于 Matplotlib 属于非常底层的绘图工具，几乎所有元素都可以重新设置，因此接口和函数众多，建议归类记忆。例如，涉及字体的接口中，继承的是 Text 类，设置字体样式的变量基本上就是 fontproperties，涉及字体大小的变量就是 fontsize。正因为 Matplotlib 非常底层，熟练掌握后，换成其他绘图包时基本也可以快速掌握。

4.2.3 散点图、线图

政委最终的目标是找到物美价廉的商家后，请熊大吃饭，但也得找客流量大的店铺，毕竟群众的眼睛是雪亮的。那么本小节学习使用散点图与线图来完成这个终极任务。散点图函数说明见表 4-2-5。

表 4-2-5 散点图函数说明

函数接口	函数作用	参数说明
ax.scatter()	绘制散点图	x：自变量 y：因变量 marker：指定每个值的样式，参数可选 ・'o'：圆形 ・'v'：v 字形 …… color：线条颜色，'blue'、'red' 等 ……

例 4.2.5 散点图

```
fig = plt.figure(figsize=(10, 6))
ax1 = fig.add_subplot(111)

ax1.set_title(' 人均评价数关系图 ', fontproperties=prop, fontsize=20)
ax1.set_xlabel(' 人均 ', fontproperties=prop, fontsize=15)
ax1.set_ylabel(' 评价数 ', fontproperties=prop, fontsize=15)

ax1.scatter(y=merge_data[' 评价数 '], x=merge_data[' 人均 '], color='r', marker='v')

plt.show()
plt.close()
```

运行结果如图 4-2-6 所示。

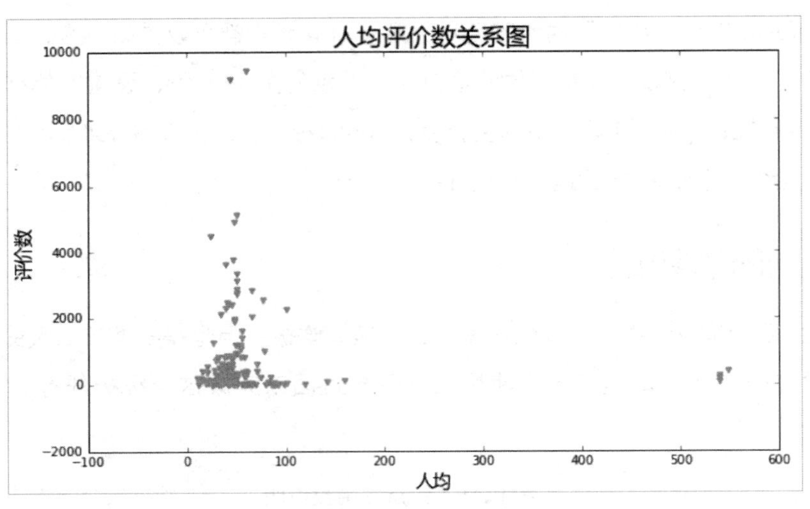

图 4-2-6　人均、评价数散点图

图 4-2-6 所示的散点图的横坐标是人均消费，纵坐标是评价人数。简单来说，这张图除表达出左下角挤在一团外，其他则无法再进一步分析。因此，需要对 x 轴、y 轴的范围进行限定，相当于进行局部放大。

例 4.2.6　美化散点图

```
fig = plt.figure(figsize=(10, 6))
ax1 = fig.add_subplot(111)
ax1.scatter(y=merge_data['评价数'], x=merge_data['人均'])

ax1.set_title('评价数人均关系图', fontproperties=prop, fontsize=20)
ax1.set_xlabel('人均', fontproperties=prop, fontsize=15)
ax1.set_ylabel('评价数', fontproperties=prop, fontsize=15)

ax1.set_ylim((500, 6500))
ax1.set_xlim((20, 60))

ax1.set_xticklabels(labels=[i for i in range(20, 70, 5)], fontproperties=prop, fontsize=15)
ax1.set_yticklabels(labels=[i for i in range(500, 7000, 1000)], fontproperties=prop, fontsize=15)

ax1.hlines(2000, 20, 60, colors="r", linestyles="dashed")
plt.show()
plt.close()
```

运行结果如图 4-2-7 所示。

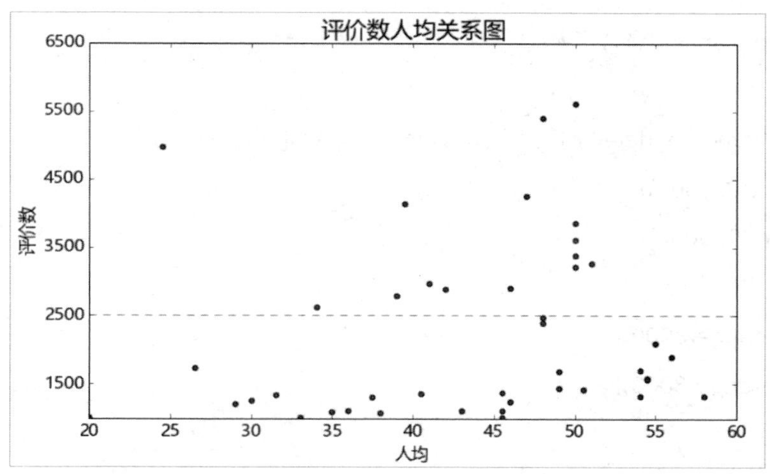

图 4-2-7 美化后的散点图

从图 4-2-7 中大致可以看出，以 2500 评价数为分界点，可以把评价数分割成上下两部分，并且 2500 评价数以上的大部分团购产品都是在人均消费 35~50 元之间，这个现象在之后的建模中可以持续关注。

不过，这个结果是否能轻易相信呢？点评类网站往往存在不少“水军”，有些商家专门雇人刷好评，这些也是需要防备的。要想不被套路，就得先会一点套路。这里对以下套路进行简单验证：购买数与评价数往往存在一定的比例关系，评价与购买的比例如果异常得高，那么就需要警惕了。线图函数说明见表 4-2-6。

表 4-2-6 线图函数说明

函数接口	函数作用	参数说明
ax.plot()	绘制线图	x：自变量 y：因变量 marker：每个值的样式 linestyle：指定线条样式，参数可选 · '-'：solid · '--'：dashed …… color：线条颜色 ……

例 4.2.7 散点图、线图

```
fig = plt.figure()
ax1 = fig.add_subplot(111)

ax1.scatter(x=merge_data[' 购买人数 '], y=merge_data[' 评价数 '], )
ax1.set_ylim((0, 3000))
ax1.set_xlim((0, 3000))

y = [i for i in range(3000)]
x = [i for i in range(3000)]

ax1.plot(x, y, color='r')
plt.show()
plt.close()
```

运行结果如图 4-2-8 所示。

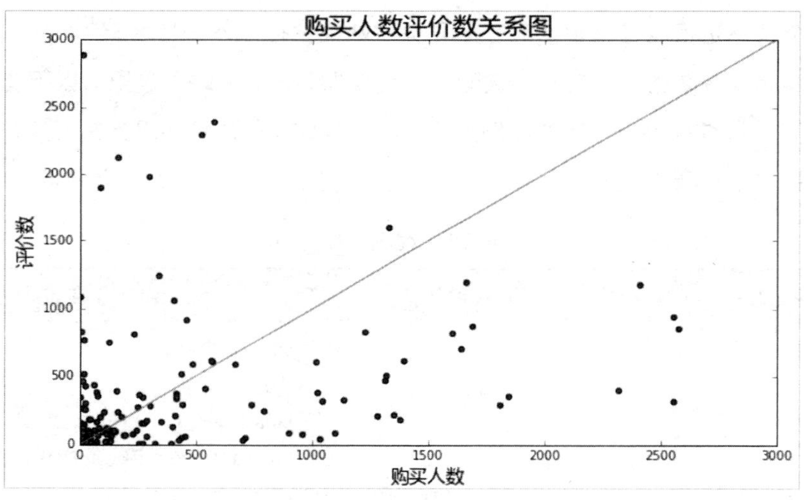

图 4-2-8 散点图、线图

注意

本例中的购买人数是指正在进行中的 9 月之前团购的平均购买数，不包含已经下架的购买数，而评价数是截止到数据爬取日，商家得到的总评价数。因此，会出现评价数超过购买人数的情况。

图 4-2-8 不仅放大了局部，还增加了一条线用以大概观察数据的分布。从图 4-2-8 中可以看出，除一小部分数据明显高于线外，大部分数据位于线两侧，说明刷单现象可能较少。

4.2.4 绘制箱线图

散点图的缺点是无法反映分组的特征。接下来使用箱线图来解决这个问题。箱线图函数说明见表 4-2-7。

表 4-2-7 箱线图函数说明

函数接口	函数作用	参数说明
ax.boxplot()	绘制直方图	x：数组类数据，如 Matrix、Array、list，每一个元素代表一组数据 widths：list，指定每根柱子的宽度

例 4.2.8 箱线图

```
fig = plt.figure(figsize=(10, 6))
ax1 = fig.add_subplot(111)

d1 = merge_data[' 评价数 '][merge_data[' 购买人数 '] < 500]
d2 = merge_data[' 评价数 '][merge_data[' 购买人数 '] >= 500][merge_data[' 购买人数 '] < 1000]
d3 = merge_data[' 评价数 '][merge_data[' 购买人数 '] >= 1000][merge_data[' 购买人数 '] < 1500]
d4 = merge_data[' 评价数 '][merge_data[' 购买人数 '] >= 1500][merge_data[' 购买人数 '] < 2000]
d = [d1, d2, d3, d4]

ax1.boxplot(d)

ax1.set_title(' 购买人数评价数关系图 ', fontproperties=prop, fontsize=20)
ax1.set_xlabel(' 购买人数 ', fontproperties=prop, fontsize=15)
ax1.set_ylabel(' 评价数 ', fontproperties=prop, fontsize=15)
ax1.set_xticklabels(['<500', '[500, 1000)', '[1000, 1500)', '[1500, 2000)'], fontproperties=prop,
        fontsize=20)
ax1.set_ylim((0, 1500))

plt.show()
plt.close()
```

```
# 由于 d 只是为画图而产生的，属于中间变量，之后不会再使用到
# 建议用完就手动删除，防止变量名混淆及内存过大
del d
```

运行结果如图 4-2-9 所示。

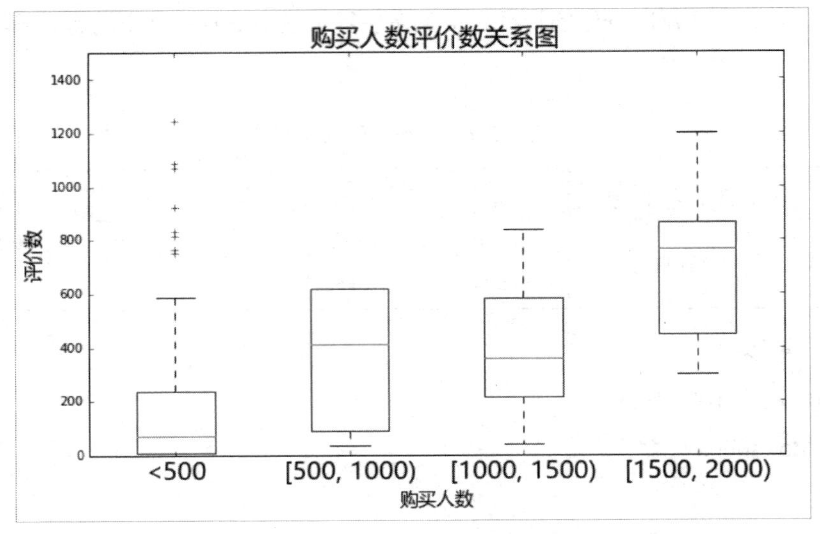

图 4-2-9　箱线图

从图 4-2-9 中可以看出，购买人数小于 500 的组别，存在多个异常值，极有可能存在刷单行为；购买人数为 500~1000、1000~1500 的组别，中位数、箱体接近；购买人数为 1500~2000 的组别，中位数、箱体明显高于前两组，也可能存在刷单行为，这里不做进一步处理，但在后期建模时需要持续关注。

剔除异常值的方法比较灵活，建议读者自行尝试。

例 4.2.9　删除异常值

```
# 调用 warnings 模块忽略警告
# 不用也可以，只是运行结果会多出一块红色警告
import warnings
warnings.filterwarnings('ignore')

d1_ = merge_data[merge_data['购买人数'] < 500][merge_data['评价数'] < 610]
d2_ = merge_data[merge_data['购买人数'] >= 500][merge_data['购买人数'] < 1000]
d3_ = merge_data[merge_data['购买人数'] >= 1000][merge_data['购买人数'] < 1500]
d4_ = merge_data[merge_data['购买人数'] >= 1500][merge_data['购买人数'] < 2000]
```

```
# d1_、d2_、d3_、d4_ 合并为一个 dataFrame
merge_data2 = pd.concat([d1_, d2_, d3_, d4_])
print(merge_data2.shape)
merge_data2.head()
```

运行结果如图 4-2-10 所示。

(160, 13)

	店名	关键词	城市	评分	评价数	人均	地址	营业时间	菜名	商家等级	购买人数	团购价	购买人数等级
3	蜜悦士鲜牛肉时尚火锅(凯德广场店)	火锅	xa	4.4	48	63.0	西安市雁塔区南二环凯德广场四楼东南角	10:00-21:00	【吊龙伴】【三花腱】【番茄锅】【招牌牛舌】【油豆皮】【油炸豆腐皮】【菌汤鸳鸯锅】【手工面】【...	2	40	59.9	0.0
6	响锣牛寨真味火锅	火锅	xa	4.5	393	70.5	西安市长安区府东一路长安新天地南餐-1F	9:30-22:00	【安康豆芽】【陕北宽粉】【精品肥牛】【玉米】【鸭肠】【菠菜油麦菜】【鲜鸭肠】【王中王豆皮】【...	2	158	128.0	0.0
8	重庆小天鹅(李家村万达店)	火锅	xa	4.3	208	74.0	西安市碑林区雁塔路北段8号李家村万达广场三楼	10:00-22:00 周一至周日	【蔬菜拼盘】【酸梅汤】【麻辣猪柳】【鸳鸯锅】【鸭肠】【鳕鱼芝士鱼蛋】【毛肚】【1精品肥牛卷】...	2	180	184.0	0.0
9	六婆串串香火锅(长丰园店)	火锅	xa	4.4	211	50.0	西安市雁塔区长丰园小区12号楼7号商铺	早11:30至凌晨0:00，视当天情况而定...	【鱼块】【菌汤鸳鸯锅】【滋补鸳鸯锅】【肥羊】【牛羊肉组合】【麻辣牛肉】【干碟】【麻酱】【鱼丸...	2	411	78.0	0.0
10	食色火锅(西安总店)	火锅	xa	4.7	30	49.0	西安市雁塔区小寨东路126号（百隆广场B座10层A户）	10:00-00:00	【娃娃菜】【拉面】【黑木耳】【毛肚】【豆腐皮】【海参丸】【培根】【金针菇】【肥牛】【土豆】【...	2	23	78.0	0.0

图 4-2-10　删除异常值运行结果

数据减少了 37 条，总数据量减至 160 条。

4.2.5　绘制柱状图

第 3 章对商家等级及人均消费进行了简单的分析，发现商家评分越高，人均消费反而是越低的，真实情况果真如此吗？本小节通过图形来重新分析这个问题。先对购买人数、评价数、团购价和人均分别按商家等级取均值，具体方法是采用分组聚合，可参见第 3 章的内容。

柱状图函数说明见表 4-2-8。

表 4-2-8　柱状图函数说明

函数接口	函数作用	参数说明
ax.bar()	绘制柱状图	left：list，每根柱子最左边的刻度 height：list，每根柱子的高度 width：柱子的宽度，如 0.5 bottom：柱子最低处的高度，如 0.5 color：柱子的颜色，如 'red'

例 4.2.10 柱状图

```
fig = plt.figure(figsize=(10, 4))
ax1 = fig.add_subplot(121)

# 基本设置
width = 0.25
labels = ['人均', '团购价', '评价数', '购买人数']
ticks = [0.25, 1.25, 2.25]
ticklabels = ['低评分', '中评分', '高评分']

# 绘制子图 1
ax1.bar(left=data_for_bar.index, height=data_for_bar[labels[0]], width=width, color='r')
ax1.bar(left=data_for_bar.index + width * 1, height=data_for_bar[labels[1]], width=width, color='b')
ax1.set_xlabel('商家等级', fontproperties=prop)
ax1.set_ylabel(labels[1], fontproperties=prop)
ax1.set_xticks(ticks)
ax1.set_xticklabels(ticklabels, fontproperties=prop, fontsize=15)
ax1.legend(labels=labels[:2], loc='best', prop=prop, fontsize=20)

# 绘制子图 2
ax2 = fig.add_subplot(122)
ax2.bar(left=data_for_bar.index, height=data_for_bar[labels[2]], width=width, color='y')
ax2.bar(left=data_for_bar.index + width, height=data_for_bar[labels[3]], width=width, color='g')
ax2.set_xlabel('商家等级', fontproperties=prop)
ax2.set_ylabel(labels[3], fontproperties=prop)
ax2.set_xticks(ticks)
ax2.set_xticklabels(ticklabels, fontproperties=prop, fontsize=15)
ax2.legend(labels=labels[2:], loc='best', bbox_to_anchor=(1.0, 1.0), prop=prop, fontsize=20)

plt.show()
plt.close()
```

运行结果如图 4-2-11 所示。

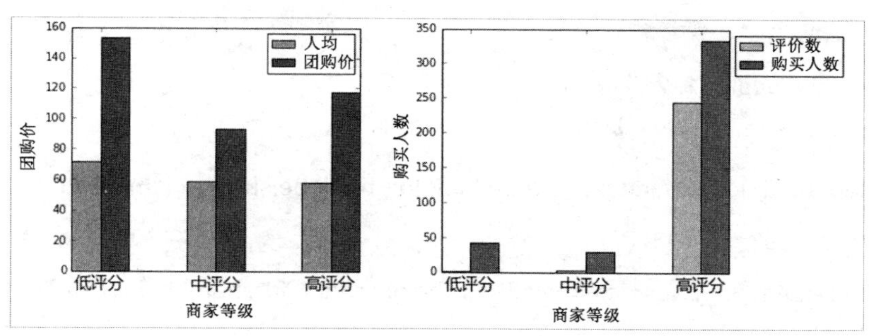

图 4-2-11　柱状图

观察图 4-2-11 的左图，发现在 3 个组别中，人均明显低于团购价，大概是其 50%。这能说明“人均”字段有问题吗？这可不一定！团购往往是 2~3 人及以上的居多，所以还得做进一步分析才能判断；观察图 4-2-11 的右图，发现低评分和中评分的购买人数、评价数非常少，这极有可能存在问题。

其实，这是第 3 章给大家留的“坑”—— 商家评分等级的划分标准会导致每组数据量不同，读者可以查看每组的数据量，会发现低评分和中评分只占了 10 条左右，高评分却占了大部分。读者可能又要问了：数据量差异比较大就不能使用这些数据了吗？而造成数据量差异大的原因，其实是训练时经常遇到的问题 —— 样本不均衡。极度的样本不均衡会导致模型的真实效果被掩盖，设想一下，如果我们的目标是找到影响商家评分的因素，评分作为 y，90% 以上的商家都是高评分，损失函数达到最优，那么这一做法是尽可能把所有商家都作为高评分，虽然这样至少能达到 90% 的准确率，但是这个结果显然是不可信的。这说明，评分字段极有可能对最终结果没有理想的贡献。

此外，读者有没有认真分析例 4.2.10 的代码呢？图 4-2-11 中的子图 1 与子图 2 几乎一模一样，只是参数不同而已。有没有办法减少一些代码呢？这自然是有的。例如，在 4.2.1 小节中，我们使用了 for 循环生成 4 张子图，这个小技巧也可以帮助我们减少代码开发负担。

例 4.2.11　柱状图（for 循环生成）

```
fig = plt.figure(figsize=(10, 4))


# 基本设置
width = 0.25
labels = ['人均', '评价数', '团购价', '购买人数']
ticks = [0.25, 1.25, 2.25]
ticklabels = ['低级', '中级', '高级']
colors = ['r', 'y', 'b', 'g']
```

```
for i in range(1, 3):
    ax = fig.add_subplot(1, 2, i)
    # 绘制子图 1
    ax.bar(left=data_for_bar.index, height=data_for_bar[labels[i-1]], width=width,
           color=colors[i-1])
    ax.bar(left=data_for_bar.index + width * 1, height=data_for_bar[labels[i+1]], width=width,
           color=colors[i+1])
    ax.set_xlabel(' 商家等级 ', fontproperties=prop)
    ax.set_xticks(ticks)
    ax.set_xticklabels(ticklabels, fontproperties=prop, fontsize=15)
    ax.legend(labels=[labels[i-1], labels[i+1]], loc='best', prop=prop, fontsize=20)

plt.show()
plt.close()
```

例 4.2.11 的绘制效果与图 4-2-11 一致。

上述代码帮助我们减少了 1/3 的开发量。可以预见，子图越多，减少的开发量也越多。

4.2.6 绘制饼图、直方图

从 4.2.5 小节中可以发现，不同评分等级的商家数量差异很大，那么具体比例是多少呢？本小节使用饼图和直方图分别进行观察。饼图函数说明见表 4-2-9。

表 4-2-9 饼图函数说明

函数接口	函数作用	参数说明
ax.pie()	绘制饼图	x：每一块饼的数值 explode：每块饼突出来的举例 labels：可视为 ticklabels labeldistance：label 之间的举例 colors：每块饼的颜色 autopct：设置小数点 shadow：是否有阴影

例 4.2.12 饼图

```
# 先用“商家等级”这列进行 groupby，再对每一类进行计数
data_for_pie = merge_data2.groupby(' 商家等级 ').agg({' 店名 ': 'count'})
```

```
data_for_pie[' 店名 '].iloc[1] = 9
data_for_pie = data_for_pie.drop([0])
data_for_pie

fig = plt.figure(figsize=(6, 4))
ax1 = fig.add_subplot(111)
ticklabels = [' 中低评分 ', ' 高评分 ']
x = data_for_pie[' 店名 ']
colors = ['r', 'y', ]
explode = (0.1, 0.1)

# l_text 是 ticklabels
# p_text 是 x 的具体数值
patches, l_text, p_text = ax1.pie(x, explode=explode, labels=ticklabels, colors=colors,
        labeldistance=1.1, autopct='%3.1f%%', shadow=False)

for t in l_text:
    t.set_size = (30)
    t.set_fontproperties(prop)
for t in p_text:
    t.set_size = (30)

# 设置 x、y 轴刻度一致，这样饼图才是圆的
ax1.axis('equal')
ax1.legend(labels=ticklabels, loc='best', bbox_to_anchor=(1.0, 1.0), prop=prop, fontsize=20)
plt.show()
```

运行结果如图 4-2-12 所示。

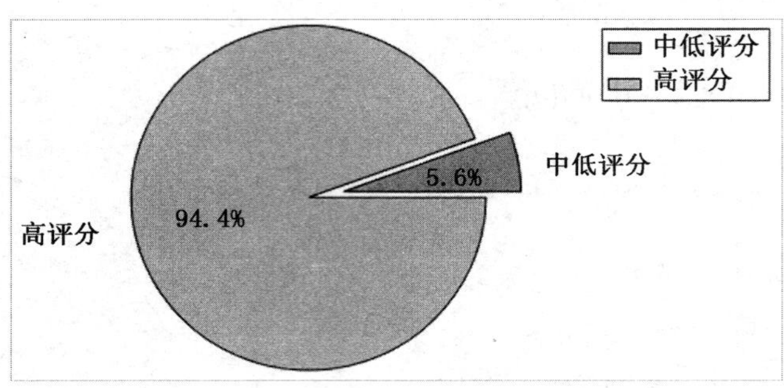

图 4-2-12　饼图

为了美观，先将中、低商家合并作为一组，再进行绘图。从图 4-2-12 中可以发现，中低评分的商家仅占 5.6%，高评分商家占到 94.4%，这样看来只看评分选商家并不可行。

接下来用直方图观察每个评分所占的商家比例。直方图函数说明见表 4-2-10。

表 4-2-10　直方图函数说明

函数接口	函数作用	参数说明
ax.hist()	绘制直方图	x：绘制直方图的数值 bins：指定多少个区间 color：柱子颜色 cumulative：是否累加

例 4.2.13　直方图

```
fig = plt.figure(figsize=(5, 5))
ax1 = fig.add_subplot(111)

# 绘制子图 1
ax1.hist(x=merge_data2[' 评分 '], bins=30, color='r', cumulative=True)
ax1.set_xlabel(' 评分 ', fontproperties=prop)

plt.show()
plt.close()
```

运行结果如图 4-2-13 所示。

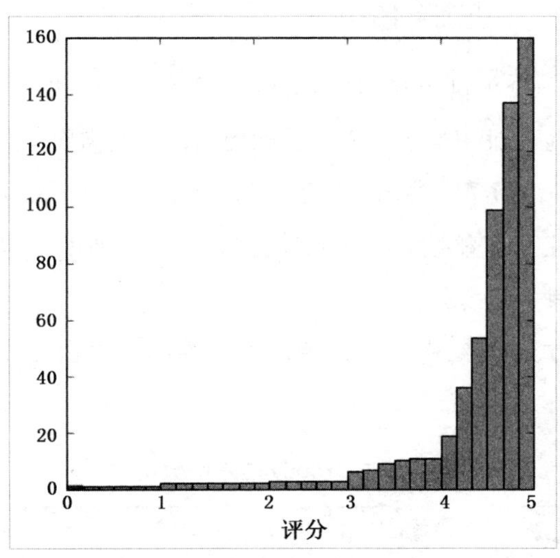

图 4-2-13　直方图

注意

本例为美观起见，采用了 cumulative 进行累加，这就使得直方图相对就不那么直观了。不过，仍能看出，评分在 4.2~5.0 分区间的商家最多。

4.3 高级篇——Plotly基础

在 4.2 节中学习了 Matplotlib 的常见用法，本节将学习如何用 Plotly 绘制更加美观的统计图。由于 4.2 节已经说明了探索性数据分析的思路，因此本节只对如何调用 Plotly 进行必要讲解。

本节将学习以下内容。

（1）使用 Plotly 进行布局。

（2）使用 Plotly 进行数据点设置。

（3）使用 Plotly 绘制主流图形。

本节使用的环境为 Python 3.5.2，Plotly 3.2.1。

需要强调以下两点。

（1）Plotly 可以与 Numpy、Matplotlib、Pandas 完美兼容。

（2）在之后的示例中，数据点统称为 Trace（只是为了简化，无具体含义）。

4.3.1 开始之前——理解 Plotly

在开始之前，先通过一个小例子来理解 Plotly 的工作原理，便于后续讲解。Plotly 可联网、离线运行。联网模式需要生成证书进行授权后才能使用，因此需要先到 Plotly 官网注册，并获取 API Key，在此不进行详细讲解了。注册完毕后，输入账号和 API Key 即可，这样以后画的图都可以上传到 Plotly Cloud 上。可能读者会觉得有些麻烦，但 Plotly 毕竟是商业软件，连 Google 都在使用其产品，相信有其可取之处。

这里推荐使用离线模式进行绘图，不需要注册，绘图速度也更快。Plotly 基本函数说明见表 4-3-1。

表 4-3-1　Plotly 基本函数说明

函数接口	函数作用	具体功能
go.Layout()	设置布局	主要涉及图像的元素设置（Trace 除外）
go.Scatter()	构成 Trace（散点）	主要涉及 Trace 的设置
go.Figure()	组合布局和 Trace	组合上述两者，生成一张画布
iplot()	绘制图片	绘制上述画布

例 4.3.1　理解 Plotly

```
import pandas as pd
import os
import plotly.graph_objs as go
from plotly.offline import iplot, init_notebook_mode

# 本地版不需要联网
init_notebook_mode()

# 1. 设置图的 Layout
layout = go.Layout(
    title = ' 理解 Plotly',
)

# 2. 设置数据点
trace1 = go.Scatter(
```

```
    x = [1, 2, 3, 4],
    y = [1, 2, 3, 4],
    mode = 'lines',
)

# 3. 构建画布
fig = go.Figure(data=[trace1], layout=layout)

# 4. 画图
iplot(fig)
```

运行结果如图 4-3-1 所示。

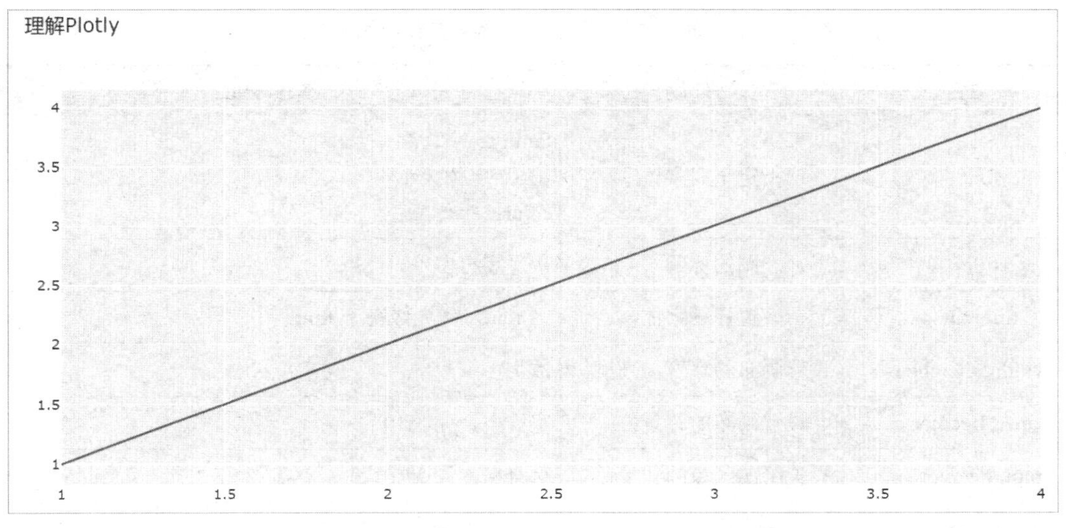

图 4-3-1　理解 Plotly

这里由于截图的原因，无法完全展示 Plotly 的特性，建议读者边看边运行代码。

无论绘制怎样的图，使用 Plotly 绘制图像只需以下 4 步。

（1）设置图的 Layout。这里的 Layout 可以理解为一张图片除数据点外的元素，如图的标题，x、y 轴的刻度，标签和图例等。简单理解，Matplotlib 中函数接口为 ax.set_XX 的都可以认为是由 Layout 管理的。

（2）设置图的 Trace。这里的 Trace 其实可以认为是图形的组成方式——点、线、面，无数点构成线，无数线构成面。散点图就用 Scatter 的接口，饼图就用 Pie 的接口，具体在之后使用中进行介绍。

（3）组成画布。这一步是将 Layout、Trace 进行结合。

（4）绘制图像。

通过这样的设计，使得 Plotly 不用再像 Matplotlib 那样，设置一个元素就得调用一个接口，而是一个参数名对应一个元素设置，这样就能非常方便地进行绘图管理了。

注意

Plotly 调用的方式可以是 dict(参数名 = 具体参数)，也可以是 {' 参数名 ': 具体参数 }，通常情况下两种都是可以的。但在某些情况下，前一种会显示语法错误，而且有些参数会和 Python 内置的函数名冲突，为简单起见，最好都选用后一种。

Layout() 函数有上百个参数，其中又有大量的参数嵌套着参数。这里罗列一些常用的参数，基本能满足读者大部分的需求。Layout() 函数参数说明见表 4-3-2。

表 4-3-2　Layout() 函数参数说明

参数名	参数作用	具体功能
font	指定全局字体	family：字体名 size：字体大小 color：字体颜色
title	图的标题	接受字符串
titlefont	设置标题字体	同 font，优先级高于 font
width、height	设置画布的宽度、高度	数字
paper_bgcolor	设置画布的背景色	字符串，如 "#fff"
plot_bgcolor	设置绘图区域的背景色	字符串，如 "#fff"
showlegend	是否显示图例	True 或 False
xaxis、yaxis	设置 *x*、*y* 轴的参数	以 *x* 轴为例，*y* 轴具有相同参数 title：横轴的标签名 titlefont：标签字体，参数同第三行 range：设置横轴的范围，参考 ax.set_xlim() nticks：设置 tick 的数量 tickvals：参考 ax.set_xticks() ticktext：参考 ax.set_xticklabels() tickfont：设置 tick 字体，参数同 font

注意

细分参数栏中还有参数时，在具体编写程序过程中，采用字典嵌套的方式。

例 4.3.2 Layout 参数多层嵌套

```
layout = go.Layout(
    font = {
      'family': 'Arial',
      'size': 20,
      'color': 'rgb(152, 0, 0)'
    },
    title = ' 简单演示 ',
    xaxis = {
     'title': ' 这是 X 轴 ',
     'titlefont': {
       'family': 'Times New Roman',
       'size': 18,
     },
    },
)
```

运行结果如图 4-3-2 所示。

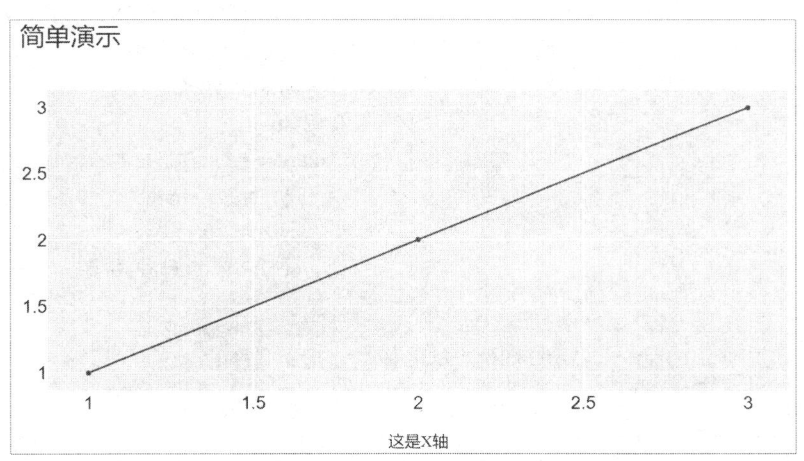

图 4-3-2　配置多个参数

当我们能轻松读懂这个 Demo 中的代码后，Plotly 的学习就完成了 80%。可能你会惊讶："哇，这么快就 80% 了？散点图、箱线图什么的还没学呢！"没错，Plotly 真就这么简单，每个函数的内部构造都是基于字典形式的，接下来的学习只是函数接口略有区别，参数重合度非常高，学习起来会很轻松。

4.3.2　绘制散点图、线图

从本小节开始，如不明确说明，所有的数据都使用 4.3.1 小节中对应的数据。Scatter() 函数也有上百个参数，这里只展示常用参数。散点图、线图函数参数说明见表 4-3-3。

表 4-3-3　散点图、线图函数参数说明

参数名	参数作用	具体功能
x	输入横坐标数据	数据可以是各种类型，直接赋值即可
y	输入纵坐标数据	数据可以是各种类型，直接赋值即可
mode	指定数据点的类型	'markers'：散点图 'lines'：线图 'text'：数据点上出现静态文字 三者可通过“+”连接混用，例如，mode = 'markers+lines+text'
marker	设置散点的样式	只在 mode = 'markers' 时使用 symbol：指定“点”的样式，如 'circle'、'square'、'diamond' 等 size：指定点的大小 color：指定颜色 opacity：透明度 line：指定散点外圈的线条参数，参数可选 ・color：线条颜色 ・width：线条宽度 例如： marker = dict(　ymbol = 'circle', 　size = 10, 　color = 'rgb(152, 0, 0)',)
name	显示在图例上的名称	接受字符串
text	指定每个点的文字	接受字符串
textposition	指定 text 相对“点”的位置	'top right'、'middle left'、'middle center' 等
textfont	指定字体	family：字体名称 size：字体大小 color：颜色

例 4.3.3 散点图

```
# 1. 设置图的 Layout
layout = go.Layout(
    title = ' 评价数人均关系图 ',
    xaxis = {
        'title': ' 人均 ',
        'range': [20, 60],
        'nticks': 20,
    },
    yaxis = {
        'title': ' 评价数 ',
        'range': [0, 6500]
    },
    showlegend = True
)

# 2. 画图
trace1 = go.Scatter(
    x = merge_data[' 人均 '],
    y = merge_data[' 评价数 '],
    mode = 'markers',
    marker = {
        'color': 'rgba(152, 0, 0, .8)',
        'size': 10,
        'symbol': 'circle',
    },
    name = ' 人均 ',
)

fig = go.Figure(data=[trace1], layout=layout)
iplot(fig)
```

运行结果如图 4-3-3 所示。

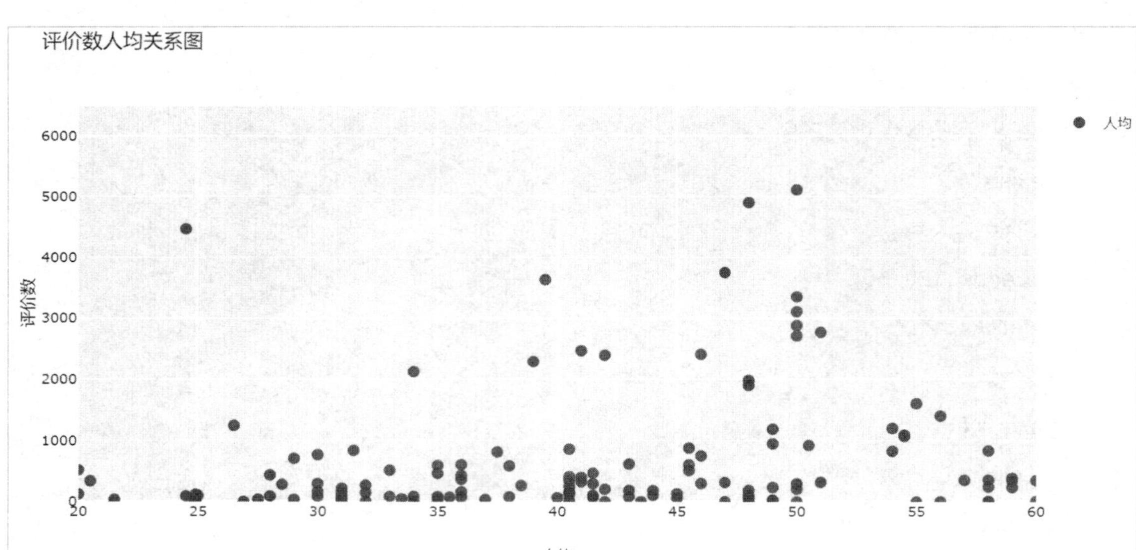

图 4-3-3　散点图

对比使用 Matplotlib 绘制的散点图，图 4-3-3 看起来更加美观。

注意

散点图与线图唯一的区别是，mode 的参数设置一个是 'markers'，一个是 'lines'，所以本小节就不再详细讲解线图的绘图方法了。

4.3.3　绘制箱线图

还记得使用 Matplotlib 绘制箱线图的步骤吗？接下来介绍如何绘制箱线图。本小节只展示与 4.3.2 小节略有区别的参数，未展示的参数可以认为是一致的。箱线图函数参数说明见表 4-3-4。

表 4-3-4　箱线图函数参数说明

参数名	参数作用	具体功能
x	输入横坐标数据	分组依据，如果已经有分类变量，则可直接输入，y 轴数据不用再整理
y	输入纵坐标数据	y 轴数据
mode	没有 mode 参数	无
boxpoints	是否展示 Trace	'all'：展示所有数据点 'outliers'：展示在箱体箱线之外的 Trace

续表

参数名	参数作用	具体功能
jitter	控制 Trace 的水平分散程度	0~1 的小数 0：所有点在一条直线上 1：所有点不压缩水平方向

例 4.3.4 箱线图

```
def group_buyer(x):
    if x < 500:
        return 0
    if x < 1000:
        return 1
    if x < 1500:
        return 2
    if x < 2000:
        return 3
    else:
        return None

# 分组
merge_data[' 购买人数等级 '] = merge_data[' 购买人数 '].apply(group_buyer)

# 1. 设置图的 Layout
layout = go.Layout(
    title = ' 购买人数等级评价数关系图 ',
    xaxis = {
        'title': ' 购买人数等级 ',
    },
     yaxis = {
        'title': ' 评价数 ',
        'range': [0, 1500]
     },
     showlegend = True
```

```
)


# 2. 画图
trace1 = go.Box(
    x = merge_data[' 购买人数等级 '],
    y = merge_data[' 评价数 '],

    marker = {
        'color': 'blue',
    },
    name = ' 购买人数等级 ',
)


fig = go.Figure(data=[trace1], layout=layout)
iplot(fig)
```

运行结果如图 4-3-4 所示。

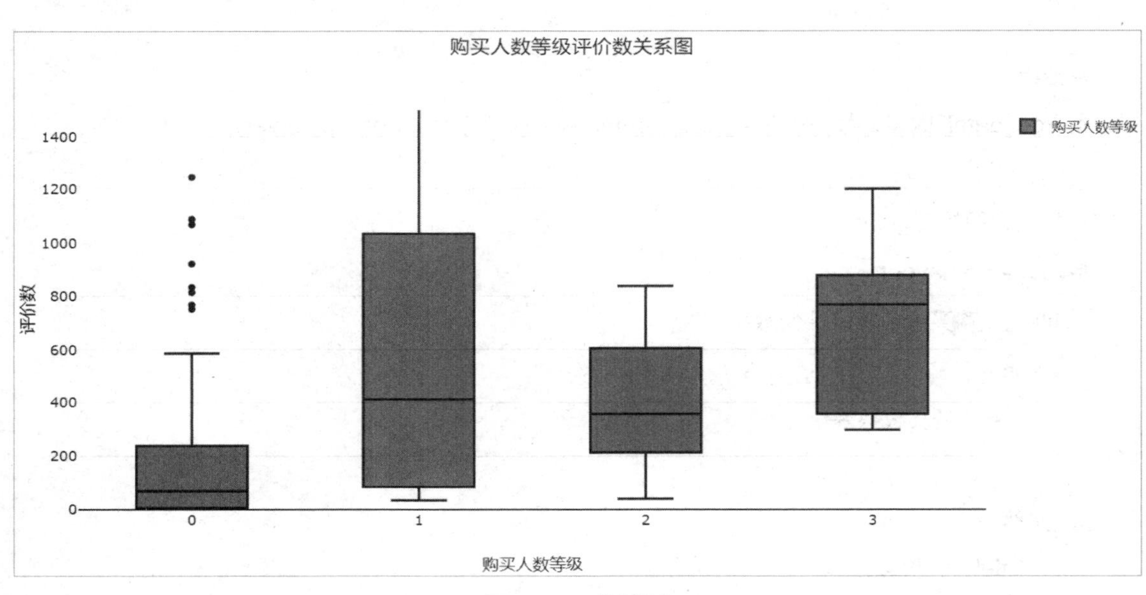

图 4-3-4　箱线图

从图 4-3-4 中可以看出，每个箱体颜色都一样，看起来不够美观，下面介绍如何美化箱线图。

例 4.3.5 美化箱线图

```
d1 = merge_data[' 评价数 '][merge_data[' 购买人数 '] < 500]
d2 = merge_data[' 评价数 '][merge_data[' 购买人数 '] >= 500][merge_data[' 购买人数 '] < 1000]
d3 = merge_data[' 评价数 '][merge_data[' 购买人数 '] >= 1000][merge_data[' 购买人数 '] < 1500]
d4 = merge_data[' 评价数 '][merge_data[' 购买人数 '] >= 1500][merge_data[' 购买人数 '] < 2000]
ys = [d1, d2, d3, d4]
xs = [1, 2, 3, 4]

# 为了使每一个箱体的颜色都有变化，这里构造 4 个 RGB 颜色
import numpy as np
colors = ['hsl('+str(h)+',50%'+',50%)' for h in np.linspace(0, 360, 4)]

# 1. 设置图的 Layout
layout = go.Layout(
    title = ' 购买人数等级评价数关系图 ',
    xaxis = {
        'title': ' 购买人数等级 ',
    },
    yaxis = {
        'title': ' 评价数 ',
        'range': [0, 1500]
    },
    showlegend = True
)

# 2. 画图
traces = [ ]
# zip(ls1, ls2, ls3) 的作用是将 ls1、 ls2、 ls3 列表的每一个元素对应输出。例如，
# ls1: [1, 2]; ls2: [1, 2]; ls3: [1, 2]
# zip() 循环后，循环的元素为 [1, 1, 1], [2, 2, 2]
for x, y, c in zip(xs, ys, colors):
```

```
    trace = go.Box(
        y = y,
        marker = {
            'color': c,
        },
        name = x,
        boxpoints = 'all'
    )
    traces.append(trace)

fig = go.Figure(data=traces, layout=layout)
iplot(fig)
```

运行结果如图 4-3-5 所示。

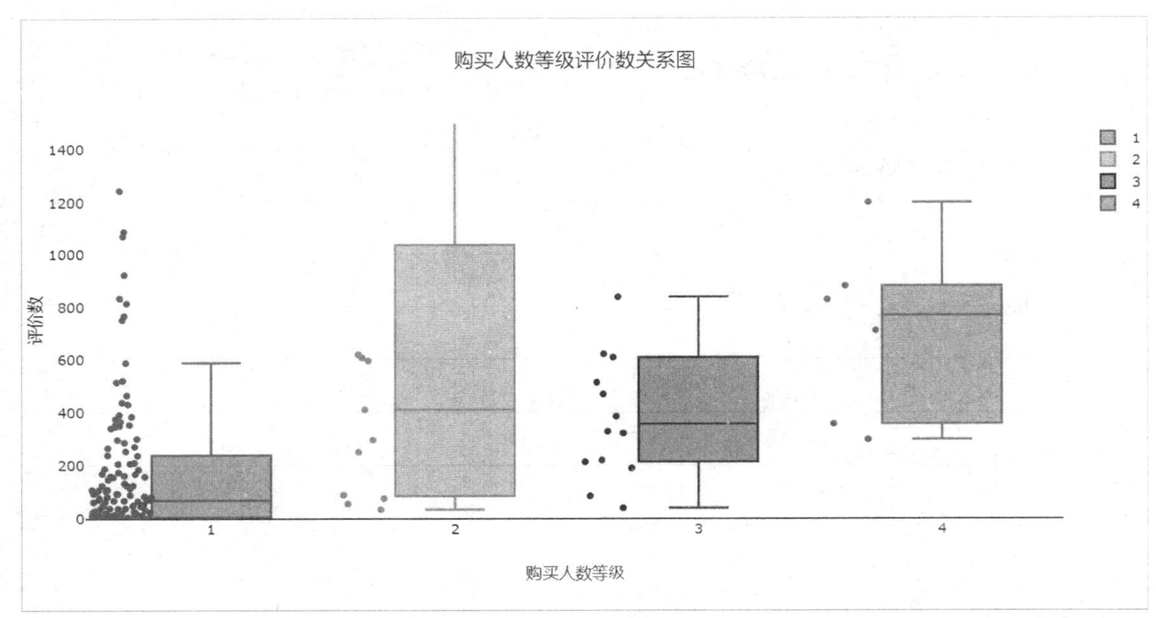

图 4-3-5　美化后的箱线图

对比图 4-3-5 与图 4-3-4，可以发现图 4-3-5 更加美观。需要注意的是，构建不同颜色的箱线图，首先得把每组数据分好，再通过 for 循环的方式插入 Trace，这样就调用 4 次 go.Box() 函数，最终画在一幅图上。因为每次调用 go.Box() 函数时，只画一组数据点，所以 x 就不用设置了（没有分组数据了）。

4.3.4 绘制柱状图（多子图）

在 4.2.5 小节中，使用 Matplotlib 绘制的柱状图有两个子图。到目前为止，我们并没有使用 Plotly 来绘制子图。那么，接下来就介绍如何使用 Plotly 绘制多子图柱状图。再次强调，共同的参数在此不再罗列。柱状图的 Layout 参数说明见表 4-3-5。

表 4-3-5 柱状图的 Layout 参数说明

参数名	参数作用	具体功能
barmode	设置柱子的堆叠方式	'group'：紧密挨着 'stack'：柱子相互往上叠（叠罗汉） 'overlay'：相互叠加
bargap	柱子之间的距离	0~1
bargroupgap	groupbar 之间的距离	0~1

多子图函数参数说明见表 4-3-6。

表 4-3-6 多子图函数参数说明

参数名	参数作用	具体功能
tools.make_subplots	创建子图	rows：同 Matplotlib 的子图 cols：同 Matplotlib 的子图 subplot_titles：子图标题
fig.append_trace	增加 Trace	trace：单个 Trace row：目标子图的 row index col：目标子图的 column index

例 4.3.6 柱状图

```
from plotly import tools


width = 0.25
labels = [' 人均 ', ' 团购价 ', ' 评价数 ', ' 购买人数 ']
ticks = [0.25, 1.25, 2.25]
ticklabels = [' 低评分 ', ' 中评分 ', ' 高评分 ']


trace1 = go.Bar(
    x = ticklabels,
    y = data_for_bar[labels[0]],
```

```
    width = width,
    name = labels[0]
)
trace2 = go.Bar(
    x = ticklabels,
    y = data_for_bar[labels[1]],
    name = labels[1]
)
trace3 = go.Bar(
    x = ticklabels,
    y = data_for_bar[labels[2]],
    width = width,
    name = labels[2]
)
trace4 = go.Bar(
    x = ticklabels,
    y = data_for_bar[labels[3]],
    width = width,
    name = labels[3]
)

fig = tools.make_subplots(rows=1, cols=2, subplot_titles=('团购价商家等级','购买人数商家等级'))
fig.append_trace(trace1, 1, 1)
fig.append_trace(trace2, 1, 1)
fig.append_trace(trace3, 1, 2)
fig.append_trace(trace4, 1, 2)

#注意多子图情况下，Layout 中给你的 x、y 轴一定要带 1、2、3。例如，xaxis1 代表第一幅图的 x 轴
fig['layout'].update(
    title = '多子图绘制',
    xaxis1 = {
        'title': '商家等级',
```

```
    },
    yaxis1 = {
        'title': ' 团购价 ',
        'range': [0, 160]
    },
    xaxis2 = {
        'title': ' 商家等级 ',
    },
    yaxis2 = {
        'title': ' 购买人数 ',
        'range': [0, 350]
    },
    showlegend = True,
    barmode = 'group',
    bargap = 0.5,
)

iplot(fig)
```

运行结果如图 4-3-6 所示。

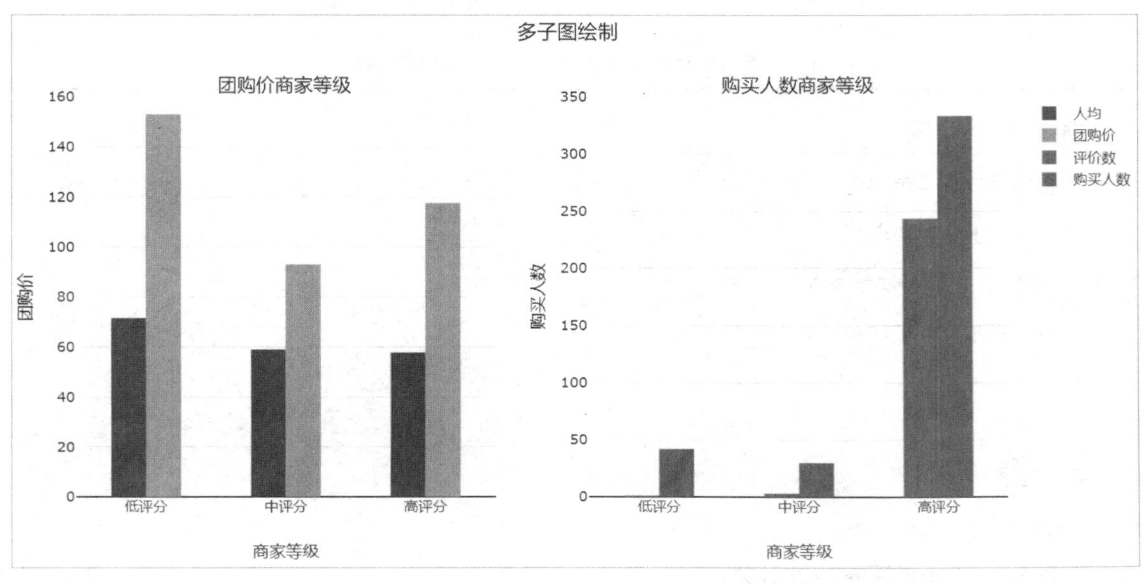

图 4-3-6　柱状图

注意

在本例中，由于每个 Trace 要指定到相应的子图上，因此 Figure 对象要提前于 Layout 创建，Layout 要使用 update 方法来进行修改。

在 4.2.5 小节中，利用 Matplolib 循环的方式绘制了多子图柱状图，那么如何使用 Plotly 进行循环呢？请读者自行尝试。

4.3.5 绘制饼图、直方图

饼图、直方图的参数设置比较简单。饼图函数参数说明见表 4-3-7。

表 4-3-7　饼图函数参数说明

参数名	参数作用	具体功能
labels	设置 x 轴标签	无
values	设置每块饼的数值	具体数值
hoverinfo	设置悬浮展现的文本	'label'：标签 'percent'：百分比 'value'：具体数值
textinfo	设置每块饼的文本	'label'：标签 'percent'：百分比 'value'：具体数值
textfont	设置 textinfo 的字体	同 font 的参数

例 4.3.7　饼图

```
# 1. 设置图的 Layout
layout = go.Layout(
    title = ' 商家评分等级 ',
    showlegend = True
)

# 2. 画图
trace1 = go.Pie(
    labels = [' 中低评分 ', ' 高评分 '],
```

```
    values = [9, 151],
    # hoverinfo 为鼠标悬停时需要展示的信息：label 为标签名，percent 为百分比
    hoverinfo = 'label+percent', textinfo = 'value',
    textfont = dict(size=20),
    marker = {
      'colors': ['        # FEBFB3', '# E1396C'],
      'line': {
        'width': 2,
        'color': '       # fff'
      }
    },
)

fig = go.Figure(data=[trace1], layout=layout)
iplot(fig)
```

运行结果如图 4-3-7 所示。

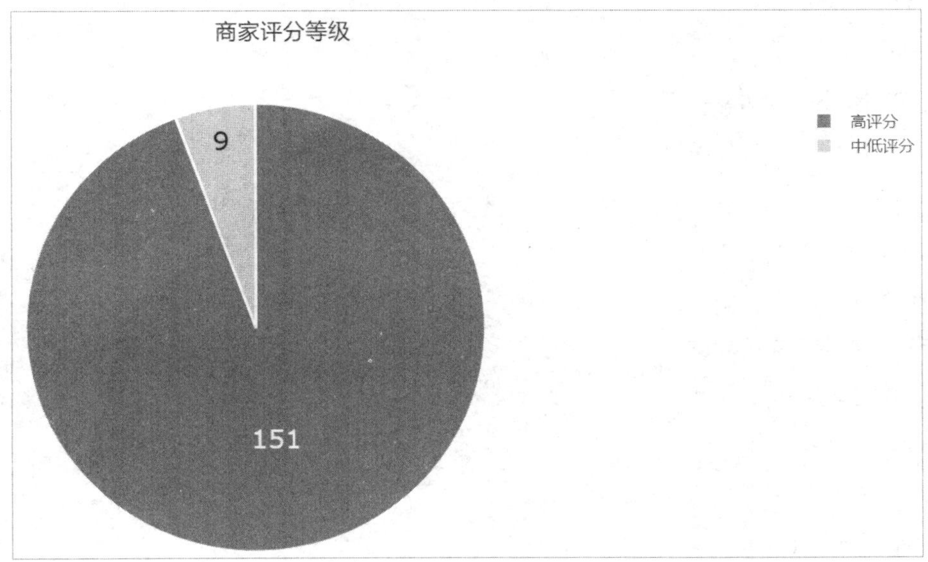

图 4-3-7　饼图

直方图函数参数说明见表 4-3-8。

表 4-3-8　直方图函数参数说明

参数名	参数作用	具体功能
x	x 轴的数据	无
nbinsx	设置柱子的数量	具体数值
cumulative	是否累积	'enabled'：True 或 False 'direction'：累积的方向，'increasing'、'decreasing'
xbins	设置柱子的参数	start：第一根柱子的起始位置 end：最后一根柱子的结束位置 size：柱子的宽度

例 4.3.8　直方图

```
# 1. 设置图的 Layout
layout = go.Layout(
    title = ' 商家评分等级 ',
    showlegend = True,
    width = 600,
    height = 400,
    yaxis = {
        'range': [0, 160],
    }
)

# 2. 画图
trace1 = go.Histogram(
    x = merge_data2[' 评分 '],
    name = ' 商家评分 ',
    nbinsx = 30,
    cumulative = {
        'enabled': True,
        'direction': 'increasing',
    },
    xbins = {
```

```
        'start': 0,
        'end': 5,
        'size': 0.1,
    },
    marker = {
        'color': 'red',
        'line': {
            'color': 'yellow',
            'width': 0.5
        }
    }
)

fig = go.Figure(data=[trace1], layout=layout)
iplot(fig)
```

运行结果如图 4-3-8 所示。

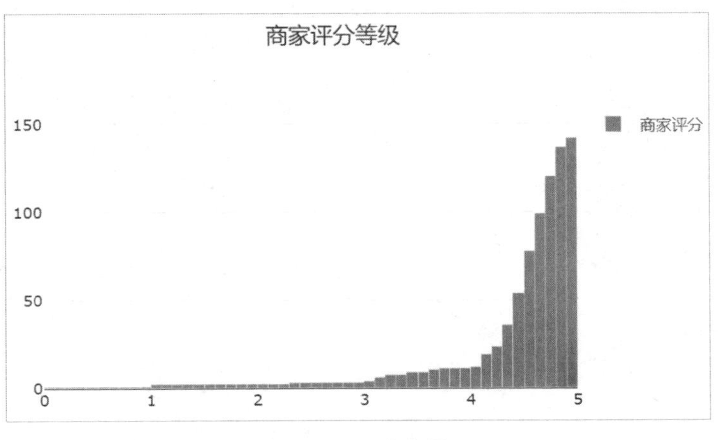

图 4-3-8　直方图

4.4 小结

截止到本章，我们已学习了 Matplotlib 的基本画图思想和 6 种常见统计图。不过，需要强调的是，Matplotlib 提供了几乎所有可能用到的参数设置和绘图类型，在这里无法一一解释，遇到本章没有覆盖的知识点时，请到 Matplotlib 官网进行查阅。

总体来说，只要理解了 Plotly，学习起来几乎没有什么难度。可能有的读者会觉得：Plotly 参数这么多，记起来肯定很难且慢。读者详读 4.2 节就可以发现，Layout 参数常用的其实只有 8 个，而 Scatter()、Box()、Bar()、Pie()、Histogram() 这 5 个图形至少有一半参数是共通的（例如，marker、text），不一样的只是图形的输入和排列方式，稍加运用即可熟练掌握。

此外，Plotly 还可以绘制近百种图形，地图、3D 图、网状图和蜡烛图，甚至动态图。因此，无论是什么专业，Plotly 都能绘制出令人满意的图形。

第5章

CHAPTER 5

Python 的统计建模模块

在实际数据科学项目中，继数据清洗与整理、描述分析之后，要进行深入的分析，建模是非常重要且必不可少的环节。Python 中统计建模分析的核心模块是 Statsmodels。其官方文档中用了一段话来描述这个模块，即“Statsmodels is a Python module that provides classes and functions for the estimation of many different statistical models，as well as for conducting statistical tests，and statistical data exploration.”也就是说，这个模块中包含了几乎所有常见的回归模型、非参数模型和时间序列分析模型等统计建模方法。本章以火锅团购数据为基础，使用常用的模型来为读者开启 Statsmodels 学习之路。

5.1 Statsmodels简介

获取或安装 Statsmodels 的最简单方法是通过 Anaconda 安装，然后载入 Statsmodels 模块。本章使用的版本为 Python 3.5.2，Statsmodels 0.9.0。

例 5.1.1 导入 Statsmodels 模块

```
import statsmodels.api as sm
```

Statsmodels 模块的主要功能是统计建模，具体内容如下。

（1）参数估计：包含如线性、非线性回归及时间序列分析等模型的参数估计。

（2）假设检验：包含如方差分析、线性与非线性回归及时间序列分析等模型估计参数的假设检验。

（3）探索分析：包含列联表、链式方程多重插补等探索性数据分析方法及统计模型结果的可视化图表，如拟合图、箱线图、相关图、函数图、回归图和时间序列图等。

除这些具体功能外，Statsmodels 还为 Python 学习者贴心地提供了用于进行编程实操训练的数据集。

在接下来的内容中，我们会结合火锅团购数据及 Statsmodels 自带的数据集，从 Statsmodels 的三大主要功能开始简要介绍 Statsmodels 的使用方法。这里把 Statsmodels 中的主要统计模型总结在表 5-1-1 中。

表 5-1-1 Statsmodels 中的模型

模型	说明
线性回归模型	普通最小二乘法 广义最小二乘法 加权最小二乘法 具有自回归误差的最小二乘法 分位数回归
混合线性模型	具有混合效应和方差分量
广义线性模型	支持所有单参数指数族分布
广义估计方程	单向聚类或纵向数据聚类
离散模型	Logit 和 Probit 多项 Logit 泊松回归 负二项式回归

续表

模型	说明
旋转线性模型	强大的线性模型，支持多个 M 估计器
时间序列分析	时间序列分析模型 马尔可夫切换模型 单变量时间序列分析 矢量自回归模型 时间序列的假设检验 时间序列分析的描述性统计和过程模型
生存分析	比例风险回归 幸存者函数估计 累积发生率函数估计
非参数统计	（单变量）核密度估计
数据集	用于示例和测试的数据集
统计测试	诊断和规范测试 拟合优度和正态性测试 用于多个测试的函数 各种额外的统计测试
主成分分析	数据缺失的主成分分析
I/O	用于将 Stata .dta 文件读入 Numpy 数组的工具 可将表输出为 ASCII、LaTeX 和 HTML
Sandbox	包含处于开发和测试各个阶段的代码，不被视为“生产就绪”

5.2 数据接入

使用 Statsmodels 时必须接入数据，而数据又分为内部数据与外部数据。所谓内部数据，就是 Statsmodels 模块自带的数据集，可供学习时调用。而外部数据的接入，可以理解为用某些函数导入特定的存储格式的外部数据。例如，第 3 章讲解的 Pandas 与第 9 章将要讲解的数据库中的函数。所以，本章对于外部数据的导入，读者可以参考这两部分。下面我们查看一下 Statsmodels 中有哪些自带数据集，并学习如何导入内部数据。

首先，列出 Statsmodels 模块中包含的数据。

例 5.2.1 获取自带数据集

```
import statsmodels.api as sm
from pandas import DataFrame
```

```
dataDict = {'name': [ ], 'describe_short': [ ]}       # 建立数据字典、数据名称和对应的简短描述

for modstr in dir(sm.datasets):                       # 列出所有这个库包含的数据和每个数据的简短介绍
    try:
        mod = eval('sm.datasets.%s' % modstr)
        dataDict['describe_short'].append(mod.DESCRSHORT)
        dataDict['name'].append(modstr)
    except Exception as e:
        print(" 该模块无 DESCRSHORT 属性 :\n", e)
        continue

dataDf = DataFrame({'describe_short':dataDict['describe_short']}, index=dataDict['name'])
print(dataDf)
```

运行结果如图 5-2-1 所示。

```
anes96              This data is a subset of the American National...
cancer                            Breast Cancer and county population
ccard                            William Greene's credit scoring data
china_smoking       Co-occurrence of lung cancer and smoking in 8 ...
co2                 Atmospheric CO2 from Continuous Air Samples at...
committee           Number of bill assignments in the 104th House ...
copper                                 World Copper Market 1951-1975
cpunish                           Number of state executions in 1997
elnino              Averaged monthly sea surface temperature - Pac...
engel                                     Engel food expenditure data.
fair                                         Extramarital affair data.
fertility           Total fertility rate represents the number of ...
grunfeld            Grunfeld (1950) Investment Data for 11 U.S. Fi...
heart               Survival times after receiving a heart transplant
interest_inflation  (West) German interest and inflation rate 1972...
longley
macrodata                  US Macroeconomic Data for 1959Q1 - 2009Q3
modechoice          Data used to study travel mode choice between ...
nile                This dataset contains measurements on the annu...
randhie                 The RAND Co. Health Insurance Experiment Data
scotland            Taxation Powers' Yes Vote for Scottish Parliam...
spector             Experimental data on the effectiveness of the ...
stackloss                  Stack loss plant data of Brownlee (1965)
star98              Math scores for 303 student with 10 explanator...
statecrime                                     State crime data 2009
strikes             Contains data on the length of strikes in US m...
sunspots            Yearly (1700-2008) data on sunspots from the N...
```

图 5-2-1　Statsmodels 模块自带数据集

从图 5-2-1 中可以看出，这个库中拥有很多数据集，这些数据集均可以用来练习，如 cancer、fair、strikes 等数据集。

其次，数据有了，如何导入一个数据集进行练习呢？以 cancer 数据集为例，可以通过以下方法进行调用。

例 5.2.2 导入 cancer 数据集

```
import statsmodels.api as sm
from pandas import DataFrame

cancer_data = sm.datasets.cancer.load_pandas()  #导入cancer这个数据模块( 数据及其介绍 )
print(type(cancer_data)) # DataFrame 类型的数据
df = cancer_data.data    # cancer_data 模块中的数据
df.head()
```

运行结果如图 5-2-2 所示。

通过例 5.2.2，读者可以查看 cancer 数据集的具体内容。

如果想进一步知道 cancer 数据集的具体内容，则直接输出它的属性即可。

	cancer	population
0	1.0	445.0
1	0.0	559.0
2	3.0	677.0
3	4.0	681.0
4	3.0	746.0

图 5-2-2 cancer 数据集

例 5.2.3 cancer 数据集属性

```
cancer_mod = sm.datasets.cancer
print(cancer_mod.DESCRLONG)
```

这个数据集的属性很简单，记录了各县市乳腺癌发病次数。

5.3 统计模型参数估计

5.3.1 用 Patsy 描述统计模型

在 5.1 节中已经阐述 Statsmodels 模块中的统计模型众多，本小节希望通过简单的线性回归的讲解带领读者入门。其他类型模型的调用与线性回归的方法类似。读者可后续扩展学习。具体地，本小节将结合 Python 的另一个库 Patsy，针对火锅数据建立简单的回归模型并进行描述。

Patsy 是一个用于描述统计模型和构建设计矩阵（可以理解为样本矩阵 X）的库，针对线性模型或具有线性组件的模型的应用尤其广泛。它使用简短的字符串“公式语法”来描述统计模型，熟悉 R 语言和 S 语言的读者使用起来应该会非常得心应手。

所谓“公式语法”，是指其特殊格式的字符串，即 y ~ x0 + x1。其中，x0 + x1 并不是将 x0 和 x1 相加的意思，而是代表为模型创建的设计矩阵的术语，即表示 y 要对 x0 与 x1 变量进行线性回归。patsy.dmatrices() 函数可以接收一个公式字符串和一个数据集（可以是 DataFrame 或 dict），然后为线性模型产生设计矩阵。

例 5.3.1 用 patsy.dmatrices() 函数为模型产生设计矩阵

```
## 数据导入
import matplotlib.pyplot as plt
import pandas as pd
import os

path = '../data'
merge_data = pd.read_excel(os.path.join(path, 'merge_shop_coupon_nm.xlsx'), encoding='utf8',
          index=False)

## 变量筛选
model_cols = [' 城市 ', ' 评分 ', ' 评价数 ', ' 人均 ', ' 商家等级 ', ' 购买人数 ', ' 团购价 ']
model_data = merge_data.loc[:, model_cols]

## 产生设计矩阵
import patsy                                                          # 导入 Patsy 库
y, X = patsy.dmatrices(' 购买人数 ~ 评分 + 评价数 ', model_data)          # 为模型产生设计矩阵
y
X
```

运行结果如图 5-3-1 和图 5-3-2 所示。

```
DesignMatrix with shape (197, 1)
  购买人数
  1692
 19584
 11798
    40
  1282
```

图 5-3-1　Patsy DesignMatrix 实例（y）

```
DesignMatrix with shape (197, 3)
 Intercept  评分  评价数
         1  4.4   877
         1  4.6  2253
         1  4.5  1398
         1  4.4    48
         1  4.3   214
```

图 5-3-2　Patsy DesignMatrix 实例（X）

这些 Patsy DesignMatrix 实例是 Numpy 的 ndarrays，附有额外的元数据（metadata）。

例 5.3.2 查看所有元数据

```
import numpy as np
np.asarray(X)                                                         # 查看所有元数据
```

运行结果如图 5-3-3 所示。

我们注意到，在 patsy.dmatrices() 函数生成的自变量设计矩阵中有一个 Intercept（见图 5-3-2），这是线性模型（例如，最小二乘法回归模型）的使用惯例。如果想要去除这个截距项，则可以在“公式语法”中添加“+0”术语。

例 5.3.3 去除线性模型中的截距项

```
patsy.dmatrices(' 购买人数 ~ 评分 + 评价数 + 0', model_data)[1]
```

运行结果如图 5-3-4 所示。

```
array([[1.000e+00, 4.400e+00, 8.770e+02],
       [1.000e+00, 4.600e+00, 2.253e+03],
       [1.000e+00, 4.500e+00, 1.398e+03],
       [1.000e+00, 4.400e+00, 4.800e+01],
       [1.000e+00, 4.300e+00, 2.140e+02],
       [1.000e+00, 4.700e+00, 6.180e+02],
       [1.000e+00, 4.500e+00, 3.930e+02],
        ……])
```

图 5-3-3 查看所有元数据

```
DesignMatrix with shape (197, 2)
  评分  评价数
  4.4   877
  4.6  2253
  4.5  1398
  4.4    48
  4.3   214
  4.7   618
```

图 5-3-4 去除截距项后的设计矩阵

这种 Patsy 对象可以直接传入一个算法。例如，用 numpy.linalg.lstsq 来进行普通最小二乘法回归的计算。

例 5.3.4 计算最小二乘法回归拟合系数

```
coef, resid, _, _ = np.linalg.lstsq(X, y, rcond=-1)      # 将 patsy 对象传递给最小二乘法回归算法
coef                                                     # 输出拟合系数
```

运行结果如图 5-3-5 所示。

模型的元数据保留在 design_info 属性中，因此可以将拟合系数转化为 Series，并为其添加列名。

例 5.3.5 将拟合系数转化为 Series

```
coef = pd.Series(coef.squeeze(), index=X.design_info.column_names)
                                                   # 将拟合系数转化为 Series
coef                                               # 输出拟合系数
```

运行结果如图 5-3-6 所示。

```
array([[ 717.23195593],
       [-372.29360673],
       [   4.54244949]])
```

图 5-3-5 计算最小二乘回归拟合系数

```
Intercept    717.231956
评分        -372.293607
评价数         4.542449
dtype: float64
```

图 5-3-6 将拟合系数转化为 Series

此外，还可以将 Python 代码和 Patsy 公式结合起来使用，让 Patsy 进行一些基础的数据转化。例如，针对火锅数据，认为购买人数的分布非常不均匀，因此将其对数化之后再进行最小二乘法回归，此时便可将 Python 代码和 Patsy 公式结合起来使用。

例 5.3.6 用 Patsy 公式进行数据转化

```
y, X = patsy.dmatrices('np.log( 购买人数 + 1) ~ 评分 + 评价数 + 1', model_data)
                                                   # 用 Patsy 公式进行数据转化
y                                                  # 输出 y
```

运行结果如图 5-3-7 所示。

```
DesignMatrix with shape (197, 1)
  np.log(购买人数 + 1)
        7.43426
        9.88252
        9.37577
        3.71357
        7.15696
```

图 5-3-7　用 Patsy 公式进行数据转化

除对数变换外，Patsy 还有其他内置的函数可进行常见的变量转换，包括标准化（平均值为 0，方差为 1）和中心化（减去平均值）。更多关于变量转化的详细信息可参考 Patsy 的官方文档。

5.3.2　模型中分类变量的处理

在实际的建模过程中，除数值变量外，经常会遇到需要处理分类变量的情况。例如，在火锅团购数据中就有这样的分类变量存在（如城市）。那么，在建模时需要如何处理这类变量呢?

其实在 Pandas 库中针对分类变量就有一个处理函数 pandas.get_dummies() 可以使用。这个函数可以为数据集中的非数值列创建虚变量，这样就可以将原来的分类变量用虚变量代替去拟合统计模型。

例 5.3.7　利用 get_dummies() 函数将分类变量转化为虚变量

```
dummies = pd.get_dummies(model_data. 城市 )            # 为城市列创建虚变量，
                                                      # 1 代表西安，0 代表郑州
data_with_dummies = model_data.drop(' 城市 ', axis = 1).join(dummies)
                                                      # 删除城市列，加入虚变量列
data_with_dummies                                     # 展示新数据集结果
```

运行结果如图 5-3-8 所示。

	评分	评价数	人均	商家等级	购买人数	团购价	xa	zz
0	4.4	877	45.5	2	1692	118.500000	1	0
1	4.6	2253	100.0	2	19584	88.000000	1	0
2	4.5	1398	56.0	2	11798	52.000000	1	0
3	4.4	48	63.0	2	40	59.900000	1	0
4	4.3	214	84.0	2	1282	59.500000	1	0
5	4.7	618	70.0	2	1393	169.000000	1	0
6	4.5	393	70.5	2	158	128.000000	1	0
7	4.7	2534	77.0	2	3038	85.000000	1	0
8	4.3	208	74.0	2	180	184.000000	1	0
9	4.4	211	50.0	2	411	78.000000	1	0
10	4.7	30	49.0	2	23	78.000000	1	0

图 5-3-8　利用 get_dummies() 函数将分类变量转化为虚变量

但利用虚变量拟合某些统计模型时可能会有一些细微的差别。此时，我们可以选择使用

Patsy，可能会更简单也更不容易出错。

当在 Patsy 公式中使用非数值的数据时，它会默认将这些数据转化为虚变量。如果模型有截距项，那么为了避免共线性，Patsy 会去除分类变量新产生的虚变量的其中一列。但如果从模型中忽略截距项，则每个分类变量的列都会包含在设计矩阵的模型中。

例 5.3.8 用 Patsy 公式将分类变量转化为虚变量

```
y, X = patsy.dmatrices(' 购买人数 ~ 城市 ', model_data)  # 用 Patsy 公式将城市转化为虚变量
X                                                      # 展示转化结果
```

运行结果如图 5-3-9 所示。

例 5.3.9 用 Patsy 公式将分类变量转化为虚变量（忽略截距项）

```
y, X = patsy.dmatrices(' 购买人数 ~ 城市 + 0', model_data)     # 用 Patsy 公式将城市转化为
                                                              # 虚变量（忽略截距项）
X                                                             # 展示转化结果
```

运行结果如图 5-3-10 所示。

```
DesignMatrix with shape (197, 2)
  Intercept  城市[T.zz]
          1         0
          1         0
          1         0
          1         0
          1         0
```

图 5-3-9 用 Patsy 公式将分类变量转化为虚变量

```
DesignMatrix with shape (197, 2)
  城市[xa]  城市[zz]
       1        0
       1        0
       1        0
       1        0
       1        0
```

图 5-3-10 用 Patsy 公式将分类变量转化为虚变量（忽略截距项）

另外，火锅数据中的“商家等级”也应该是一个分类变量，只是以数值的形式存储了。此时可以使用 C() 函数，将数值列转化为分类变量。具体方法如下。

例 5.3.10 用 Patsy 公式将数值列转化为分类变量

```
y, X = patsy.dmatrices(' 购买人数 ~ C( 商家等级 )', model_data)   # 用 Patsy 公式将数值列转化为
                                                                # 分类变量
X                                                               # 展示转化结果
```

运行结果如图 5-3-11 所示。

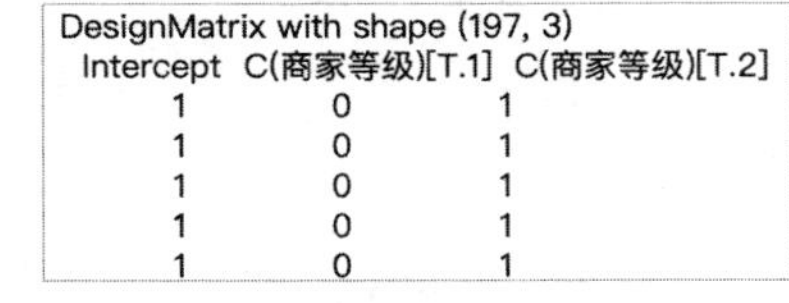

```
DesignMatrix with shape (197, 3)
  Intercept  C(商家等级)[T.1]  C(商家等级)[T.2]
          1               0               1
          1               0               1
          1               0               1
          1               0               1
          1               0               1
```

图 5-3-11 用 Patsy 公式将数值列转化为分类变量

此外，Patsy 还提供多种分类数据转化的其他方法，包括以特定顺序进行转化，详细信息可参考 Patsy 官方文档。

5.3.3 拟合线性回归模型

有了前面的铺垫，下面正式进入 Statsmodels 的模型拟合部分。Statsmodels 有多种线性回

归模型，包括最基本的模型（例如，普通最小二乘法回归模型），以及复杂的模型（例如，迭代加权最小二乘法回归模型）等。本小节基于火锅数据，选择对数线性回归模型，以购买人数的对数为因变量展示 Statsmodels 中模型的使用。其他模型的使用过程基本类似。

Statsmodels 的线性模型有两种不同的接口，一种基于数组，另一种基于公式。它们都可以通过 API 模块引入。

例 5.3.11 引入 Statsmodels 的线性模型

```
import statsmodels.api as sm                # 基于数组接入线性模型
import statsmodels.formula.api as smf       # 基于公式接入线性模型
```

下面先来看基于数组接入线性模型的使用方法。在使用火锅数据前，首先对因变量进行对数化处理，然后将“城市”和“商家等级”这两个变量转化为虚变量。再使用 sm.add_constant 添加线性模型中的截距项，用 sm.OLS 进行普通最小二乘法回归。

例 5.3.12 基于数组接入最小二乘法回归

```
y = np.log(model_data. 购买人数 + 1).values   # 将购买人数对数化，然后转化为 ndarray
model_dummies_1 = pd.get_dummies(model_data. 商家等级 )
                                            # 将商家等级转化为虚变量
model_dummies_1.columns = [' 商家等级 _0', ' 商家等级 _1', ' 商家等级 _2']
                                            # 重命名商家等级的虚变量列
model_dummies_2 = pd.get_dummies(model_data. 城市 )
                                            # 将城市转化为虚变量
model_data_with_dummies = model_data.drop([' 商家等级 ', ' 城市 '], axis = 1).join([model_
        dummies_1, model_dummies_2])        # 将城市和商家等级替换为虚变量
X = model_data_with_dummies.drop([' 购买人数 ', ' 商家等级 _0', 'xa'], axis = 1).values
                                            # 选取模型数据中的自变量，然后转化为 ndarray
X_model = sm.add_constant(X)                # 添加截距项
model = sm.OLS(y, X_model)                  # 拟合最小二乘法回归模型
results = model.fit()                       # 得到模型结果
results.params                              # 输出模型拟合系数
```

运行结果如图 5-3-12 所示。

```
array([ 4.67480102e+00, -7.16955775e-01,  8.69085680e-04,  2.96527614e-03,
       -5.32784971e-03,  9.36739509e-01,  3.57783990e+00,  6.83141205e-02])
```

图 5-3-12　基于数组接入最小二乘法回归的拟合系数

模型的 fit 方法返回的是一个回归结果对象，它包含拟合的模型参数及其他内容。通常使用 .params 查看模型的拟合系数。此外，summary 方法可以打印模型的详细诊断结果。

例 5.3.13 用 summary 方法打印模型详细诊断结果

```
results.summary()                          # 打印模型详细诊断结果
```

运行结果如图 5-3-13 所示。

Dep. Variable:	y	**R-squared:**	0.359
Model:	OLS	**Adj. R-squared:**	0.335
Method:	Least Squares	**F-statistic:**	15.13
Date:	Sat, 08 Jun 2019	**Prob (F-statistic):**	1.21e-15
Time:	15:13:21	**Log-Likelihood:**	-389.43
No. Observations:	197	**AIC:**	794.9
Df Residuals:	189	**BIC:**	821.1
Df Model:	7		
Covariance Type:	nonrobust		

	coef	**std err**	**t**	**P>|t|**	**[0.025**	**0.975]**
const	4.6748	1.331	3.511	0.001	2.048	7.301
x1	-0.7170	0.495	-1.447	0.149	-1.694	0.260
x2	0.0009	0.000	8.687	0.000	0.001	0.001
x3	0.0030	0.002	1.700	0.091	-0.000	0.006
x4	-0.0053	0.002	-3.215	0.002	-0.009	-0.002
x5	0.9367	1.924	0.487	0.627	-2.859	4.733
x6	3.5778	2.387	1.499	0.136	-1.131	8.287
x7	0.0683	0.292	0.234	0.815	-0.507	0.644

Omnibus:	4.359	**Durbin-Watson:**	1.632
Prob(Omnibus):	0.113	**Jarque-Bera (JB):**	4.099
Skew:	-0.294	**Prob(JB):**	0.129
Kurtosis:	2.607	**Cond. No.**	3.46e+04

图 5-3-13　用 summary 方法打印模型详细诊断结果

从图 5-3-13 中可以发现，变量名为通用的 x1、x2 等。这就需要我们根据 X 的数据集再进行还原，从而分析每个变量的结果。如果想要变量名显示为数据集中的特有名称，那么应该怎么办呢？这就需要用到基于公式接入线性模型。此时就要使用到之前介绍的 Patsy 库。

当所有的模型参数都在一个 DataFrame 中存储时，可以使用 Statsmodels 的公式 API 及 Patsy 的公式字符串来直接构建线性模型。

例 5.3.14 基于公式接入最小二乘法回归

```
results_f = smf.ols('np.log( 购买人数 + 1) ~ 城市 + 评分 + 评价数 + 人均 + C( 商家等级 ) + 团购价 ',
        data = model_data).fit()        # 用公式 API 和 Patsy 公式拟合最小二乘法回归模型
results_f.params                        # 展示拟合系数
```

运行结果如图 5-3-14 所示。

```
Intercept        4.674801
城市[T.zz]        0.068314
C(商家等级)[T.1]    0.936740
C(商家等级)[T.2]    3.577840
评分              -0.716956
评价数             0.000869
人均              0.002965
团购价            -0.005328
dtype: float64
```

图 5-3-14　基于公式接入最小二乘法回归的拟合系数

从图 5-3-14 中可以发现，模型返回的结果是 Series，同时还展示了 DataFrame 的列名。并且，在使用公式 API 和 Patsy 公式接入线性模型时，不再需要使用 add_constant 来手动添加截距项。同样地，使用 summary 方法也可以查看模型的详细诊断结果，如图 5-3-15 所示。

Dep. Variable:	np.log(购买人数 + 1)	**R-squared:**	0.359
Model:	OLS	**Adj. R-squared:**	0.335
Method:	Least Squares	**F-statistic:**	15.13
Date:	Sat, 08 Jun 2019	**Prob (F-statistic):**	1.21e-15
Time:	15:45:32	**Log-Likelihood:**	-389.43
No. Observations:	197	**AIC:**	794.9
Df Residuals:	189	**BIC:**	821.1
Df Model:	7		
Covariance Type:	nonrobust		

	coef	**std err**	**t**	**P>|t|**	**[0.025**	**0.975]**
Intercept	4.6748	1.331	3.511	0.001	2.048	7.301
城市[T.zz]	0.0683	0.292	0.234	0.815	-0.507	0.644
C(商家等级)[T.1]	0.9367	1.924	0.487	0.627	-2.859	4.733
C(商家等级)[T.2]	3.5778	2.387	1.499	0.136	-1.131	8.287
评分	-0.7170	0.495	-1.447	0.149	-1.694	0.260
评价数	0.0009	0.000	8.687	0.000	0.001	0.001
人均	0.0030	0.002	1.700	0.091	-0.000	0.006
团购价	-0.0053	0.002	-3.215	0.002	-0.009	-0.002

Omnibus:	4.359	**Durbin-Watson:**	1.632
Prob(Omnibus):	0.113	**Jarque-Bera (JB):**	4.099
Skew:	-0.294	**Prob(JB):**	0.129
Kurtosis:	2.607	**Cond. No.**	3.46e+04

图 5-3-15　基于公式接入线性模型的详细诊断结果

应用 Statsmodels 拟合线性回归模型的内容就介绍到这里。当然，Statsmodels 是一个非常强大的统计库，其可调用的模型还有很多，并非只有最小二乘法回归。其他统计模型的具体调用逻辑都是大同小异的，这里就不再对其他的模型调用详细介绍了，读者可以通过 Statsmodels 的官方文档来进行后续的学习。

5.4 统计假设检验

在 5.3 节的模型参数估计中也会涉及假设检验，但是这都是模型拟合过程中自动给出的结果。本节以方差分析为例展示 Statsmodels 模块的另一项主要功能。首先，请大家思考一个问题。人们在选火锅团购产品时都习惯在 APP 页面看每家店铺的评分，毕竟过来人的经验还是需要参考的。其次，细心的吃货就会提个问题：不同的评分下团购产品的销量是否有差异？这就涉及统计中的假设检验问题。那么，用什么方法可以解决这个问题？答：方差分析。

方差分析是利用样本数据检验两个或两个以上总体均值之间是否有差异的一种方法。根据研究变量的个数不同，分单因素方差分析和多因素方差分析。如果要解决多个总体的均值是否有差异的检验问题，就是单因素方差分析；如果是多个自变量对因变量产生影响，就是多因素方差分析。

5.4.1 问题提出

一元单因素方差分析是研究单独一个因素对因变量的影响。首先根据这个单独因素的不同水平对因变量进行分组，计算其组间和组内方差；然后对各组的均值进行比较；最后对每个分组均值相等这个原假设进行检验。

以火锅团购数据为例，因变量是销量（购买人数）。每销售一单，客户都会对其进行评分。此时，可以查看一下数据集中的评分，如例 5.4.1 所示。

例 5.4.1 火锅数据集

```
merge_data.head()
```

运行结果如图 5-4-1 所示。

	店名	关键词	城市	评分	评价数	人均	地址	营业时间	菜名	商家等级	购买人数	团购价
0	老北京涮羊肉	火锅	xa	4.4	877	45.5	西安市雁塔区朱雀大街250号东方大酒店西门斜对面（子午路站下车向北走60米路西）	11:00-21:00	【羊肉】【豆腐】【麻酱】【精品肥牛】【粉丝】【羔羊肉】【牛肚】【油豆皮】【香菇】【豆皮】【土...	2	1692	118.5
1	大龙燚火锅(粉巷店)	火锅	xa	4.6	2253	100.0	西安市碑林区粉巷南院门15A南苑中央广场食尚南苑2F	周一至周日 10:00-21:00	【麻辣排骨】【千层毛肚】【鸳鸯锅】【鸭血】【天味香肠】【薄土豆】【功夫黄瓜】【清汤锅】【印度...	2	19584	88.0
2	鲜上鲜文鱼庄(凤城五路店)	火锅	xa	4.5	1398	56.0	西安市未央区凤城五路地铁D口出人人乐5楼	全天	【生菜】【鸳鸯锅】【千叶豆腐】【荷包豆腐】【生鱼片】【毛肚】【文鱼】【鱼丸】【撒尿牛丸】【山...	2	11798	52.0
3	蜜悦士鲜牛肉时尚火锅(凯德广场店)	火锅	xa	4.4	48	63.0	西安市雁塔区南二环凯德广场四楼东南角	10:00-21:00	【吊龙伴】【三花腱】【番茄锅】【招牌牛舌】【油豆皮】【油炸豆腐皮】【菌汤鸳鸯锅】【手工面】【...	2	40	59.9
4	大自在火锅(和平村店)	火锅	xa	4.3	214	84.0	西安市莲湖区三桥和平村十字西南角伯乐城市广场6层	暂无时间	【蔬菜拼盘】【黄豆芽】【虾饺】【撒尿牛肉丸】【油条】【毛肚】【自在小酥肉】【鸡爪】【自在嫩牛...	2	1282	59.5

图 5-4-1 数据前 5 行

对因变量购买人数做对数运算，将“评分”变量转化为分类变量并给出其新的标签。

例 5.4.2 数据离散化

```
# 对购买人数做对数运算
import math
for i in range(0, 197):
  merge_data.iloc[i, 10] = math.log(merge_data.iloc[i, 10])

# 将评分离散化
评分 _g = [0, 4, 4.5, 5]
merge_data[" 评分 _g"] = pd.cut(merge_data. 评分 , 评分 _g, labels=[" 小于 4 分 ", "4-4.5 分 ", "4.5-5 分 "])
merge_data
```

此时，就完成了对评分的离散化，如图 5-4-2 所示。

	店名	关键词	城市	评分	评价数	人均	地址	营业时间	菜名	商家等级	购买人数	团购价	评分_g
0	老北京涮羊肉	火锅	xa	4.40	877	45.50	西安市雁塔区朱雀大街250号东方大酒店西门斜对面（子午路站下车向北走60米路西）	11:00-21:00	【羊肉】【豆腐】【麻酱】【精品肥牛】【粉丝】【羔羊肉】【牛肚】【油豆皮】【香菇】【豆皮】【土...	2	7.43	118.50	4-4.5分
1	大龙燚火锅(粉巷店)	火锅	xa	4.60	2253	100.00	西安市碑林区粉巷南院门15A南苑中央广场食尚南苑2F	周一至周日 10:00-21:00	【麻辣排骨】【千层毛肚】【鸳鸯锅】【鸭血】【天味香肠】【薄土豆】【功夫黄瓜】【清汤锅】【印度...	2	9.88	88.00	4.5-5分
2	鲜上鲜文鱼庄(凤城五路店)	火锅	xa	4.50	1398	56.00	西安市未央区凤城五路地铁D口出人人乐5楼	全天	【生菜】【鸳鸯锅】【千叶豆腐】【荷包豆腐】【生鱼片】【毛肚】【文鱼】【鱼丸】【撒尿牛丸】【山...	2	9.38	52.00	4-4.5分
3	蜜悦士鲜牛肉时尚火锅(凯德广场店)	火锅	xa	4.40	48	63.00	西安市雁塔区南二环凯德广场四楼东南角	10:00-21:00	【吊龙伴】【三花腱】【番茄锅】【招牌牛舌】【油豆皮】【油炸豆腐皮】【菌汤鸳鸯锅】【手工面】【...	2	3.69	59.90	4-4.5分
4	大自在火锅(和平村店)	火锅	xa	4.30	214	84.00	西安市莲湖区三桥和平村十字西南角伯乐城市广场6层	暂无时间	【蔬菜拼盘】【黄豆芽】【虾饺】【撒尿牛肉丸】【油条】【毛肚】【自在小酥肉】【鸡爪】【自在嫩牛...	2	7.16	59.50	4-4.5分

图 5-4-2 离散后的数据集

对数据变换完以后，我们可以尝试着绘制箱线图来初步考察各评分水平对因变量的影响。

例 5.4.3 绘制箱线图

```
from pylab import *
```

```
mpl.rcParams['font.sans-serif'] = ['SimHei']
import seaborn as sns
sns.boxplot(x=' 评分 _g', y=' 购买人数 ', data=merge_data)
plt.show()
```

运行结果如图 5-4-3 所示。

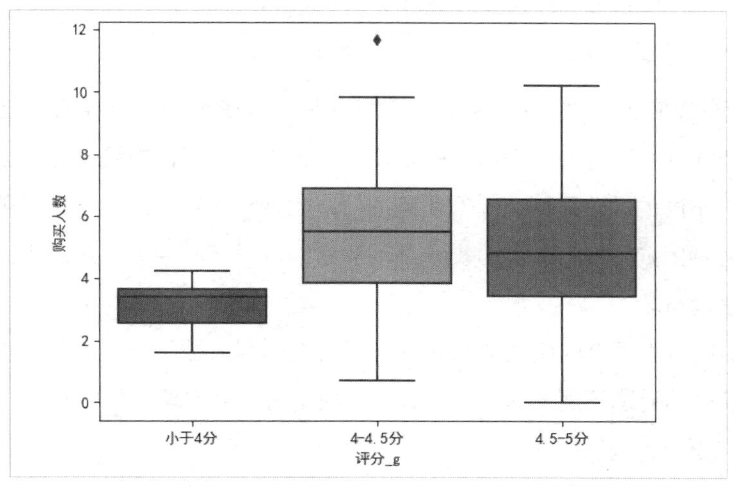

图 5-4-3　各评分水平对购买人数的箱线图

从图 5-4-3 中可以看出，各种评分区间在“对数购买人数”上确实有显著区别。有的读者不禁要问，是仅限于本案例的数据吗？那么，在整个火锅市场上购买人数是否会由于团购的评分不同而引起显著差异呢？这个问题就转化成了假设检验问题，需要进一步判定。

5.4.2　一元单因素方差分析

一元单因素方差分析主要研究单独一个自变量对因变量的影响。根据自变量的不同水平对因变量进行分组，计算其组间和组内方差，然后对各分组形成的总体进行均值比较，从而完成对各总体均值相等的原假设的检验。

在本小节中，因变量是“对数购买人数”，人们吃完火锅后会对其进行打分，这中间加入了人为的影响因素，因此可以控制的定性变量就是评分，它会对“对数购买人数”产生影响。

Python 的 Statsmodel 模块中的 anova_lm() 函数可以用来进行方差分析，如例 5.4.4 所示。

例 5.4.4　方差分析

```
# 导入模块
import statsmodels.api as sm
from statsmodels.formula.api import ols
```

```
# 方差分析
merge_data_anova = sm.stats.anova_lm(ols(" 购买人数 ~ C( 评分 _g)", merge_data).fit())
print(merge_data_anova)
```

运行结果如图 5-4-4 所示。

```
              df  sum_sq  mean_sq     F  PR(>F)
C(评分_g)     2.00   52.32    26.16  5.41    0.01
Residual  193.00  933.60     4.84   nan     nan
```

图 5-4-4　方差分析结果

从图 5-4-4 中可以看出，用于判定组内方差和组间方差是否存在差异的 F 值为 5.41，其对应的 P 值为 0.01，小于 0.05。由此可知，在 0.05 的显著性水平下，拒绝各评分区间均值相等的原假设。也就是说，不同的评分区间，会对团购的“对数购买人数”产生非常显著的影响。所以，很多商家会设计各种团购活动，并努力提升活动质量，以提高其评分。这对于商家还是非常重要的，因为直接关乎销量。

当然，要想知道每类评分区间的变动状况对“对数购买人数”产生的具体影响及预测，就需要对此模型进行参数估计和预测。这可以通过构造模型对象来实现，如例 5.4.5 所示。

例 5.4.5　参数估计

```
formula = ' 购买人数 ~ C( 评分 _g)'
merge_data_est = ols(formula, merge_data).fit()
print(merge_data_est.summary())
```

运行结果如图 5-4-5 所示。

```
                            OLS Regression Results
==============================================================================
Dep. Variable:                   购买人数   R-squared:                       0.053
Model:                            OLS   Adj. R-squared:                  0.043
Method:                 Least Squares   F-statistic:                     5.408
Date:                Tue, 04 Jun 2019   Prob (F-statistic):            0.00519
Time:                        21:38:51   Log-Likelihood:                -431.08
No. Observations:                 196   AIC:                             868.2
Df Residuals:                     193   BIC:                             878.0
Df Model:                           2
Covariance Type:            nonrobust
==================================================================================
                       coef    std err          t      P>|t|      [0.025      0.975]
----------------------------------------------------------------------------------
Intercept            3.1276      0.663      4.716      0.000       1.820       4.436
C(评分_g)[T.4-4.5分]    2.2591      0.704      3.210      0.002       0.871       3.647
C(评分_g)[T.4.5-5分]    1.7806      0.699      2.546      0.012       0.401       3.160
==============================================================================
Omnibus:                        1.006   Durbin-Watson:                   1.490
Prob(Omnibus):                  0.605   Jarque-Bera (JB):                1.117
Skew:                           0.151   Prob(JB):                        0.572
Kurtosis:                       2.787   Cond. No.                         8.94
==============================================================================
```

图 5-4-5　参数估计结果

模型的结果需要从以下几个方面去解读。

（1）coef 列：此列中缺失了 C(评分 _g) 这一类中的“小于 4 分”，并不是说这类可以忽略，而是表示截距项（Intercept）的含义，也就是说，截距项表示评分区间在“小于 4 分”这一类对“对数购买人数”的影响：在该评分区间下，“对数购买人数”为 3.1276。

（2）对其他类的解读：其他类均以截距项为基准，表示了对因变量的影响相对于基准的差。例如，评分区间为“4-4.5 分”的，这个水平的参数估计值为 2.2591，表示与截距项相比，该水平下的“对数购买人数”增加了 2.2591。其对应的 P 值为 0.002，表示这两个评分水平之间对“对数购买人数”有显著影响，该水平下“对数购买人数”具体为 5.3867。

但是每次都这么手工计算会比较麻烦，强大的 Python 已提供了相应的解决方法，只需在 formula 中的“~”右边加上“- 1”，如例 5.4.6 所示。

例 5.4.6 方差分析

```
formula = ' 购买人数 ~ C( 评分 _g) - 1'
merge_data_est1 = ols(formula,merge_data).fit()
print(merge_data_est1.summary())
```

运行结果如图 5-4-6 所示。

```
                            OLS Regression Results
==============================================================================
Dep. Variable:                   购买人数   R-squared:                       0.053
Model:                            OLS   Adj. R-squared:                  0.043
Method:                 Least Squares   F-statistic:                     5.408
Date:                Wed, 05 Jun 2019   Prob (F-statistic):            0.00519
Time:                        15:10:04   Log-Likelihood:                -431.08
No. Observations:                 196   AIC:                             868.2
Df Residuals:                     193   BIC:                             878.0
Df Model:                           2
Covariance Type:            nonrobust
==================================================================================
                     coef    std err          t      P>|t|      [0.025      0.975]
----------------------------------------------------------------------------------
C(评分_g)[小于4分]      3.1276      0.663      4.716      0.000       1.820       4.436
C(评分_g)[4-4.5分]    5.3867      0.236     22.844      0.000       4.922       5.852
C(评分_g)[4.5-5分]    4.9082      0.222     22.092      0.000       4.470       5.346
==============================================================================
Omnibus:                        1.006   Durbin-Watson:                   1.490
Prob(Omnibus):                  0.605   Jarque-Bera (JB):                1.117
Skew:                           0.151   Prob(JB):                        0.572
Kurtosis:                       2.787   Cond. No.                         2.98
==============================================================================
```

图 5-4-6　方差分析结果

从图 5-4-6 中可以看出，此时评分中“4-4.5 分”的参数估计的系数就是绝对数值 5.3867，与手动计算出的一致。从结果可以看出，评分介于“4-4.5 分”的购买人数最多，其次是“4.5-5 分”，最少的是“小于 4 分”。

那么，这个结论对于火锅和烧烤都适用吗？这就需要考虑两个或两个以上的因素对“对数购买人数”的影响，需要利用多因素方差分析。

5.4.3 一元多因素方差分析

在多因素方差分析中，由于考虑的因素众多，这些因素不仅自身对因变量产生影响，它们之间也会共同对因变量产生影响。我们把因素单独对因变量产生的影响称为“主效应”。

在火锅的案例中，我们考虑不同的城市、不同的关键词（火锅、烧烤）对“对数购买人数”的影响，建立只有主效应的多因素方差分析。这里可以使用 Statsmodels 中的 anova_lm 和 ols 进行分析，如例 5.4.7 所示。

例 5.4.7 多因素方差分析

```
formula = '购买人数 ~ C(评分_g) + C(关键词) + C(城市)'
merge_data_anova1 = sm.stats.anova_lm(ols(formula, data=merge_data).fit(), typ=3)
print(merge_data_anova1)
```

运行结果如图 5-4-7 所示。

	sum_sq	df	F	PR(>F)
Intercept	78.52	1.00	16.75	0.00
C(评分_g)	47.49	2.00	5.07	0.01
C(关键词)	37.52	1.00	8.01	0.01
C(城市)	0.13	1.00	0.03	0.87
Residual	895.16	191.00	nan	nan

图 5-4-7 多因素方差分析结果（1）

从图 5-4-7 中可以看出，在 0.05 的显著性水平下，城市这个因素对因变量的影响不显著。但是关键词（火锅、烧烤）的 P 值为 0.01，评分_g 的 P 值为 0.01，均通过了显著性检验。因此，在上段程序中的 formula 语句中去除城市这个变量，在只考虑关键词（火锅、烧烤）和评分_g 的情况下，再做一次多因素方差分析。

例 5.4.8 多因素方差分析

```
formula = '购买人数 ~ C(评分_g) + C(关键词)'
merge_data_anova2 = sm.stats.anova_lm(ols(formula, data=merge_data).fit(), typ=3)
print(merge_data_anova2)
```

运行结果如图 5-4-8 所示。

	sum_sq	df	F	PR(>F)
Intercept	92.91	1.00	19.92	0.00
C(评分_g)	48.61	2.00	5.21	0.01
C(关键词)	38.30	1.00	8.21	0.00
Residual	895.29	192.00	nan	nan

图 5-4-8 多因素方差分析结果（2）

从图 5-4-8 中可以看出，评分 _g 和关键词（火锅、烧烤）对“对数购买人数”的影响非常显著，说明大家在团购时，主要会考虑是烧烤还是火锅，还有对商家的评分。

那么，究竟这些显著的影响因素中具体会对因变量产生如何的影响？下面做了模型的参数估计，如例 5.4.9 所示。

例 5.4.9 参数估计

```
merge_data_anova1_set = ols(formula, data=merge_data).fit()
print(merge_data_anova1_set.summary())
```

运行结果如图 5-4-9 所示。

```
                            OLS Regression Results
==============================================================================
Dep. Variable:                   购买人数   R-squared:                       0.092
Model:                            OLS   Adj. R-squared:                  0.078
Method:                 Least Squares   F-statistic:                     6.478
Date:                Wed, 05 Jun 2019   Prob (F-statistic):           0.000337
Time:                        17:20:01   Log-Likelihood:                -426.98
No. Observations:                 196   AIC:                             862.0
Df Residuals:                     192   BIC:                             875.1
Df Model:                           3
Covariance Type:            nonrobust
==================================================================================
                      coef    std err          t      P>|t|      [0.025      0.975]
----------------------------------------------------------------------------------
Intercept           2.9236      0.655      4.464      0.000       1.632       4.215
C(评分_g)[T.4-4.5分]     2.2052      0.691      3.190      0.002       0.842       3.569
C(评分_g)[T.4.5-5分]     1.8014      0.687      2.623      0.009       0.447       3.156
C(关键词)[T.烧烤]         1.1220      0.391      2.866      0.005       0.350       1.894
==============================================================================
Omnibus:                        0.869   Durbin-Watson:                   1.567
Prob(Omnibus):                  0.647   Jarque-Bera (JB):                0.983
Skew:                           0.142   Prob(JB):                        0.612
Kurtosis:                       2.800   Cond. No.                         9.07
==============================================================================
```

图 5-4-9 参数估计结果

从图 5-4-9 中可以看出，评分在“小于 4 分”的火锅团购，其“对数购买人数”为 2.9236；评分在“4-4.5 分”的烧烤团购，其“对数购买人数”为 2.9236+2.0252+1.1220=6.0708，具体为 433 人。

5.5 探索分析

通过前面的介绍，相信大家对如何应用 Statsmodels 拟合统计模型得到参数估计及进行假设检验已经有了一定的了解。接下来就进入 Statsmodels 第三个功能的介绍——进行探索性数据分析。

Statsmodels 的数据探索功能主要体现在其可视化上，但其可视化功能并不限于进行数据探索，还可以用于模型结果的测试。在第 4 章中已经介绍了 Python 中绘图的探索性数据分析的工具。本节的介绍将会是对第 4 章的补充，特别是对模型结果的可视化诊断方面。

5.5.1 箱线图

Statsmodels 的箱线图主要有两种类型：小提琴图和豆形图，其使用函数见表 5-5-1。

表 5-5-1 使用函数

函数	说明
boxplots.violinplot(data[, ax, labels, …])	绘制小提琴图
boxplots.beanplot(data[, ax, labels, …])	绘制豆形图

这里以西安和郑州两座城市团购的购买人数为例，绘制小提琴图，进行相应的数据探索和描述。

例 5.5.1 绘制小提琴图

```
import statsmodels.graphics.api as smg
city = ['xa', 'zz']                                   # 创建城市列表
buyer = [np.log(model_data[' 购买人数 '][model_data. 城市 == c] + 1) for c in city]
                                                      # 生成两座城市购买人数列表
labels = ['xa', 'zz']                                 # 设定标签
fig = plt.figure()                                    # 创建画布
smg.violinplot(buyer, labels=labels)                  # 绘制小提琴对比图
plt.xlabel(" 城市 ")                                  # 设置 x 轴标签
plt.ylabel("log_ 购买人数 ")                          # 设置 y 轴标签
plt.title(' 西安和郑州购买人数的小提琴图对比 ')        # 设置标题
plt.show()                                            # 输出图像
```

运行结果如图 5-5-1 所示。

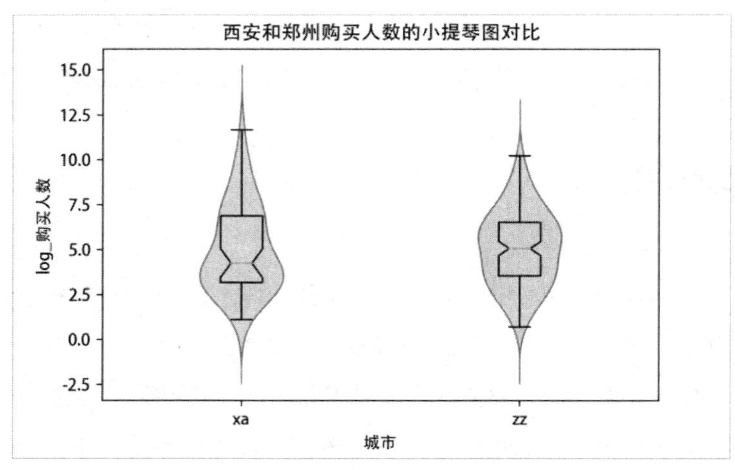

图 5-5-1 小提琴图

通过小提琴图的对比，可以得到以下结论。

（1）从平均水平的角度来说，郑州的火锅团购购买人数比西安的更多。

（2）西安火锅团购购买人数相对郑州来说更分散，团购“爆款”更多且“爆款”团购的销量更大。

（3）西安火锅团购购买人数对数化后在2.5~5的区间最为集中，郑州则是在5~7.5的区间最为集中。

5.5.2 相关图

通过 Statsmodels 的相关图可以快速直观地探索和描述多个变量之间的相关性，绘制相关图的常用函数见表 5-5-2。

表 5-5-2　相关图常用函数

函数	说明
correlation.plot_corr(dcorr[, xnames, …])	在紧密颜色网格中绘制多变量相关性
correlation.plot_corr_grid(dcorrs[, titles, …])	创建相关图的网络
plot_grids.scatter_ellipse(data[, level, …])	使用置信椭圆创建散点图网络

下面以火锅团购的数值变量为例，来进行各数值变量之间相关性的探索和描述。

例 5.5.2　绘制数值变量的相关图

```
num_cols = ['评分', '评价数', '人均', '购买人数', '团购价']    # 定义数值变量所在列
corr_matrix = np.corrcoef(model_data.loc[:, num_cols].T)       # 计算数值变量之间的相关系数
smg.plot_corr(corr_matrix, xnames=num_cols)                    # 绘制数值变量之间的相关图
plt.show()                                                     # 输出图像
```

运行结果如图 5-5-2 所示。

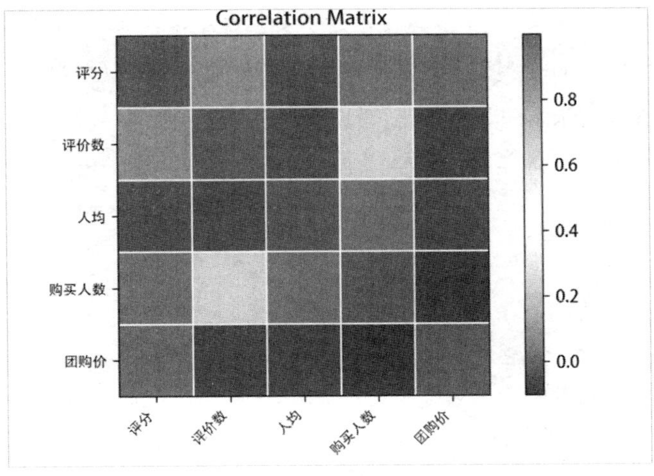

图 5-5-2　数值变量相关图

从图 5-5-2 中可以看出，除评价数与购买人数之间的相关性略强外，其他各变量之间的相关性都比较弱。

5.5.3 拟合图

Statsmodels 可以绘制 Q-Q 图来对模型的拟合结果进行诊断。Q-Q 图（Q 代表分位数）在统计学里是一个概率图，用图形的方式比较两个概率分布，把它们的两个分位数放在一起进行比较。

Q-Q 图主要用于检验数据分布的相似性。例如，如果要利用 Q-Q 图来对数据进行正态分布的检验，则可以令 x 轴为正态分布分位数，y 轴为样本分位数。如果这两者构成的点分布在一条直线上，就证明样本数据与正态分布存在线性相关关系，即服从正态分布。

绘制 Q-Q 图的常用函数见表 5-5-3。

表 5-5-3 Q-Q 图常用函数

函数	说明
gofplots.qqplot(data[, dist, distargs, a, …])	绘制样本分位数与正态分布分位数比较的 Q-Q 图
gofplots.qqline(ax, line[, x, y, dist, fmt])	绘制 Q-Q 图的参考线
gofplots.qqplot_2samples(data1, data2[, …])	两样本分位数的 Q-Q 图
gofplots.ProbPlot(data[, dist, fit, …])	构建 Q-Q 图、P-P 图和概率图的类

这里我们可以对例 5.3.12 中模型的拟合结果和模型的残差来进行正态分布的检验，以此来对模型的拟合情况进行评估。

例 5.5.3 绘制模型拟合系数的 Q-Q 图

```
import scipy.stats as stats
res = results.resid                          # 获取最小二乘法回归拟合模型的残差数据
sm.qqplot(res, fit=True, line='45')          # 绘制模型残差的 Q-Q 图
```

运行结果如图 5-5-3 所示。

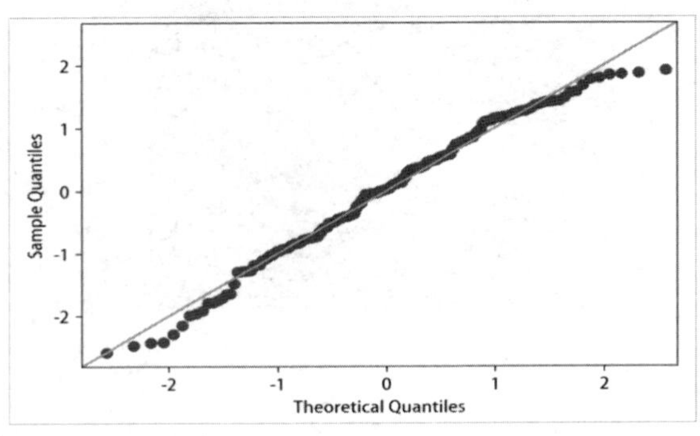

图 5-5-3 模型残差正态分布检验的 Q-Q 图

从图 5-5-3 中可以看出，模型残差与正态分布所构成的点，除两端有些许的异常外，其他几乎都分布在一条直线上，因此认为模型残差通过了正态分布检验，模型满足正态性要求。

5.5.4 回归图

利用回归图可以通过偏差图看到在拟合模型下自变量与因变量之间的关系，绘制回归图的常用函数见表 5-5-4。

表 5-5-4 回归图常用函数

函数	说明
regressionplots.plot_fit(results, exog_idx)	绘制回归量的拟合图
regressionplots.plot_regress_exog(results, …)	绘制回归量的回归结果图
regressionplots.plot_partregress(endog, …)	绘制针对单个回归量的部分回归图
regressionplots.plot_partregress_grid(results)	绘制一组回归量的部分回归图
regressionplots.plot_ccpr(results, exog_idx)	绘制一个回归量的 CCPR 图
regressionplots.plot_ccpr_grid(results[, …])	针对一组回归量生成 CCPR 图，在网格中绘图
regressionplots.plot_ceres_residuals(…[, …])	为拟合的回归模型生成 CERES（条件期望部分残差）图
regressionplots.abline_plot([intercept, …])	绘制截距和斜率的线
regressionplots.influence_plot(results[, …])	绘制回归中的影响点
regressionplots.plot_leverage_resid2(results)	绘制杠杆统计与标准化残差的平方

这里我们针对例 5.3.14 的最小二乘法回归模型，为每个自变量创建一个子图。偏差图中会显示模型中每个变量在去除其他解释变量的影响后，与“对数购买人数”的关系。

例 5.5.4 绘制模型的回归图

```
fig = plt.figure(figsize=(8, 12))                   # 设定画布大小
smg.plot_partregress_grid(results_f, fig=fig)       # 绘制模型中每个自变量与
                                                    # 对数购买人数的回归图
```

运行结果如图 5-5-4 所示。

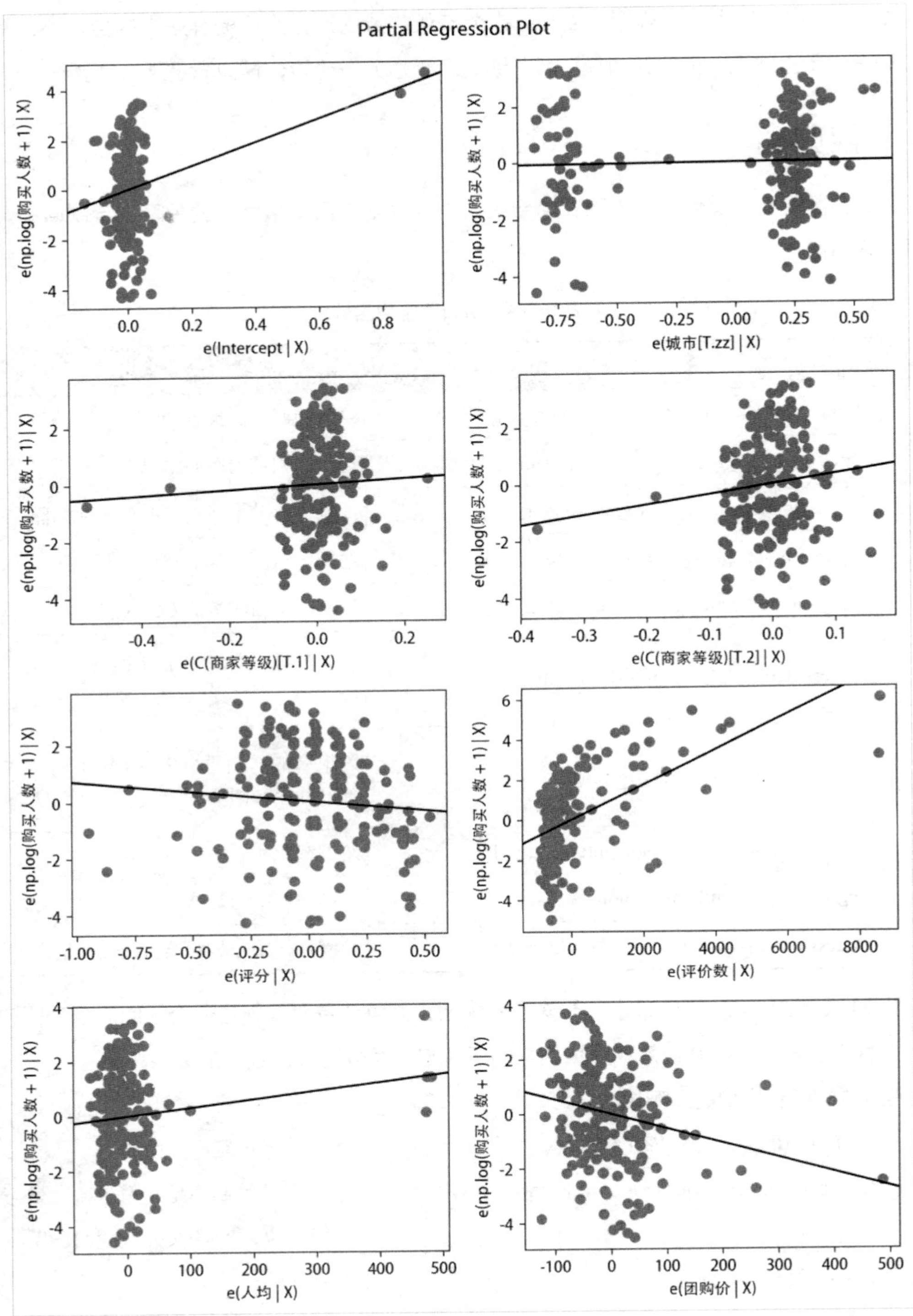
Partial Regression Plot
e(np.log(购买人数 + 1) | X)
e(Intercept | X)
e(城市[T.zz] | X)
e(C(商家等级)[T.1] | X)
e(C(商家等级)[T.2] | X)
e(评分 | X)
e(评价数 | X)
e(人均 | X)
e(团购价 | X)

图 5-5-4　模型回归图

除以上介绍的 4 种可视化图形外，Statsmodels 还可以提供函数图、时序图和因子水平交互图等多种数据探索及模型检验的可视化图表，这里就不一一介绍了，如果有读者想要了解更多的内容，则可以通过 Statsmodels 的官方文档进行进一步的学习和挖掘。

5.6 小结

本章对 Python 的统计建模模块 Statsmodels 进行了简要的介绍。

首先从 Statsmodels 的数据导入讲起，介绍了其模块中自带的数据集。然后介绍了如何利用 Statsmodels 拟合统计模型。在这部分中，简要介绍了 Patsy 库，为读者更好地描述统计模型，尤其是线性模型提供了一个更好的方式。同时也对模型中经常会出现的分类变量的处理方法进行了说明，还用一个最简单的线性回归模型展示了如何调用统计模型。之后介绍了如何使用 Statsmodels 进行假设统计检验。这一部分的焦点放在了方差分析上，主要介绍了一元单因素方差分析和一元多因素方差分析的实现。最后介绍了如何使用 Statsmodels 进行探索性数据分析。特别地对 4 类比较常用的数据可视化图表进行了说明，其中既包括用于进行数据探索的箱线图和相关图，又包括用于进行模型检验的拟合图和回归图。

Statsmodels 作为一个强大的统计建模分析工具，包括了几乎所有常见的参数回归模型、非参数模型、时间序列分析及空间面板模型等。本章中所提到的这些应用只是其“冰山一角”。本章只是以一些简单的模型和方法为读者展示 Statsmodels 各项功能的调用思路。具体在实际中对它如何进行更广泛的应用，还需要读者在使用的过程中不断地去摸索。

第 6 章

CHAPTER 6

Python 的机器学习模块

第 3 章介绍了如何利用 Pandas 做数据清洗；第 4 章介绍了如何利用 Matplotlib 和 Plotly 作图；第 5 章介绍了如何利用 Statsmodels 进行统计分析；本章将更进一步，介绍如何利用 scikit-learn 运行机器学习算法。

6.1 机器学习的定义

图 6-1-1　小猫

在开始学习 scikit-learn 之前，首先来理解下什么是机器学习。

图 6-1-1 所示是一只猫的图片，但计算机可不知道这是什么。在计算机中，图像也只是二进制文件而已。要让计算机能“分辨”出来这是一只猫，首先得证明这张图片是一只猫，而不是狗。所以，首要问题是如何描述猫的特征。猫常见的特征有：圆脸、两只尖耳朵、几根胡须、肥肚子和一根长尾巴。假设这些特征就已经能明显区分猫和狗了，也就是 5 个特征维度：脸的形状（圆脸还是长脸）、耳朵的形状（尖耳朵还是圆耳朵）、是否有胡须、肥胖程度、尾巴长度（长还是短），再把这些特征维度转换成计算机能理解的语言，得到如表 6-1-1 所示的特征表。

表 6-1-1　特征表

特征维度	语言表达	计算机语言
脸的形状	圆脸、长脸	圆脸：1 长脸：0
耳朵的形状	尖耳朵、圆耳朵	尖耳朵：1 圆耳朵：0
是否有胡须	有胡须、无胡须	有胡须：1 无胡须：0
肥胖程度	肥、瘦	肥：1 瘦：0
尾巴长度	长、短	长：1 短：0

这里规定：圆脸、有胡须、长尾巴、肥胖的动物为猫（尖耳朵或圆耳朵皆可），特征向量为 [1 0 1 1 1] 及 [1 1 1 1 1]；长脸、尖耳朵、无胡须、短尾巴、瘦的动物为狗，特征向量为 [0 1 0 0 0]。

最终，把得到的特征向量映射到某种函数 f 输出结果（判断结果是猫的为 1，是狗的为 0），即 f( ) =“猫”或“狗”。

综上，可以总结为如图 6-1-2 所示的流程。

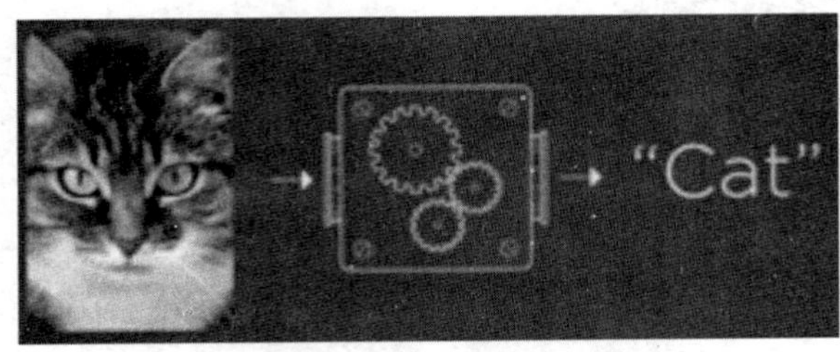

图 6-1-2　学习流程图

图 6-1-2 中，第一个箭头代表特征向量的提取，中间的盒子代表某种函数映射，第二个箭头代表结果判断。

一旦找到了这个最优函数f，再遇到一张图片（外样本）就可以用这个函数f判断是猫还是狗了。

机器学习就是寻找这个最优函数 f 的过程。

注意

> 本章对于机器学习的描述都集中在了有监督机器学习上，故混淆了机器学习的部分概念，具体的分类大家可以仔细查找。这样做是为了方便叙述。

结合本书的数据主题，下面从"吃"的角度再来深入理解什么是机器学习。

政委虽然远在西安，但是他特别喜欢吃老北京涮羊肉，一到冬天就停不下来。你要让他推荐一家店铺，他必然会推荐市中心那家。"市中心那家店的羊肉入口即化、食材新鲜、芝麻酱特别好吃、价格厚道、干净卫生……"每开一家火锅店，他准能告诉你这家店是否值得光顾。

政委根据他的吃货经验得出，一家店是否值得经常光顾，主要取决于以下 5 点：主打菜是否有特色（羊肉味道）、食材是否新鲜、调料是否有特色（芝麻酱）、价格是否划算和店内环境是否干净卫生。转换成计算机能理解的语言，见表 6-1-2。

表 6-1-2　饭馆特征

特征	特征值
主打菜是否有特色	有（羊肉）：1 无：0
食材是否新鲜	新鲜：1 不新鲜：0
调料是否有特色	有特色（芝麻酱）：1 无特色：0
价格是否划算	划算：1 不划算：0

续表

特征	特征值
店内环境是否干净卫生	干净卫生：1 脏：0

最终，特征向量为［1 1 1 1 1］的店才值得经常光顾，其他特征向量的店则视情况而定。

特征值对应的特征向量见表 6-1-3。

表 6-1-3　特征值对应的特征向量

特征向量	特征值	是否光顾
[1 1 1 1 1]	主打菜有特色、食材新鲜、调料有特色、价格划算、店内环境干净卫生	经常光顾
[0 1 1 1 1] [1 1 0 1 1] …	主打菜无特色或调料无特色，其他均可	偶尔光顾
[1 0 1 1 1] [1 1 1 1 0] …	食材不新鲜或店内环境脏，其他均可	绝不光顾

表 6-1-3 简单列举了 5 种特征向量的情况及对应光顾频率。但是，如果要穷举所有情况，就要列举 32 次，这样比较烦琐。此时，解决方法就是用某个函数 f 把所有特征向量映射到光顾程度上，即

f(吃过所有店的特征向量) = 光顾程度 (1 → 0 递减，代表经常光顾和绝不光顾)

通过这个函数映射，所有店的情况都考虑进去了，我们就能据此判断一家新店是否值得经常光顾了。

总结：作为资深吃货，经常光顾各种店，每次光顾可视为一条数据 (x)，每条数据包含一家店铺的各种特征 (如食材是否新鲜)，得到特征向量，以及对应是否会再光顾 (y)。通过多次光顾不同店铺 (多个 x)，找到最佳的函数映射 (f)，据此判断一家新店是否值得经常光顾。

翻译成机器学习的语言就是：根据大量有数据标注 (y，是否值得光顾) 的特征向量 (店的特征)，寻找最佳函数，根据验证集的结果选择最优模型，最终在测试集中测试模型。

6.2　使用scikit-learn

明白了什么是机器学习后，下面用火锅数据的例子来完成整个机器学习的过程。

注意

本章不会具体讲解每个机器学习算法的具体函数与使用方法。当大家理解了使用 scikit-learn 模块的流程后，任何这个模块中的标准机器学习算法对应的函数都可以被调用函数使用。

本章运行环境为 Python 3.5.2，scikit-learn 0.19.0。

6.2.1 数据准备

由于每个吃货对“好吃”的定义不同，以及对“是否经常光顾”的要求不同，所以接下来要生成的数据集的规则如下。

（1）行向量代表一家店的 5 个特征维度，列向量代表商家的特征维度。

（2）一家店只有上述 5 个特征，每个特征只有 1 或 0 两种选择。

（3）5 个特征中，食材新鲜和店内环境为 1，且五项合计总分必须大于等于 4 分才会再次光顾。

生成数据的代码见本书赠送资源 chapter6/scripts/6_sklearn.ipynb，生成的数据集见本书赠送资源 chapter6/data/shops_nm.xlsx。

生成的数据如图 6-2-1 所示。

	店名	主打菜特色	食材是否新鲜	调料是否有特色	价格是否划算	店内环境	y
0	老北京涮羊肉	0	1	1	1	1	1
1	鲜上鲜文鱼庄(望庭国际店)	0	0	1	1	1	0
2	大龙燚火锅(李家村店)	1	0	1	1	0	0
3	鲜上鲜文鱼庄(阳阳国际店)	0	1	1	1	0	0
4	大龙燚火锅(粉巷店)	1	0	1	1	0	0

图 6-2-1　原始数据

因此，主打菜特色等 5 种特征可以看作是 x，是否会光顾可以看作是目标 y。通过上述的过程就准备好了需要的数据集。

6.2.2 模型选择

模型选择不是一成不变的，其本质是根据任务选择模型。由于我们是从已知（吃货经验）推未知（新店是否值得光顾），所以这是二分类问题（是否光顾）。下面将会使用决策树模型讲解机器学习的过程。如果读者不了解还有哪些可供选择的模型，则可以到 scikit-learn 官网 (https://scikit-learn.org/stable) 查看。

这个例子可以从以下角度理解决策树模型，如图 6-2-2 所示。

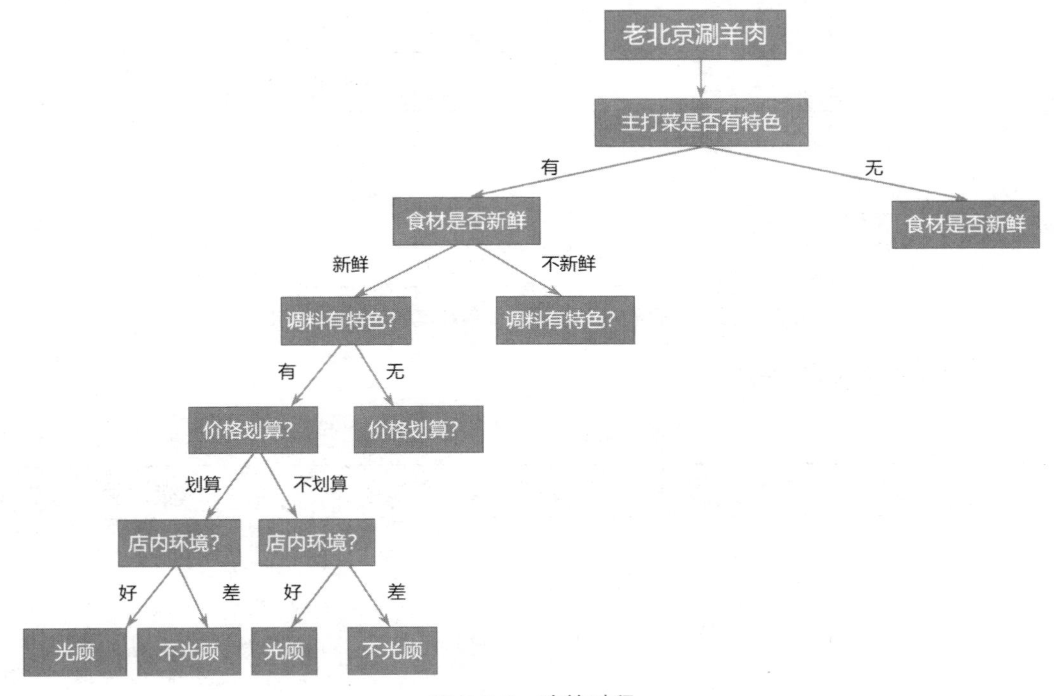

图 6-2-2　决策过程

囿于空间，这里只画出部分决策过程（完整决策过程后面会详细阐述）。以“老北京涮羊肉”这家店为例，每个节点都是一个特征维度：先判断主打菜是否有特色，再判断食材是否新鲜，食材不新鲜的节点之后的特征无论判断如何，最终结果都为“不光顾”；调料是否有特色、价格是否划算、店内环境如何，这些决策问题上的任何差评最终都会导致“不光顾”。

6.2.3　模型训练

1. 切分训练集、验证集、测试集

准备好的数据集在机器学习中的使用过程如图 6-2-3 所示。首先把原始数据集分成 3 份：训练集、验证集和测试集。然后在训练集上训练模型，在验证集上选择最优模型（一般会选择确定模型的某些参数），在测试集上测试得到模型的性能。

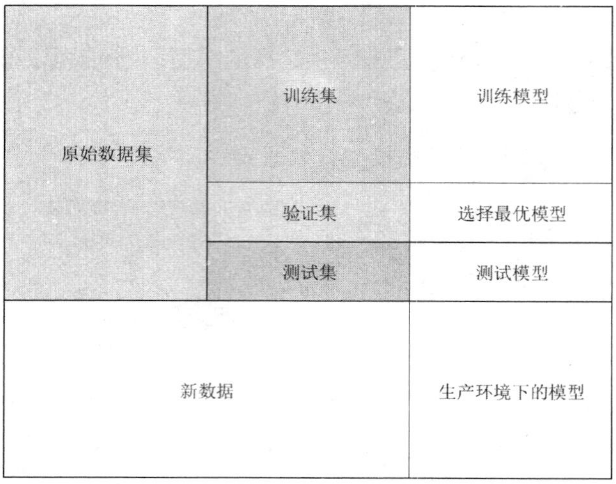

原始数据集
训练集
训练模型
验证集
选择最优模型
测试集
测试模型
新数据
生产环境下的模型

图 6-2-3　训练集、验证集、测试集的关系和作用

数据集函数说明见表 6-2-1。

表 6-2-1　数据集函数说明

函数	函数作用	参数说明
train_test_split()	切分训练集、验证集	X：自变量 y：因变量 test_size：验证集的比例 random_state：随机数种子，任意整数，只要固定即可

例 6.2.1　数据集常用函数

```
from sklearn import tree
from sklearn.model_selection import train_test_split

path = '../data'
data = pd.read_excel(os.path.join(path, "shops_nm_cleaned.xlsx"), encoding='utf8')
data.head()

X_train, X_val, y_train, y_val = train_test_split(data.iloc[:, 1:-1], data.iloc[:, -1], test_size=0.3,
        random_state=0)                                                    # 划分训练集与验证集
X_val, X_test, y_val, y_test = train_test_split(X_val, y_val, test_size=0.3, random_state=0)
                                                                           # 划分验证集与测试集
```

```
print('训练集的自变量维度：{}, 因变量维度：{}\n'.format(X_train.shape, y_train.shape))
print('验证集的自变量维度：{}, 因变量维度：{}\n'.format(X_val.shape, y_val.shape))
print('测试集的自变量维度：{}, 因变量维度：{}\n'.format(X_test.shape, y_test.shape))
```

运行结果如图 6-2-4 所示。

```
训练集的自变量维度：(489, 5)，因变量维度：(489,)
验证集的自变量维度：(147, 5)，因变量维度：(147,)
测试集的自变量维度：(63, 5)，因变量维度：(63,)
```

图 6-2-4　运行结果

在例 6.2.1 的代码中，我们利用 train_test_split() 函数把所有数据先切分成训练集和验证集，再从验证集中切分测试集，所以调用了两次 train_test_split() 函数，test_size 均为 0.3，即最终训练集、验证集和测试集的比例为 0.7∶0.2∶0.1。random_state 参数只要设置为固定值即可，这是因为 train_test_split() 函数是“随机”切分的，但目前计算机生成的随机数都只是伪随机数，生成的不同随机数对切分结果有轻微影响，所以需要指定随机数种子，只要每次切分的随机数种子一样，那么结果就可以忽略这个影响。最后输出结果，检查维度是否正确即可。

2. 训练模型

在导入数据，切分训练集、验证集、测试集后，还需要经过数据清洗、特征选择等过程，然后才是训练模型。在这个例子中，为了简化操作和说明问题，可直接训练模型。训练模型的函数说明见表 6-2-2。

表 6-2-2　训练模型的函数说明

函数	函数作用	参数说明
tree.DecisionTreeClassifier()	初始化决策树分类器	class_weight：样本结果的加权
.fit()	训练样本	X：自变量，array-like y：因变量，array-like
.predict()	预测	X：自变量，array-like
.score()	计算平均准确率	X：自变量，array-like y：因变量，array-like

例 6.2.2　训练模型

```
# 初始化决策树分类器
clf = tree.DecisionTreeClassifier()
# 训练样本
```

```
clf = clf.fit(X_train, y_train)
# 在验证集上计算平均准确率
clf.score(X_val, y_val)
# 预测样本
clf.predict(X_val)
```

最终结果是 1.0，即完全预测准确。scikit-learn 的使用非常简单，无论是什么模型，调用函数的步骤均如下。

（1）模型初始化。针对模型各种参数的调整都是在这一步。

（2）调用 fit() 函数训练样本。每次调整完后都需要重新训练样本。

（3）调用 score() 在验证集或测试集上计算平均准确率。

（4）输出验证集或测试集的预测结果。

第（4）步不是必需的，但是有时会由于各种原因而导致模型训练出现过拟合或欠拟合现象，所以要输出结果以查看模型结果是否可信。

经过以上步骤即可调用完整模型需要的接口，scikit-learn 为每个模型都继承了一个接口函数，使用起来非常方便。

6.2.4 模型评估

虽然模型的最终结果是 100%，但是这并不能说明这个模型完全符合要求了。在实际中，我们需要按照需求来评估模型的好坏，而不仅仅局限于准确率。

常见的用于分类的评价指标有：准确率、召回率、精确率和 F1 值等。

在理解上面这些评价指标之前，先来看表 6-2-3。

表 6-2-3　评价情况分类

政委判断	好吃（真实情况）	不好吃（真实情况）
好吃	真的好吃（True Positive）	假的好吃（False Positive）
不好吃	假的不好吃（False Negative）	真的不好吃（True Negative）

为了说明这些指标，我们引入人物：熊大。

情景：政委和熊大一起去饭馆吃饭，他们恰巧走到一条都是新开饭馆（10 家）的街道，所以他们只能凭借以往的吃货经验来判断好吃与否。

政委为了能在熊大面前好好表现，会存在以下 3 种情况（假设饭馆真实情况是 3 家好吃，7 家不好吃）。

（1）简单观察店面情况，做出判断：3 家好吃，7 家不好吃（假设好吃的真是好吃的，不好吃的也真是不好吃的）。评价情况分类见表 6-2-4。

表 6-2-4 评价情况分类

政委判断	好吃（真实情况）	不好吃（真实情况）
好吃	3	0
不好吃	0	7

评价指标说明见表 6-2-5。

表 6-2-5 评价指标说明

指标	说明	结果	影响
准确率	没有一家饭馆判断错误	(3+7)/10 = 1	增加吃饭的经费
召回率		3/3 = 1	
精确率		3/3 = 1	

结果：熊大一开心，下回吃饭的经费上调。

（2）简单观察店面情况，做出判断：2 家好吃，8 家不好吃（假设同上）。也就是能判断出哪家是真的好吃，此时结果仍然是：熊大开心，吃饭经费上调。评价情况分类见表 6-2-6。

表 6-2-6 评价情况分类

政委判断	好吃（真实情况）	不好吃（真实情况）
好吃	2	0
不好吃	1	7

评价指标说明见表 6-2-7。

表 6-2-7 评价指标说明

指标	说明	结果	影响
准确率	有一家好吃的饭馆被误判为不好吃	(2+7)/10 = 0.9	增加吃饭的经费
召回率		2/3 ≈ 0.6667	
精确率		2/2 = 1	

结果：熊大一开心，下回吃饭的经费上调。

（3）简单观察店面情况，做出判断：4 家好吃，6 家不好吃（假设同上）。评价情况分类见表 6-2-8。

表 6-2-8　评价情况分类

政委判断	好吃（真实情况）	不好吃（真实情况）
好吃	3	1
不好吃	0	6

评价指标说明见表 6-2-9。

表 6-2-9　评价指标说明

指标	说明	结果	影响
准确率	有一家不好吃的饭馆被误判为好吃	(3+6)/10 = 0.9	正好吃到不好吃的饭馆
召回率		3/3 = 1	
精确率		3/4 = 0.75	

结果：熊大正好吃到不好吃的饭馆，政委被罚写 100 篇推文。

综上，模型的评价指标见表 6-2-10。

表 6-2-10　模型的评价指标

评价指标	含义	函数	计算方法
准确率	正确区分这 10 家饭馆好吃、不好吃的饭馆比例	metrics.accuracy_score	T/ALL
召回率	在真的好吃的饭馆中，有多少政委判断是好吃，熊大吃完会说：真的好吃，政委真有眼光	metrics.recall_score	TP/(TP + FN)
精确率	在所有政委判断好吃的饭馆中，有多少是真的好吃，即 1 − 政委被罚写推文的概率	metrics.precision_score	TP/(TP + FP)

注：T 代表分类正确的个数；ALL 代表总数；TP 代表正确分类为正例的个数；FN 代表错误分类为负例的个数；FP 代表错误分类为正例的个数。

从上述情况可以看出，召回率和精确率在一定程度上是相互矛盾的，于是就有了用于综合考虑这两个指标的 F1-score（F1 值），其计算方法为：

$$F1 = \frac{2 * P * R}{P + R}$$

式中，P 为精确率，R 为召回率。计算上述指标的函数说明见表 6-2-11。

表 6-2-11　函数说明

函数	函数作用	参数说明
metrics.accuracy_score	计算准确率	y_true：真实的 y 值 y_pred：预测的 y 值
metrics.recall_score	计算召回率	y_true：真实的 y 值 y_pred：预测的 y 值
metrics.precision_score	计算精确率	y_true：真实的 y 值 y_pred：预测的 y 值
metrics.f1_score	计算 F1 值	y_true：真实的 y 值 y_pred：预测的 y 值

例 6.2.3　模型的评价指标

```
from sklearn.metrics import recall_score, precision_score, accuracy_score

y_val_predict = clf.predict(X_val)

accuracy_score(y_val, y_val_predict)
recall_score(y_val, y_val_predict)
precision_score(y_val, y_val_predict)
```

最终结果都是 1.0，也就是对应前述的第一种情况 —— 全部判断正确。

6.2.5　模型调参

虽然模型的最终结果是 100%，但是在实际训练中，我们还需要注意以下问题。

1. 样本不平衡问题

在前文提到了样本不平衡的问题，样本不平衡有可能会导致模型过拟合。例如，正样本比例为 99%，负样本比例为 1%，如果模型都预测为正样本，则准确率至少也有 99%，这个模型显然没有可信度，但是这在生活中确实非常常见。最简单的解决办法就是为样本加权，让正样本的权重按比例减少，负样本的权重按比例增加。在 scikit-learn 中，每个模型初始化时都提供了 class_weight 参数，一般设置为“balanced”，即做到了为样本加权的效果。

例 6.2.4　样本加权训练

```
# 初始化决策树分类器
clf = tree.DecisionTreeClassifier(class_weight="balanced")
# 训练样本
```

```
clf = clf.fit(X_train, y_train)
# 在验证集上计算平均准确率
clf.score(X_val, y_val)
# 预测样本
clf.predict(X_val)
```

虽然最终平均准确率仍然是 100%，但是这一步的工作是必要的。

2. 决策树过拟合

决策树非常适合解决二分类问题，但是也容易导致过拟合。造成过拟合的因素较多，这里只讨论一点：树的深度。在例 6.2.4 的第二步，我们并未指定树的深度，模型默认为寻找最大化准确度的深度。下面再来看看指定深度会发生什么。

例 6.2.5 调整决策树深度

```
max_depths = [depth for depth in range(2, 10)]
accuracy = [ ]
for max_depth in max_depths:
    clf = tree.DecisionTreeClassifier(class_weight="balanced", max_depth=max_depth)
    clf = clf.fit(X_train, y_train)
    acc = clf.score(X_val, y_val)
    accuracy.append([max_depth, acc])

accuracy
```

运行结果如图 6-2-5 所示。

```
[[2, 0.8095238095238095],
 [3, 0.8095238095238095],
 [4, 0.9047619047619048],
 [5, 1.0],
 [6, 1.0],
 [7, 1.0],
 [8, 1.0],
 [9, 1.0]]
```

图 6-2-5 运行结果

在例 6.2.5 中，我们对树的深度（max_depth）可能的值进行了循环，并输出了对应的准确度。结果发现，在深度为 2、3 时，准确度没什么区别；在深度为 4 时，准确度上升了 10%；在深度为 5 时，准确度为 100%。这表明在生成数据时其实是人为指定了特征的重要性：食材不新鲜、店内环境脏的一定不光顾。其他特征的区别就在于，对总分是否有贡献，所以深度为 2、3 时总分变化不过 1 分（从 2 分跳到 3 分），而总分要达到 4 分的餐厅才会被光顾，所以至少再多 2 个特征才会对结果有明显影响，因此深度为 4、5 时准确率明显上升。这样，我们就解释了深度变化导致准确率变化的原因。

对于生成的数据，我们按照以上思路进行分析还不算太麻烦，但是当遇到的真实数据具有成百上千个特征时，就无法再人工分析了。幸好 scikit-learn 提供了 .feature_importance_ 属性，可以帮助我们分析特征的重要程度。

例 6.2.6 特征重要程度分析

```
max_depths = [depth for depth in range(2, 10)]
accuracy = [ ]
for max_depth in max_depths:
    clf = tree.DecisionTreeClassifier(class_weight="balanced", max_depth=max_depth)
    clf = clf.fit(X_train, y_train)
    acc = clf.score(X_val, y_val)
    importance_ = clf.feature_importances_
    accuracy.append([max_depth, acc, importance_])


accuracy
```

运行结果如图 6-2-6 所示。

```
[[2,
  0.8095238095238095,
  array([0.        , 0.55410691, 0.        , 0.        , 0.44589309])],
 [3,
  0.8095238095238095,
  array([0.04225857, 0.53069115, 0.        , 0.        , 0.42705029])],
 [4,
  0.9047619047619048,
  array([0.03790951, 0.47607489, 0.        , 0.10291533, 0.38310026])],
 [5, 1.0, array([0.03374123, 0.42372881, 0.05878275, 0.14277014, 0.34097707])],
 [6, 1.0, array([0.03374123, 0.42372881, 0.05878275, 0.14277014, 0.34097707])],
 [7, 1.0, array([0.03374123, 0.42372881, 0.10995345, 0.09159944, 0.34097707])],
 [8, 1.0, array([0.03374123, 0.42372881, 0.10995345, 0.09159944, 0.34097707])],
 [9, 1.0, array([0.03374123, 0.42372881, 0.10995345, 0.09159944, 0.34097707])]]
```

图 6-2-6 运行结果

观察图 6-2-6 可以发现以下几点。

（1）深度为2时，只有特征2和5对结果有影响，对应特征食材是否新鲜和店内环境是否干净卫生。

（2）深度为 3 时，特征 1 对结果有轻微影响，对应主打菜是否有特色。

（3）深度为 4 时，特征 1 和 4 对结果也产生了轻微影响。

（4）深度为5~9时，特征1、2和5对结果的影响固定，区别仅在于特征3和4对结果的影响不同。

这样，我们就十分方便地分析出了不同特征对最终结果的影响，分析的结果与人工分析是一致的，但是更加详细。

实际上，还有很多参数可以调整，感兴趣的读者可以到 scikit-learn 官网查看。

以上分析表明，模型似乎是可信的。

6.2.6 模型结果

为了方便查看模型的决策过程，这里利用 graphviz 模块可视化查看模型结果。可视化模型函数说明见表 6-2-12。

表 6-2-12　可视化模型函数说明

函数	函数作用	参数说明
tree.export_graphviz()	把决策树模型的运行结果转换为 DOT 文件格式	decision_tree：训练好的参数变量 out_file：输出的文件名，设置为 None，代表不输出到本地文件
graphviz.Source()	渲染 DOT 文件	File：要渲染的文件名
graph.render()	把渲染的结果输出到本地文件	filename：文件名

例 6.2.7　可视化模块说明

```
import graphviz
dot_data = tree.export_graphviz(clf, out_file=None)
graph = graphviz.Source(dot_data)
graph.render(os.path.join(model_path, 'decision'))   # 使用时设置好路径，同时不要忘记载入 os 模块
graph
```

运行结果如图 6-2-7 所示。

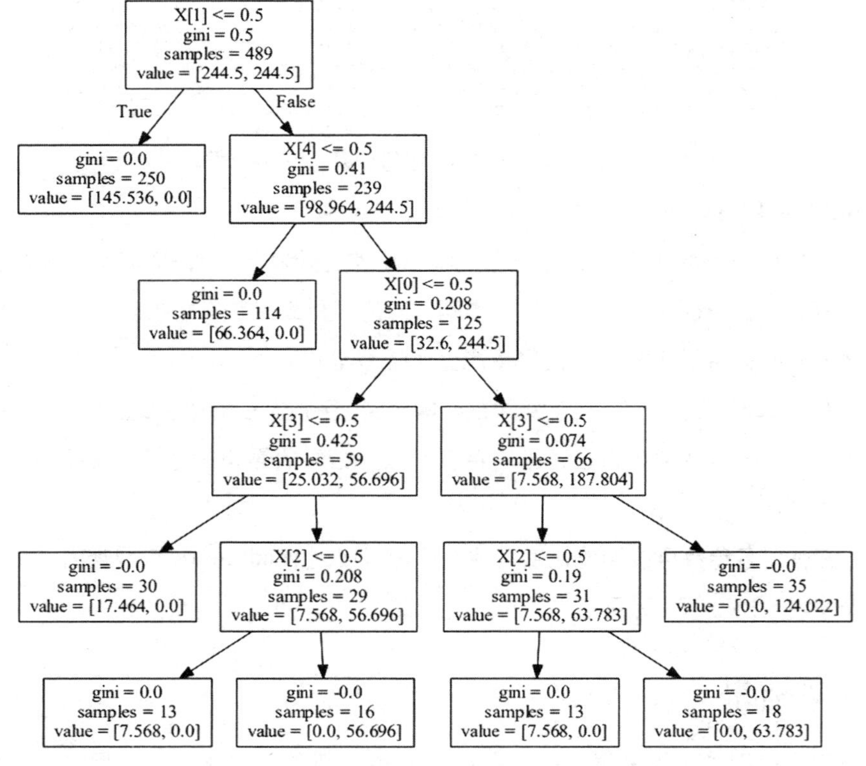

图 6-2-7　决策过程

通过 graphviz 模块，我们就非常方便地得到了模型最终的决策过程。

6.2.7 模型保存与加载

调整完参数后，我们得到了目前最优的模型。但是，当脚本文件关闭后，我们仍然需要重新训练模型才能使用，这非常不方便（试想每次训练模型都需要几个小时乃至几天，每次重新训练都非常浪费时间）。这就需要我们在训练模型后将模型的参数序列化到本地文件，下次只要读取这个模型文件就可以直接调用模型了。序列化函数说明见表 6-2-13。

表 6-2-13 序列化函数说明

函数	函数作用	参数说明
joblib.dump()	序列化模型	value：训练好的模型变量 filename：要存到的文件名，如果不存在，则要先创建
joblib.load()	反序列化模型	filename：要提取的模型文件名

例 6.2.8 保存模型

```
import os
from sklearn.externals import joblib

# 创建文件用于保存模型，需要替换成自己的文件路径
model_path = r'XXXXXX'
files = os.listdir(model_path)
if 'clf.pkl' not in files:
    f = open(os.path.join(model_path, 'clf.pkl'), 'wb+')
    f.close()

# 把内存中的模型序列化到本地文件
joblib.dump(clf, os.path.join(model_path, 'clf.pkl'))

# 加载模型
load_clf = joblib.load(os.path.join(model_path, 'clf.pkl'))
# 调用模型
load_clf.score(X_test, y_test)
```

在例 6.2.8 中，我们导入了 scikit-learn 的 joblib 模块，这个模块的作用就是序列化模型到本

地文件，也可以反序列化加载模型到内存中。同时，为了避免手动创建文件的烦琐，我们利用 os 模块自动创建了文件。这样，一旦我们训练好了模型，就可以用这个模型去判断新店是否值得光顾了。

6.3 小结

通过本章的学习，我们了解了如何使用 Python 中的 scikit-learn 模块处理机器学习任务。scikit-learn 提供了完善的 API，可以说无论使用什么模型，都能在几乎不用怎么修改代码的情况下实现模型的切换。

注意

机器学习和统计建模的区别在哪里？读者可以关注“狗熊会”微信公众号，搜索：谁摧毁了统计学家的“三观”，内容仅供参考。

第 7 章

CHAPTER 7

Python 的爬虫模块

前面几章我们学习了如何利用 Python 处理与清洗数据，如何进行探索性数据分析，以及如何利用统计与机器学习方法进行建模。但是，我们却忽视了一个最原始的问题：数据从何而来。没有数据，就好比学了十八般武艺，可是却没有施展的地方一样。读者不要忘记，首先是提出问题，采集数据，然后才是十八般武艺的施展。基于此，本章将会讲解 Python 的爬虫模块，目的是使学习的 Python 技术有用武之地。

7.1 爬虫的定义

爬虫，可能读者都有所“耳闻”，但是对爬虫是什么还不甚了解。

爬虫，全称“网络蜘蛛”。爬虫能做什么？一言以蔽之，就是替代人工采集数据。例如，某吃货想挑选出西安火锅店评分最高的前 10 家，怎么办呢？首先，得寻找一家在线点评网站，如百度糯米，如图 7-1-1 所示。

注意

因各大网站经常会出现变化，如果出现和本书截图不一致而导致代码运行失败，那么请见谅（虽然不同网站的采集策略不同，但是爬虫的核心内容是一样的），或者通过本书赠送资源中保存的网页源代码进行理解和练习。

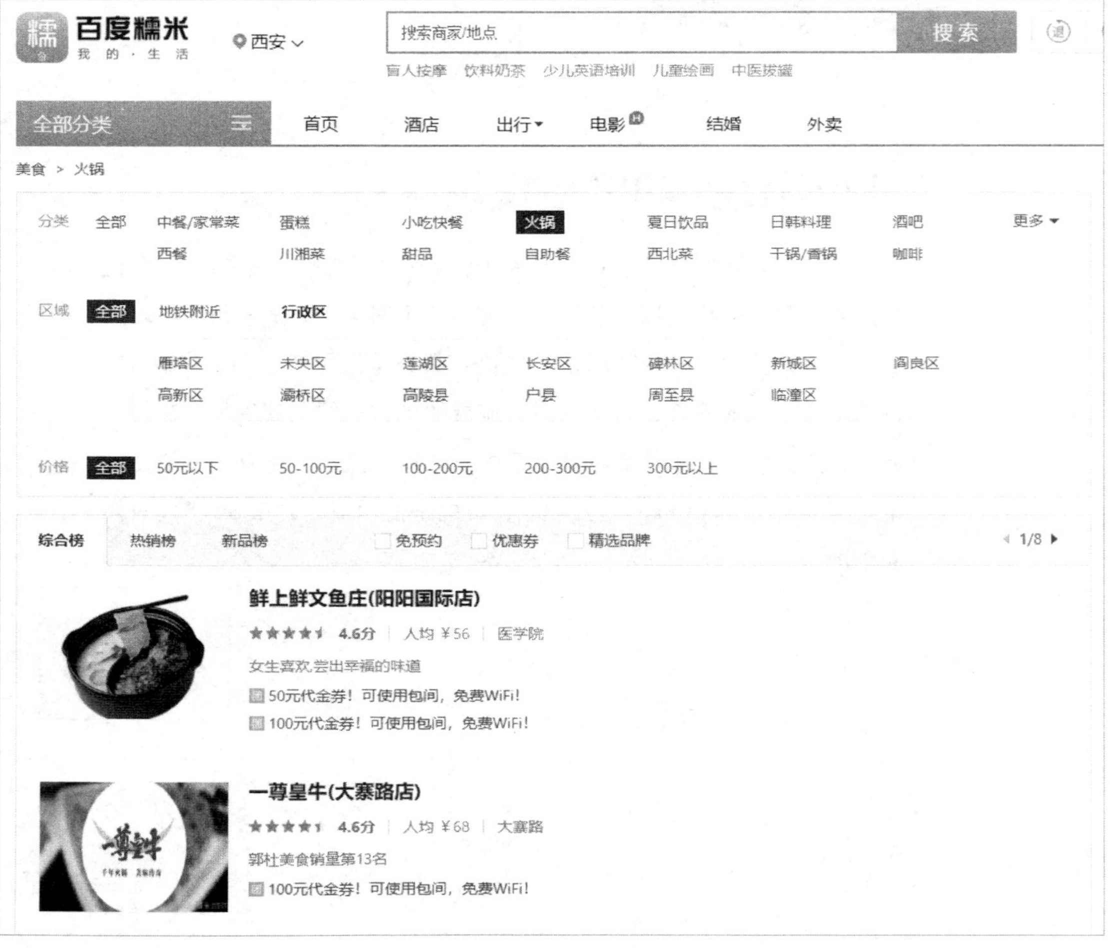

图 7-1-1　百度糯米网站

从网站的筛选结果来看，西安的火锅店每页有 25 条数据，有近 8 页共计 176 条数据。

最原始的办法是，单击并按【Ctrl+C】快捷键复制，然后按【Ctrl+V】快捷键粘贴到 Excel 中，再按“评分”排序。在数据量少、字段少的情况下，这么做的弊端可能并不明显。但是，如果需要店名、评分、人均、地址、优惠活动、营业时间和买家评论等信息，复制粘贴就不再适用了。

这时爬虫就有了用武之地 —— 自动化采集网页数据，存储成结构化的数据便于后续分析。数据采集，往往是数据科学实践的第一步 —— 毕竟，巧妇难为无米之炊。

从本章开始，让我们一起来揭开爬虫“神秘的面纱”。学习完本章后，希望读者能在这类机械性的体力劳动面前勇敢地说“不”！

注意

本书定位是“入门 + 实战”，旨在让读者能够快速熟悉、快速上手。因此，本章只讲解最核心的知识点和函数使用，即使不了解背后原理，应对日常的数据采集也绰绰有余。对原理感兴趣的读者，请自行学习相关文档。

7.2 初级篇——单页面静态爬虫

本节学习目标如下。

（1）了解网络请求的基本原理。

（2）学习如何使用 requests 对网站发起请求。

（3）了解网页的基本构成。

（4）学习如何使用 BeautifulSoup 解析网页。

（5）学习如何将解析结果存入文件。

完成以上学习目标，我们就能掌握最简单的爬虫知识了。

在开始爬虫之前，请做好如下准备。

（1）Chrome 浏览器。

（2）HTML 的基础知识（http://www.w3school.com.cn/html/html_jianjie.asp）。

（3）HTTP 的基础知识（https://www.w3cschool.cn/http/u9ktefmo.html）。

需要了解以下内容。

（1）网页的元素都是由 DOM 树进行定位的。

（2）网页的元素标记是用尖括号“<>”表示的，不同的标签有不同的效果。

（3）HTTP 的基本方法 GET 的工作原理。

建议先掌握以上知识再继续学习后续内容，这样会更加顺畅。

本章运行环境为 Python 3.5.2，requests 2.19.1，bs4 4.6.0。

7.2.1 入门——一级页面采集

1. 寻找数据源

在现实情况下，只有充分了解数据科学实践的对象（如把西安的火锅店作为分析对象）才能开始寻找数据源。寻找数据源的过程不是一蹴而就的，不能仅从数据角度考虑数据源，往往还需要通过对比，分析爬取难度、爬取时间等因素，综合考虑后进行选取。

针对西安火锅团购问题，结合餐饮 O2O 平台的具体情况，发现有很多个备选平台：美团、大众点评、口碑、饿了么和百度糯米，各平台的数据优劣势对比见表 7-2-1。

表 7-2-1　各平台的数据优劣势对比

平台名	优势	劣势
美团	商家信息较完备、评论数据较丰富	反爬虫严密
大众点评	商家信息完备、评论数据丰富	反爬虫严密
口碑、饿了么	商家信息较完备、评论数据较丰富	无网页端，只有移动端，爬取困难
百度糯米	静态页面为主，爬取简单	数据丰富度不够，评论内容价值有限

从数据角度考虑，美团和大众点评的数据最丰富，数据采集最有价值，但是其反爬虫机制严密，所需知识点已经超过本书作为“入门读物”的定位，所以并不适合初学者；口碑和饿了么由于没有网页端，因此爬取较为困难；百度糯米的页面以静态为主，虽然数据丰富度不够，但是比较适合初学者。

综合以上考虑，本章以百度糯米作为数据源进行爬取。

2. 分析网站的请求流程

确定了数据源后，第二步是分析网站的请求流程。

所有的互联网应用，用户首先感知到或能接触到的一定是 URL，即网址。只有通过网址才能发起对资源的请求，即网址的作用是替用户定位资源。因此，请求流程的分析一定是围绕分析 URL 的构成而展开的。

首先，进入百度糯米的西安页面（URL1）https://xa.nuomi.com，推荐使用 Chrome 浏览器（其他浏览器也可以，但调试界面可能并没有 Chrome 浏览器清楚直观），如图 7-2-1 所示。

图 7-2-1　百度糯米西安首页

单击【火锅】分类，进入火锅的列表页。可以看到，页面的 URL（URL2）变成为 https://xa.nuomi.com/364，如图 7-2-2 所示。数字“364”，暂且称为火锅的分类 ID 号。

图 7-2-2　百度糯米西安火锅列表页

这时，在页面空白处右击，在弹出的快捷菜单中选择【检查】选项（见图 7-2-3），调出 Chrome 开发者工具（或按【Ctrl+Shift+I】快捷键）。

图 7-2-3　审查网页元素

单击弹出面板左上角的【鼠标】按钮（选中后可定位 HTML 的元素位置）。选中商家信息的列表，即可找到每一个商家信息对应的 HTML 代码，如图 7-2-4 所示。

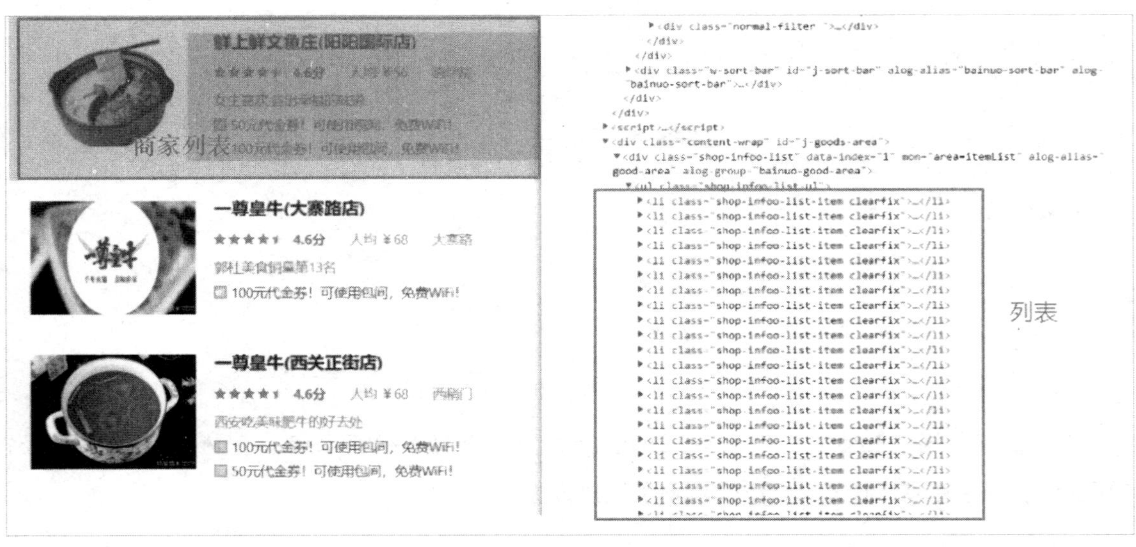

图 7-2-4　找到对应网页元素

接下来，我们通过编写第一个爬虫脚本来采集这些数据。

3. 解析网站代码

通过第二步的分析，读者应该已经大致明白爬取的思路了，现总结如下。

（1）先爬取分类 ID 号（火锅分类是 364），用于构造列表页请求的 URL。

（2）然后解析每一个分类下的商家列表信息。

此步需要用到的 API 见表 7-2-2。

表 7-2-2　需要用到的 API

需要用到的库	需要用到的 API	作用
requests	requests.get(url, *args)	向网站发起 HTTP 的 GET 请求
bs4.BeautifulSoup	bs4.BeautifulSoup(html.text, 'lxml')	解析请求得到的静态网页
bs4.BeautifulSoup	.select()	解析网页元素

例 7.2.1　解析商家列表信息

```
import requests
from bs4 import BeautifulSoup

url = 'https://xa.nuomi.com/364'

# 1. 向上述 URL 发起 HTTP 请求
html = requests.get(url=url)

# 2. 转换解析网页的编码方式
html.encoding = html.apparent_encoding

# 3. 将请求的 HTML 解析成 DOM 树
soup = BeautifulSoup(html.text, 'lxml')

# 4. 寻找元素所在位置，并提取
shop_list = soup.select('# j-goods-area > div.shop-infoo-list > ul > li')
shop_dict = {}
for shop in shop_list:
    name = shop.select('a:nth-of-type(2) > h3')[0].get_text()
```

```
    score = shop.find('span', {"class": 'shop-infoo-list-color-gold'})
    if score is None:
      continue
    else:
      score = score.text
    shop_dict[name] = score

# 5. 输出结果
print(shop_dict)
```

运行结果如图 7-2-5 所示。

```
{'2068 香辣虾(陕西总店)': 4.4,
 '一尊皇牛(大寨路店)': 4.2,
 '一尊皇牛(西关正街店)': 4.6,
 '厚府火锅店': 4.5,
 '御品皇三汁焖锅': 4.5,
 '杨翔豆皮涮牛肚(熙地港购物中心店)': 4.7,
 '杨翔豆皮涮牛肚(阎良千禧店)': 4.6,
 '槐店王婆大虾(迎宾路店)': 4.6,
 '槿熙芝士年糕自助火锅': 4.5,
 '沸腾自助火锅(凤凰店)': 4.2,
 '渝老道火锅': 4.6,
 '牛员外鲜牛肉火锅(长安广场店)': 4.4,
 '老北京涮羊肉': 4.4,
 '薛坝子老味火锅': 4.6,
 '蜀石文化火锅(阎良店)': 4.7,
 '蜜悦士鲜牛肉时尚火锅(凯德广场店)': 4.4,
 '过锅瘾三汁焖锅(骡马市店)': 4.7,
 '重庆小天鹅(新世界百货店)': 4.6,
 '闻道听香': 4.7,
 '顺水鱼馆(绿地世纪城店)': 4.5,
 '食色火锅(五路口万达店)': 4.5,
 '食色火锅(西安总店)': 4.7,
 '鲜上鲜文鱼庄(阳阳国际店)': 4.6,
 '鲜羔楼三味火锅': 4.5,
 '龙腾火锅(泾渭店)': 4.6}
```

图 7-2-5　数据采集结果

注意

在例 7.2.1 的步骤 2 中，网页声明的编码方式可能与网页真实的编码不一致，需要进行显式转换。

在例 7.2.1 的步骤 2 中，获取的 html 变量包含诸多属性，常见属性见表 7-2-3。

表 7-2-3　html 变量常见属性

属性名	作用
.text	获取请求得到的 HTML 代码（text 格式）
.status	获取请求得到的状态码，正常情况下是 200
.encoding	HTML 声明的编码方式，常见的有 UTF8 和 GBK
.apparent_encoding	检测到的编码方式，有时会与 encoding 不一致，从而导致乱码

在例 7.2.1 的步骤 3 中，'lxml' 是常用的解析方式，足以满足常见的网站解析，这里不再赘述。

在例 7.2.1 的步骤 4 中，解析的 css\xpath 路径可通过 Chrome 开发者工具直接复制粘贴，如图 7-2-6 所示。

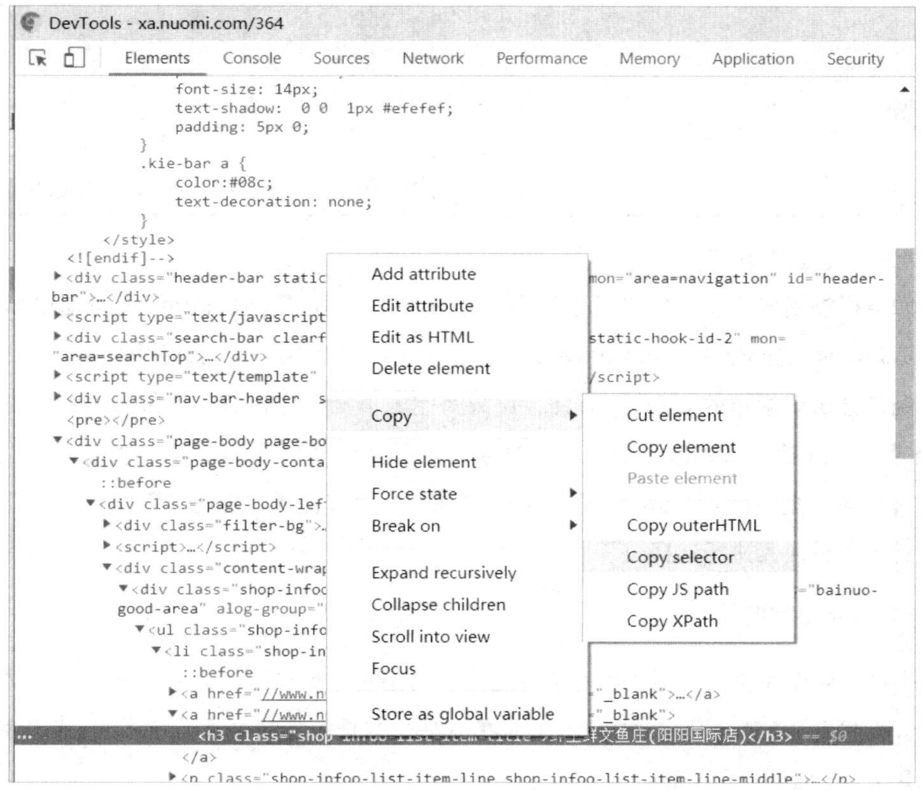

图 7-2-6　使用网页开发者工具

解析元素位置后，得到的仍然是 HTML 代码，我们需要进一步将其转化成需要的数据。常用方法见表 7-2-4。

表 7-2-4　BeautifulSoup 的常用方法

属性 \ 方法名	作用
.select(selector)	解析网页的 CSS，从而找到元素对应的位置 例如，div.shop-infoo-list > ul > li 需要注意的是，返回的是 list 类型
.find(name attrs={})	只返回匹配到的第一个元素 name：HTML 标签名 attrs：标签的属性值 例如，{'class': 'shop-infoo-list'}
.findAll(name, attrs={})	返回所有匹配到的元素 name：HTML 标签名 attrs：标签的属性值 例如，{'class': 'shop-infoo-list'}
.text，.get_text()	得到解析后的纯文本，即 <tag> 纯文本 </tag> 标签嵌套的文本部分
.get(属性值)	得到该元素标签所包含的属性 例如，图片的属性值往往包含 src（图片的 URL），即 get('src')

但是需要注意以下几点。

（1）如果标签是多个重复的格式（如 <li>、<div>），则需要将 Chrome 浏览器中复制出来的值中包含 nth-child 的部分改成 nth-of-type（这是与 CSS 的区别，只需记住即可）。

（2）经常会出现解析的 css\xpath 路径结果为空的情况，这就需要不断调整解析的路径。如果调整路径还不成功，当跳过这部分对数据量影响不大的情况下，则可考虑直接跳过为空的部分（我们并不应该企图把所有数据一条不落地爬取到，而应该通过对比调整爬虫的时间和损失的数据量，综合各种因素进行选择）。

4. 存储页面和数据

一般来说，爬取完页面，要先保存为本地文件再解析，这样可以避免出错后又要重新爬取的情况发生。在例 7.2.1 的代码中添加一段存储的代码，并把解析结果通过 Pandas 库保存起来。

例 7.2.2　存储爬取页面和数据

```
import requests
from bs4 import BeautifulSoup

url = 'https://xa.nuomi.com/364'
```

```
# 1. 向上述 URL 发起 HTTP 请求
html = requests.get(url=url)

# 2. 转换解析网页的编码方式
html.encoding = html.apparent_encoding

# 3. 存储静态页面
if html.status_code == 200:
    with open('364.html', 'w+', encoding='utf8') as f:
        f.write(html.text)
else:
    print(' 状态码非 200，请求出错 ')

# 4. 读取静态页面
with open('364.html', 'r', encoding='utf8') as f:
    content = f.read()

# 5. 将请求的 HTML 解析成 DOM 树
soup = BeautifulSoup(html.text, 'lxml')

# 6. 寻找元素所在位置，并提取
shop_list = soup.select('# j-goods-area > div.shop-infoo-list > ul > li')
shop_dict = {}
for shop in shop_list:
    name = shop.select('a:nth-of-type(2) > h3')[0].get_text()
    score = shop.find('span', {"class": 'shop-infoo-list-color-gold'})
    if score is None:
        continue
    else:
        score = score.text
```

```
    shop_dict[name] = score

# 7. 输出结果
print(shop_dict)

# 8. 转变成 DataFrame 并存储成 Excel
import pandas as pd
results = pd.DataFrame([value for value in shop_dict.values()], index=shop_dict.keys(),
        columns=[' 评分 '])
results.index.name = ' 店名 '
print(results)

results.to_excel('364.xlsx', encoding='utf8')
```

运行结果如图 7-2-7 所示。

店名	评分
一尊皇牛(大寨路店)	4.5分
鲜上鲜文鱼庄(阳阳国际店)	4.6分
一尊皇牛(西关正街店)	4.6分
新辣道鱼火锅(唐延店)	4.4分
闻道听香	4.7分
蜀石文化火锅(阎良店)	4.7分
杨翔豆皮涮牛肚(阎良千禧店)	4.6分
顺水鱼馆(绿地世纪城店)	4.5分
2068香辣虾(陕西总店)	4.4分
槐店王婆大虾(迎宾路店)	4.6分
大憨火锅	4.8分
和福顺养生焖锅(长安店)	4.6分
薛埧子老味火锅	4.6分
老北京涮羊肉	4.4分
鲜羔楼三味火锅	4.5分
厚府火锅店	4.5分
过锅瘾三汁焖锅(骡马市店)	4.7分

图 7-2-7　Pandas 读取解析结果

注意

在这个例子中，解析之前先将 HTML 保存为本地文件再读取，这样可以很大程度上避免在爬取时因网络请求出错而导致程序中断、所有数据都得重新爬取的情况发生。

最后，将解析的结果转变成 DataFrame 结构存储成 Excel（后续章节还会讲述存储到数据库中的方法）。

7.2.2 进阶 —— 二级页面采集

7.2.1 小节所介绍的只是一级界面，而我们往往需要更加详细的信息，也就是列表页点进具体某个商家的详情页。本小节以单击“一尊黄牛”为例，发现 URL 变成为 https://www.nuomi.com/shop/10811751，如图 7-2-8 所示。

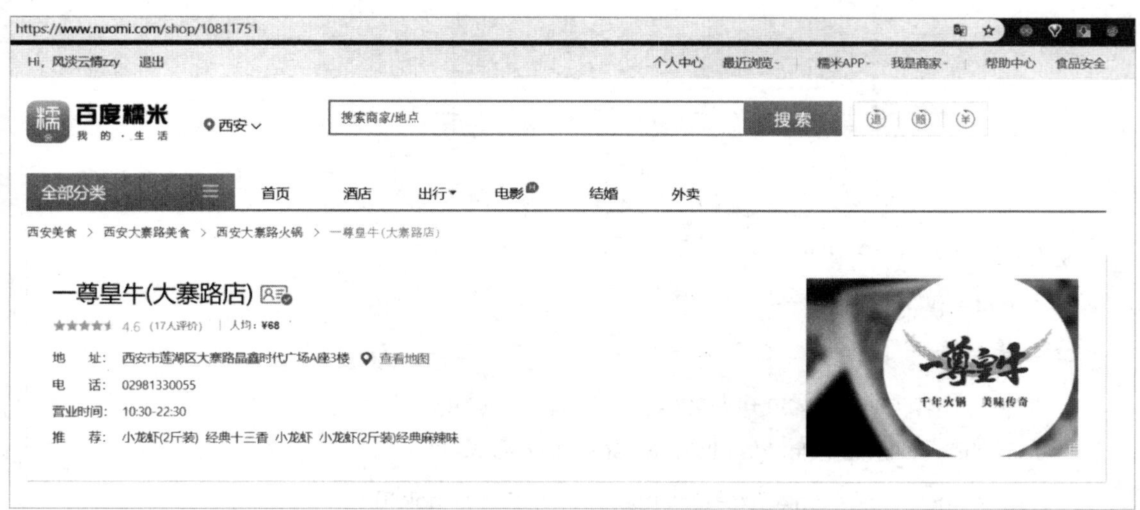

图 7-2-8　一尊皇牛商家详情页

显然，URL 后面这串数字代表商家的 ID 号，那么这个 URL 必然在列表页中可寻找。先回到列表页，再打开开发者工具查看元素，如图 7-2-9 所示。不难发现，<a> 标签中的 href 属性就是需要得到的 URL。那么如何提取出来呢？可使用表 7-2-4 中提到的 .get() 方法。

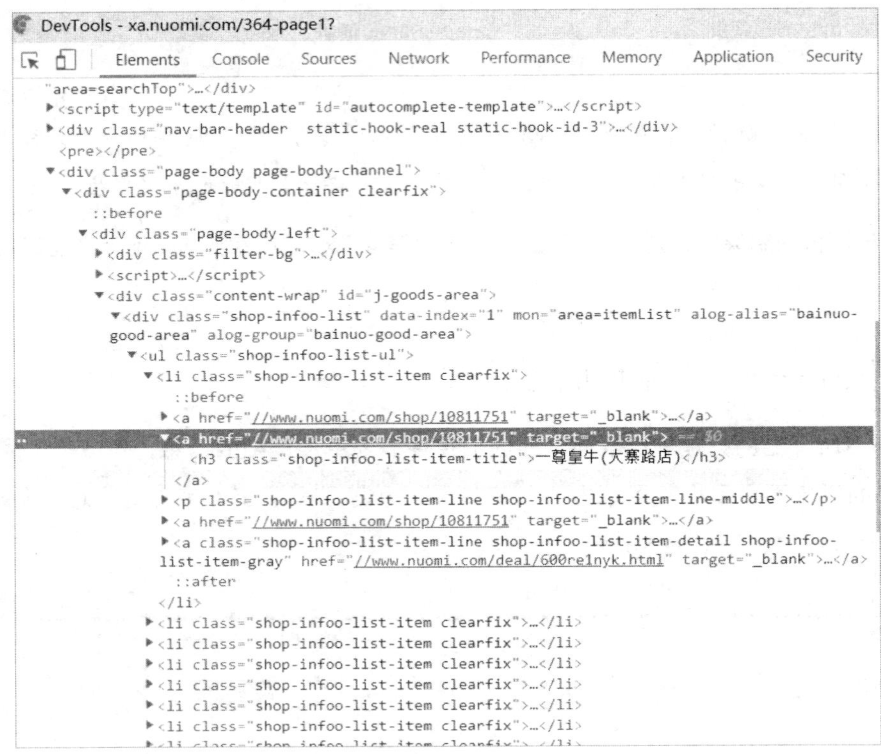

图 7-2-9 使用网页开发者工具

例 7.2.3 解析商家 URL

```
shop_dict = {}
for shop in shop_list:
    name = shop.select('a:nth-of-type(2) > h3')[0].get_text()
    href = 'http:' + shop.select('a:nth-of-type(2)')[0].get('href')
    score = shop.find('span', {"class": 'shop-infoo-list-color-gold'})
    if score is None:
        continue
    else:
        score = score.text
    shop_dict[name] = [score, href]
```

运行结果如图 7-2-10 所示。

```
{'2068 香辣虾(陕西总店)': ['4.4 分', 'http://www.nuomi.com/shop/5174700'],
 '一尊皇牛(大寨路店)': ['4.2 分', 'http://www.nuomi.com/shop/10811751'],
 '一尊皇牛(西关正街店)': ['4.6 分', 'http://www.nuomi.com/shop/179165'],
 '厚府火锅店': ['4.5 分', 'http://www.nuomi.com/shop/1875301'],
 '御品皇三汁焖锅': ['4.5 分', 'http://www.nuomi.com/shop/3635946'],
 '杨翔豆皮涮牛肚(熙地港购物中心店)': ['4.7 分', 'http://www.nuomi.com/shop/87754642'],
 '杨翔豆皮涮牛肚(阎良千禧店)': ['4.6 分', 'http://www.nuomi.com/shop/1862229'],
 '槐店王婆大虾(迎宾路店)': ['4.6 分', 'http://www.nuomi.com/shop/9872423'],
 '槿熙芝士年糕自助火锅': ['4.5 分', 'http://www.nuomi.com/shop/6455601'],
 '沸腾自助火锅(凤凰店)': ['4.2 分', 'http://www.nuomi.com/shop/63007202'],
 '渝老道火锅': ['4.6 分', 'http://www.nuomi.com/shop/3912907'],
 '牛员外鲜牛肉火锅(长安广场店)': ['4.4 分', 'http://www.nuomi.com/shop/87159711'],
 '老北京涮羊肉': ['4.4 分', 'http://www.nuomi.com/shop/1414454'],
 '薛垻子老味火锅': ['4.6 分', 'http://www.nuomi.com/shop/1775718'],
 '蜀石文化火锅(阎良店)': ['4.7 分', 'http://www.nuomi.com/shop/2929870'],
 '蜜悦士鲜牛肉时尚火锅(凯德广场店)': ['4.4 分', 'http://www.nuomi.com/shop/60091342'],
 '过锅瘾三汁焖锅(骡马市店)': ['4.7 分', 'http://www.nuomi.com/shop/2704431'],
 '重庆小天鹅(新世界百货店)': ['4.6 分', 'http://www.nuomi.com/shop/5340192'],
 '闻道听香': ['4.7 分', 'http://www.nuomi.com/shop/3318441'],
 '顺水鱼馆(绿地世纪城店)': ['4.5 分', 'http://www.nuomi.com/shop/10831594'],
 '食色火锅(五路口万达店)': ['4.5 分', 'http://www.nuomi.com/shop/5688263'],
 '食色火锅(西安总店)': ['4.7 分', 'http://www.nuomi.com/shop/78778416'],
 '鲜上鲜文鱼庄(阳阳国际店)': ['4.6 分', 'http://www.nuomi.com/shop/2564401'],
 '鲜羔楼三味火锅': ['4.5 分', 'http://www.nuomi.com/shop/2356132'],
 '龙腾火锅(泾渭店)': ['4.6 分', 'http://www.nuomi.com/shop/1795284']}
```

图 7-2-10　解析商家 URL 结果

可以看到，所有商家的 URL 都提取了出来。读者只需再次构造 HTTP 请求，对这些 URL 返回的结果进行解析、存储即可，这里不再赘述。

7.3 中级篇——多页面静态爬虫

7.3.1 入门 —— 单分类多页面采集

细心的读者一定会有疑问，如果数据超过了 1 页（见图 7-3-1），那么该如何爬取呢？别慌，还记得初级篇中分析网站的请求流程吗？核心就是分析 URL 的构成，只要能分析出 URL 的构成，就能得到想要的数据。

将滚动条滚动到页面最下方，单击【2】，跳转到第 2 页。

图 7-3-1 网页分页

观察 URL 的变化，URL 变成为 https://xa.nuomi.com/364-page2（如果链接带有“#”，那么请忽略“#”后面的部分），如图 7-3-2 所示。再单击【3】，跳转到第 3 页，URL 变成为 https://xa.nuomi.com/364-page3。

图 7-3-2 页面跳转结果

至此，可以得知分页 URL 是通过“364-page 数字”的方式组成的。那么，在构造 URL 发起请求时，只需变化 page 后的数字即可。

例 7.3.1 单分类多页面采集

```
import time
pages = range(1, 9)
# 页面 1 到页面 9，循环请求
for page in pages:
    # 构造 URL
```

```
    url = 'https://xa.nuomi.com/364-page{}'.format(page)
    html = requests.get(url)
    # 规定网页解析的编码格式
    html.encoding = html.apparent_encoding
    # 如果状态码为 200，则表示请求成功，否则请求失败
    if html.status_code == 200:
        with open('{}.html'.format(page), 'w+', encoding='utf8') as f:
            f.write(html.text)
    else:
        print(' 状态码非 200，请求出错 ')
    time.sleep(1)
```

通过页面数的循环，我们可以实现多页面的静态爬取。但是，需要注意的是，多页面采集务必控制爬取的频率，以减轻目标网站服务器的压力。最直接的方式是通过 time.sleep(seconds) 进行控制。

采集后，按照 page 标号存储成不同的页面即可。之后的解析、存储代码也只需添加 for 循环即可，这里不再赘述，请读者自行尝试。

7.3.2 进阶 —— 多分类多页面采集

至此，读者已经可以完成多个静态页面的采集了。但是，这仅仅是一个分类，如何做到多个分类页面采集呢?

不难发现，单分类页面采集时得到的 URL 都是在 URL1 的后缀加上了 364 这个疑似分类的 ID。为了验证这个想法，我们再单击其他的分类。例如，单击【小吃快餐】，URL3 变成为 https://xa.nuomi.com/380。这充分验证了一个想法 —— 每个数字代表一个分类的 ID 号，通过这个 ID 号来跳转对应的分类网页。

这里需要说明的是，本书的案例中不仅采集了火锅团购的数据，还采集了烧烤团购的数据。如果要采集多个分类甚至所有分类，那么怎么获取这个分类 ID 呢? 当然，仍然可以使用最原始的方法 —— 眼动 + 手动。然而，正如本章开始所说：学习完本章后，希望读者能在遇到这类机械性的体力劳动面前勇敢地说“不”！

打开开发者工具，如图 7-3-3 所示。可以看到，<a> 标签中的 URL 末尾带有不同的数字，这些数字就是之前看到的 URL 所带的数字，即分类的标签 ID。而且这些标签 ID 都存储在 <a> 标签中，是很规整的数据，可以提取出来。

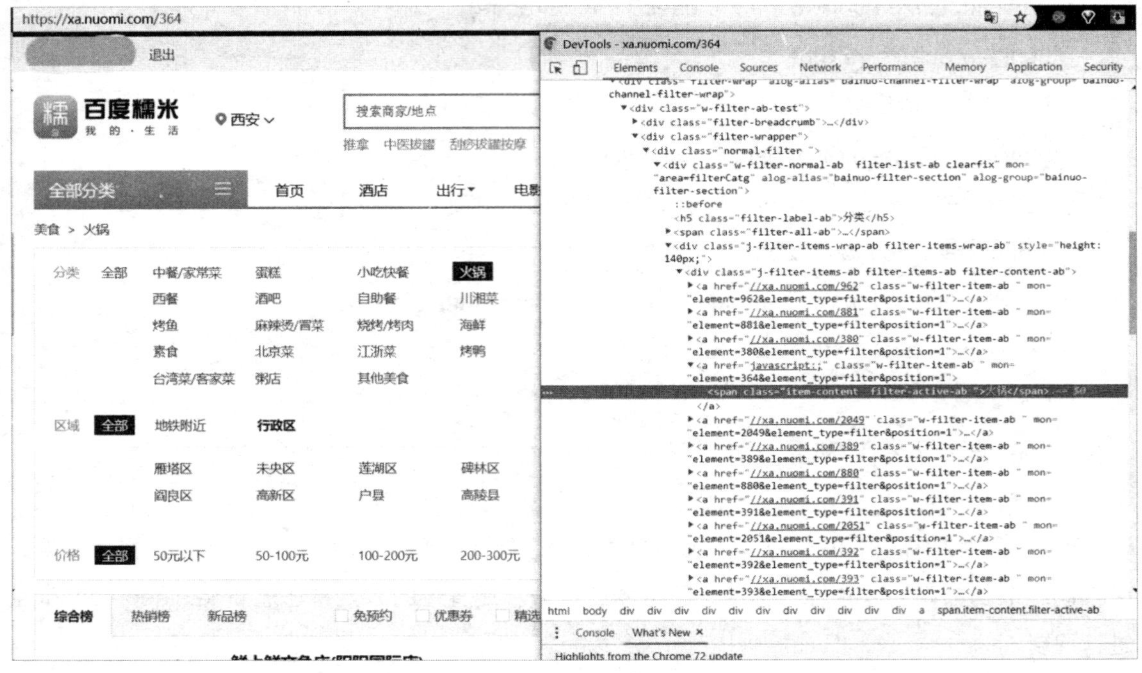

图 7-3-3　使用网页开发者工具

例 7.3.2　提取不同分类的 URL

```
url = 'https://xa.nuomi.com/364'
html = requests.get(url)
html.encoding = html.apparent_encoding
if html.status_code == 200:
    with open('364.html', 'w+', encoding='utf8') as f:
        f.write(html.text)
else:
    print(' 状态码非 200，请求出错 ')

# 读取“364.html”的内容，并解析
with open('364.html', 'r', encoding='utf8') as f:
    html = f.read()
soup = BeautifulSoup(html, 'lxml')

# 解析 <a> 标签，得到分类
```

```
cate_rows = soup.select('div.filter-wrapper > div:nth-of-type(1) > div > div > div > a')
cate_nums = {}
for row in cate_rows:
    # 提取 row 的文字内容
    name = row.get_text()
   # 构造完整链接
    href = 'http:' + row.get('href')
    cate_nums[name] = href
    print(name, href)
```

运行结果如图 7-3-4 所示。

```
中餐/家常菜 http://xa.nuomi.com/962
蛋糕 http://xa.nuomi.com/881
小吃快餐 http://xa.nuomi.com/380
火锅 http://xa.nuomi.com/364
夏日饮品 http://xa.nuomi.com/2049
日韩料理 http://xa.nuomi.com/389
西餐 http://xa.nuomi.com/391
酒吧 http://xa.nuomi.com/2051
甜品 http://xa.nuomi.com/880
自助餐 http://xa.nuomi.com/392
川湘菜 http://xa.nuomi.com/393
干锅/香锅 http://xa.nuomi.com/690
西北菜 http://xa.nuomi.com/653
麻辣烫/冒菜 http://xa.nuomi.com/884
咖啡 http://xa.nuomi.com/954
烤鱼 http://xa.nuomi.com/878
海鲜 http://xa.nuomi.com/439
烧烤/烤肉 http://xa.nuomi.com/460
新疆菜 http://xa.nuomi.com/451
创意菜/私房菜 http://xa.nuomi.com/692
粤菜 http://xa.nuomi.com/388
东北菜 http://xa.nuomi.com/504
江浙菜 http://xa.nuomi.com/424
北京菜 http://xa.nuomi.com/450
烤鸭 http://xa.nuomi.com/883
粥店 http://xa.nuomi.com/2052
素食 http://xa.nuomi.com/655
婚宴 http://xa.nuomi.com/2016
小龙虾 http://xa.nuomi.com/2050
其他美食 http://xa.nuomi.com/327
```

图 7-3-4　不同分类 URL 的运行结果

再观察开发者工具下的代码，发现这些数字都存储在 <a> 标签下的 mon 属性中，如图 7-3-5 所示。这时我们只需提取 mon 属性中的数字即可。

```
DevTools - xa.nuomi.com/364-page1?
Elements   Console   Sources   Network   Performance   Memory   Application   Security
  ▶<div class="filter-breadcrumb">…</div>
  ▼<div class="filter-wrapper">
    ▼<div class="normal-filter ">
      ▼<div class="w-filter-normal-ab  filter-list-ab clearfix" mon=
      "area=filterCatg" alog-alias="bainuo-filter-section" alog-group="bainuo-
      filter-section">
          ::before
          <h5 class="filter-label-ab">分类</h5>
        ▶<span class="filter-all-ab">…</span>
        ▼<div class="j-filter-items-wrap-ab filter-items-wrap-ab">
          ▼<div class="j-filter-items-ab filter-items-ab filter-content-ab">
            ▶<a href="//xa.nuomi.com/962" class="w-filter-item-ab " mon=
            "element=962&element_type=filter&position=1">…</a>
            ▶<a href="//xa.nuomi.com/881" class="w-filter-item-ab " mon=
            "element=881&element_type=filter&position=1">…</a>
            ▶<a href="//xa.nuomi.com/380" class="w-filter-item-ab " mon=
            "element=380&element_type=filter&position=1">…</a>
            ▼<a href="javascript:;" class="w-filter-item-ab " mon=
            "element=364&element_type=filter&position=1"> == $0
              <span class="item-content  filter-active-ab ">火锅</span>
            </a>
            ▶<a href="//xa.nuomi.com/2049" class="w-filter-item-ab " mon=
            "element=2049&element_type=filter&position=1">…</a>
            ▶<a href="//xa.nuomi.com/389" class="w-filter-item-ab " mon=
            "element=389&element_type=filter&position=1">…</a>
            ▶<a href="//xa.nuomi.com/2051" class="w-filter-item-ab " mon=
            "element=2051&element_type=filter&position=1">…</a>
            ▶<a href="//xa.nuomi.com/391" class="w-filter-item-ab " mon=
            "element=391&element_type=filter&position=1">…</a>
            ▶<a href="//xa.nuomi.com/393" class="w-filter-item-ab " mon=
```

图 7-3-5　存储在 <a> 标签下的 mon 属性

例 7.3.3　提取不同分类的数字

```
cate_rows = soup.select('div.filter-wrapper > div:nth-of-type(1) > div > div > div > a')
cate_nums = {}
for row in cate_rows:
    name = row.get_text()
    # 提取分类数字
    ele = row.get('mon').split('=')[1].split('&')[0]
    href = 'http://xa.nuomi.com/' + ele
    cate_nums[name] = href
    print(name, href)
```

运行结果如图 7-3-6 所示。

```
中餐/家常菜 http://xa.nuomi.com/962
蛋糕 http://xa.nuomi.com/881
小吃快餐 http://xa.nuomi.com/380
火锅 http://xa.nuomi.com/364
夏日饮品 http://xa.nuomi.com/2049
日韩料理 http://xa.nuomi.com/389
西餐 http://xa.nuomi.com/391
酒吧 http://xa.nuomi.com/2051
甜品 http://xa.nuomi.com/880
自助餐 http://xa.nuomi.com/392
川湘菜 http://xa.nuomi.com/393
干锅/香锅 http://xa.nuomi.com/690
西北菜 http://xa.nuomi.com/653
麻辣烫/冒菜 http://xa.nuomi.com/884
咖啡 http://xa.nuomi.com/954
烤鱼 http://xa.nuomi.com/878
海鲜 http://xa.nuomi.com/439
烧烤/烤肉 http://xa.nuomi.com/460
新疆菜 http://xa.nuomi.com/451
创意菜/私房菜 http://xa.nuomi.com/692
粤菜 http://xa.nuomi.com/388
东北菜 http://xa.nuomi.com/504
江浙菜 http://xa.nuomi.com/424
北京菜 http://xa.nuomi.com/450
烤鸭 http://xa.nuomi.com/883
粥店 http://xa.nuomi.com/2052
素食 http://xa.nuomi.com/655
婚宴 http://xa.nuomi.com/2016
小龙虾 http://xa.nuomi.com/2050
其他美食 http://xa.nuomi.com/327
```

图 7-3-6 提取不同分类的数字后的运行结果

注意

对于比较复杂的 HTML 提取，建议使用正则表达式。这里提取的分类数字部分，由于构造比较简单，因此直接用字符串的 split() 方法即可。得到这些分类的 URL 后，在单分类多页面采集的代码基础上，再嵌套一层循环即可，这里不再赘述。

7.3.3 高级 —— 多线程采集

以上所介绍的方法都是基于单线程模式，当遇到数据爬取任务较多时，往往采取多线程模式来加快数据爬取进度。在 Python 的标准库中提供了两个多线程的相关模块：thread 和 threading。下面会运用 threading 库进行多线程与单线程采集速度的对比。

例 7.3.4 正常模式采集

```
import requests
import time
import threading
```

```
headers = {
    'User-Agent': 'Mozilla/5.0 (Windows NT 10.0; Win64; x64) AppleWebKit/537.36 (KHTML, like
            Gecko) Chrome/72.0.3626.96 Safari/537.36',
    'Cookie': " 请输入自己的 Cookie",
}

def crawl(url):
    html = requests.get(url, headers=headers)
    return html

urlList = [ ]
for p in range(1, 8):
    urlList.append('https://xa.nuomi.com/364-page' + str(p))
threadList = [ ]

# 正常模式采集
n_start = time.time()
for i in range(1, 50):
    for each in urlList:
        crawl(each)
n_end = time.time()
print('the normal way take %s s' % (n_end - n_start))
```

多线程模式采集所需的 API 见表 7-3-1。

表 7-3-1 多线程模式采集所需的 API

需要用到的 API	作用
threading.Thread(target, args=(),)	创建线程，target 为需要执行的方法名，args 为方法所需的参数
.start()	启动线程活动
.join()	如果线程 A 的执行依赖于线程 B，则在调用 B 时线程 A 可使用 B 的 join 方法

例 7.3.5 多线程模式采集

```
# 多线程模式采集
t_start = time.time()
# 为了使得多线程和单线程的运行时间产生明显区别，这里构造了 50 次同样的任务
for i in range(1, 50):
    # 每个 URL 都开一个线程，并存入线程池
    for url in urlList:
        t = threading.Thread(target=crawl, args=(url, ))
        # 启动线程
        t.start()
        threadList.append(t)
    for t in threadList:
        # 如果线程失活，则移除
        if t.is_alive == False:
            threadList.remove(t)
        t.join()
t_end = time.time()
print('the thread way take %s s' % (t_end - t_star))
```

运行结果如图 7-3-7 所示。

```
the thread way take 91.01867794990054s
the normal way take 328.80895948410034s
```

图 7-3-7 单线程和多线程的运行时间

可见，当采集任务较多时，多线程的采集速度明显优于单线程。

7.4 高级篇——爬虫的伪装

7.4.1 入门 —— 伪装请求头

请求头，也就是在发起 HTTP 请求时，网站服务器会通过请求头不同的参数来返回不同的数据。如果在请求的过程中被网站识别为爬虫，那么很有可能被封。所以，为了告诉网站我是正常

用户不要封我，就必须伪装请求头。然而，在不伪装请求头的情况下，请求参数是什么呢？通过以下属性可以获得。

例 7.4.1 获取请求参数

```
url = 'https://xa.nuomi.com/364'
html = requests.get(url)
html.encoding = html.apparent_encoding

for key, value in html.request.headers.items():
    print(key, ':', value)
```

运行结果如图 7-4-1 所示。

```
User-Agent: python-requests/2.22.0
Accept-Encoding: gzip, deflate
Accept: */*
Connection: keep-alive
```

图 7-4-1 请求参数

html.requests.headers 存储了爬虫发起请求时，请求头中包含的参数。常见的 HTTP 请求头参数见表 7-4-1。

表 7-4-1 常见的 HTTP 请求头参数

参数名	作用
User-Agent	用户请求的浏览器类型（如 Chrome、IE 等）
Cookie	用于辨别请求用户的身份
Accept	指定客户端能够接受的内容类型
Cache-Control	指定请求和响应遵循的缓存机制
Host	指定请求的服务器的域名和端口号

从图 7-4-1 中可以看出，User-Agent 中显示的浏览器类型是“python-requests/2.22.0”。在不设置请求头的情况下，requests 库会默认把请求头设置为“库名 + 库的版本号”（这简直就是在拿着话筒对网站说：我是爬虫，求封！）。那么，如何修改这个请求头呢？还是需要调出开发者工具，选择【Network】选项卡下的【Doc】标签。单击左下方出现的列表中的任何一个（如果没有显示，则按【F5】键刷新），并将【Headers】选项卡右侧的滚动条滚动到最下方，然后复制 User-Agent 和 Cookie 即可，如图 7-4-2 所示。

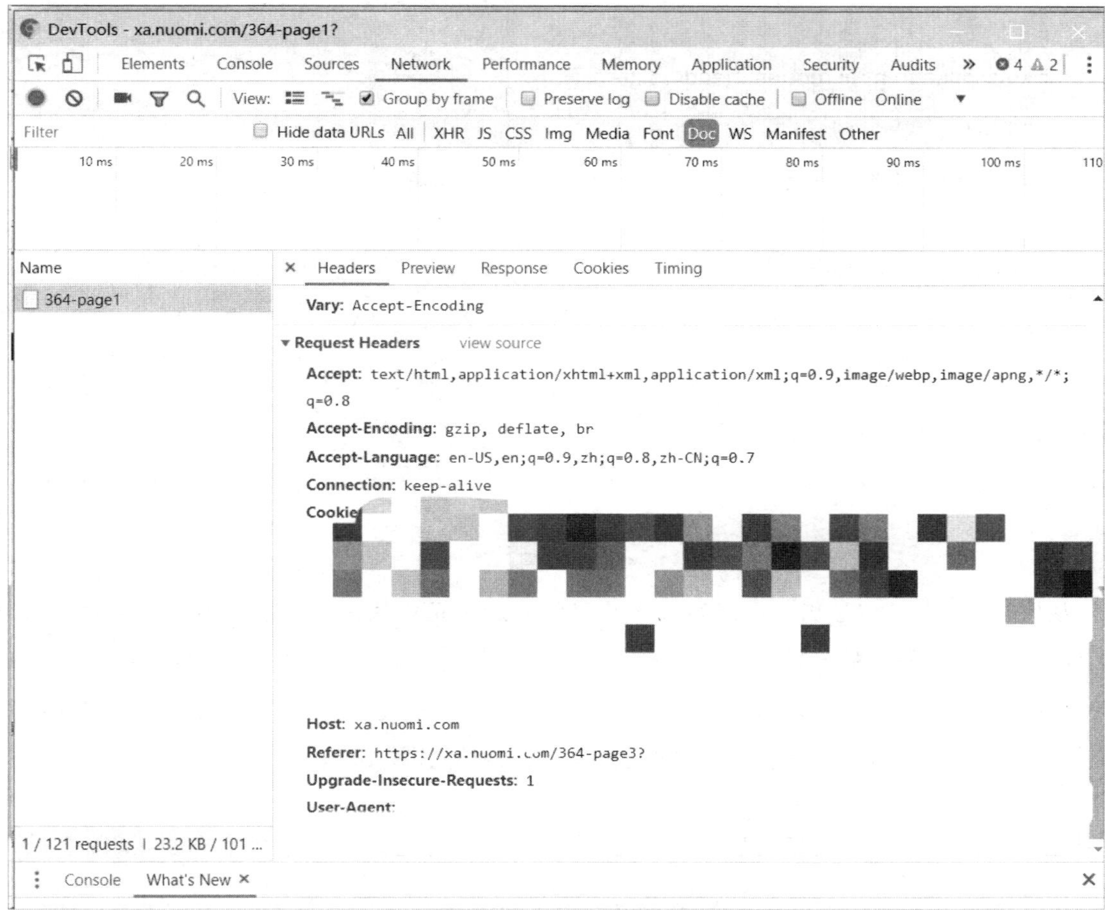

图 7-4-2　使用网页开发者工具

例 7.4.2　伪装请求头

```
headers = {
    'User-Agent': 'Mozilla/5.0 (Windows NT 10.0; Win64; x64) AppleWebKit/537.36 (KHTML, like
            Gecko) Chrome/72.0.3626.96 Safari/537.36',
    'Cookie': " 输入你的 Cookie",
}


url = 'https://xa.nuomi.com/364'
html = requests.get(url, headers=headers)
html.encoding = html.apparent_encoding
```

```
for key, value in html.request.headers.items():
    print(key, ':', value)
```

运行结果如图 7-4-3 所示。

```
Accept : */*
Accept-Encoding : gzip, deflate
Connection : keep-alive
User-Agent : Mozilla/5.0 (Windows NT 10.0; Win64; x64) AppleWebKit/537.36 (KHTML, like Gecko) Chrome/72.0.3626.9
6 Safari/537.36
Cookie :
```

图 7-4-3　伪装请求头后的请求参数

从图 7-4-3 中可以看出，伪装后请求头已经变成了正常用户的请求参数。这么做，已经能够解除大部分网站的封锁了。如果不放心，则还可以构造其他参数，如 Referer、Accept、Connection 等，只要在开发者工具面板中能看到的参数，都可以放进去（但是一般网站不会对这些参数进行验证，有些网站甚至会对加了某些参数的访问进行限制）。

7.4.2　进阶——IP 池

正常情况下，不同用户的访问 IP 是不一样的。那么，通过 IP 自然能识别出访问的用户是否相同。如果同一 IP（同一用户）在短时间内异常频繁地访问，速度快到正常用户不可能达到的次数（如 1 秒上百次），那么必然会被认为是爬虫在访问了，自然也会面临封号的风险。

应对方法是，构建代理 IP 池把 HTTP 请求通过这些代理 IP 进行转发。这样操作后，在网站服务器显示的访问 IP 就不是爬虫发起的 IP 了，而是代理 IP 的地址。网上有很多免费的代理 IP，但是这些 IP 往往不是匿名的，也就是说，网站仍然能够“看到”爬虫的 IP，这些 IP 其实是没有效果的。但是，为了便于演示，我们随机挑选一些代理 IP 用于教学（代理 IP 的存活期一般只有几分钟，因此在读者拿到这本书时，代理 IP 必然已经失效，请自行查找）。在真实使用中，读者可以自行搜索“代理 IP 池”进行选择。

例 7.4.3　使用代理 IP 爬取信息

```
import random
# 1. 构建 IP 池
```

```
proxies = [ ]
ips = ['123.170.255.128', '115.28.209.249']
ports = ['808', '3128']
for ip, port in zip(ips, ports):
    proxies.append(
        {'http': 'http://%s:%s' % (ip, port)}
    )

# 2. 构建请求头
headers = {
    'User-Agent': 'Mozilla/5.0 (Windows NT 10.0; Win64; x64) AppleWebKit/537.36 (KHTML, like
            Gecko) Chrome/72.0.3626.96 Safari/537.36',
    'Cookie': " 输入你的 Cookie",
}

# 3. 发起 HTTP 请求
url = 'https://xa.nuomi.com/364'
html = requests.get(url, headers=headers, proxies=random.choice(proxies))
html.encoding = html.apparent_encoding

# 4. 解析网页
soup = BeautifulSoup(html.text, 'lxml')
cate_rows = soup.select('div.filter-wrapper > div:nth-of-type(1) > div > div > div > a')
cate_nums = {}
for row in cate_rows:
    name = row.get_text()
    ele = row.get('mon').split('=')[1].split('&')[0]
    href = 'http://xa.nuomi.com/' + ele
    cate_nums[name] = href
    print(name, href)
```

运行结果如图 7-4-4 所示。

```
中餐/家常菜 http://xa.nuomi.com/962
蛋糕 http://xa.nuomi.com/881
小吃快餐 http://xa.nuomi.com/380
火锅 http://xa.nuomi.com/364
夏日饮品 http://xa.nuomi.com/2049
日韩料理 http://xa.nuomi.com/389
酒吧 http://xa.nuomi.com/2051
西餐 http://xa.nuomi.com/391
甜品 http://xa.nuomi.com/880
自助餐 http://xa.nuomi.com/392
川湘菜 http://xa.nuomi.com/393
西北菜 http://xa.nuomi.com/653
干锅/香锅 http://xa.nuomi.com/690
咖啡 http://xa.nuomi.com/954
麻辣烫/冒菜 http://xa.nuomi.com/884
烧烤/烤肉 http://xa.nuomi.com/460
烤鱼 http://xa.nuomi.com/878
海鲜 http://xa.nuomi.com/439
新疆菜 http://xa.nuomi.com/451
创意菜/私房菜 http://xa.nuomi.com/692
粤菜 http://xa.nuomi.com/388
北京菜 http://xa.nuomi.com/450
东北菜 http://xa.nuomi.com/504
烤鸭 http://xa.nuomi.com/883
江浙菜 http://xa.nuomi.com/424
素食 http://xa.nuomi.com/655
台湾菜/客家菜 http://xa.nuomi.com/696
婚宴 http://xa.nuomi.com/2016
小龙虾 http://xa.nuomi.com/2050
粥店 http://xa.nuomi.com/2052
其他美食 http://xa.nuomi.com/327
```

图 7-4-4　使用代理 IP 爬取结果

成功得到了解析的数据，说明 IP 池是有效的。

注意

（1）代理池的构建方式一定要使用字典 {'http': IP+Port} 或 {'https': IP+Port} 的方式，否则会报错：'str' object has no attribute 'get'，如图 7-4-5 所示。

（2）由于代理池经常会失效，因此需要设置 timeout 及 try…except 句柄用于处理 HTTP 请求出错的情况。

```
AttributeError                            Traceback (most recent call last)
<ipython-input-36-b18a506c9c72> in <module>()
     17 # 3. 发起HTTP请求
     18 url = 'https://xa.nuomi.com/364'
---> 19 html = requests.get(url, headers=headers, proxies=random.choice(proxies))
     20 html.encoding = html.apparent_encoding
     21

~\Anaconda3\lib\site-packages\requests\api.py in get(url, params, **kwargs)
     70
     71     kwargs.setdefault('allow_redirects', True)
---> 72     return request('get', url, params=params, **kwargs)
     73
     74

~\Anaconda3\lib\site-packages\requests\api.py in request(method, url, **kwargs)
     56     # cases, and look like a memory leak in others.
     57     with sessions.Session() as session:
---> 58         return session.request(method=method, url=url, **kwargs)
     59
     60

~\Anaconda3\lib\site-packages\requests\sessions.py in request(self, method, url, params, data, headers, cookies, files, auth, timeout, allow_redirects, proxies, hooks, stream, verify, cert, json)
    497
    498         settings = self.merge_environment_settings(
--> 499             prep.url, proxies, stream, verify, cert
    500         )
    501

~\Anaconda3\lib\site-packages\requests\sessions.py in merge_environment_settings(self, url, proxies, stream, verify, cert)
    669         if self.trust_env:
    670             # Set environment's proxies.
--> 671             no_proxy = proxies.get('no_proxy') if proxies is not None else None
    672             env_proxies = get_environ_proxies(url, no_proxy=no_proxy)
    673             for (k, v) in env_proxies.items():

AttributeError: 'str' object has no attribute 'get'
```

图 7-4-5 因代理 IP 构建方式不对报错

例 7.4.4 代理 IP 池失效情况

```
url = 'https://xa.nuomi.com/364'
try:
    html = requests.get(url, headers=headers, proxies=random.choice(proxies), timeout=0.1)
    html.encoding = html.apparent_encoding
except requests.ConnectTimeout or requests.ConnectionError:
    print(' 请求超时 ')
```

运行结果如图 7-4-6 所示。

```
    510         return resp

~\Anaconda3\lib\site-packages\requests\sessions.py in send(self, request, **kwargs)
    616
    617         # Send the request
--> 618         r = adapter.send(request, **kwargs)
    619
    620         # Total elapsed time of the request (approximately)

~\Anaconda3\lib\site-packages\requests\adapters.py in send(self, request, stream, timeout, verify, cert, proxies)
    519                 raise SSLError(e, request=request)
    520             elif isinstance(e, ReadTimeoutError):
--> 521                 raise ReadTimeout(e, request=request)
    522             else:
    523                 raise

ReadTimeout: HTTPSConnectionPool(host='xa.nuomi.com', port=443): Read timed out. (read timeout=0.1)
```

图 7-4-6 代理 IP 池失效报错

注意

这里为了说明问题，timeout 设置为 0.1 秒，在实际使用中，一般设置为 3~5 秒即可。

7.4.3 其他

其他爬虫伪装方法，还包括宽带断网重连（路由 IP 一般是动态的，每次连接都不一样），Selenium 模拟浏览器等方法。其目的都是一样的 —— 千方百计让爬虫产生与正常用户一样的数据。这些方法不再详细描述，学有余力的读者可自行学习。

7.5 终级篇——动态爬虫

在阅读本节前，需要了解以下内容。

（1）异步加载。

（2）JSON 数据类型（http://www.w3school.com.cn/json/index.asp）。

（3）AJAX（http://www.w3school.com.cn/ajax/index.asp）。

7.5.1 入门 —— 区分静态和动态数据

对于爬虫来说，数据可分为静态数据和动态数据两种，静态数据是指数据写在 HTML 代码中；动态数据是指数据是随着用户的操作异步加载的。

如何识别是动态网页还是静态网页呢？最简单的办法是，判断这部分数据是否会出现在 HTML 代码中即可。

由于百度糯米采用静态网页，因此这里我们使用美团网来讲解如何判断网页是否为动态网页（需要注意的是，美团网需要登录才能访问详细信息，所以不建议大规模采集数据，容易被封）。

读者可访问：https://www.meituan.com/meishi/2455954。

（1）例如，要查看评论用户所点的菜品，在评论栏中仅有用户的点评文字，其他信息都没有显示。那么网站真正传到浏览器的数据只有这些吗？这时我们仍然调出开发者工具，选择【Network】选项卡下的【XHR】标签（一般动态加载的数据都在 Network 的 XHR 或 JS 类目中）。观察 URL，查找与用户评论相关的 URL，如图 7-5-1 和图 7-5-2 所示。

图 7-5-1　使用网页开发者工具

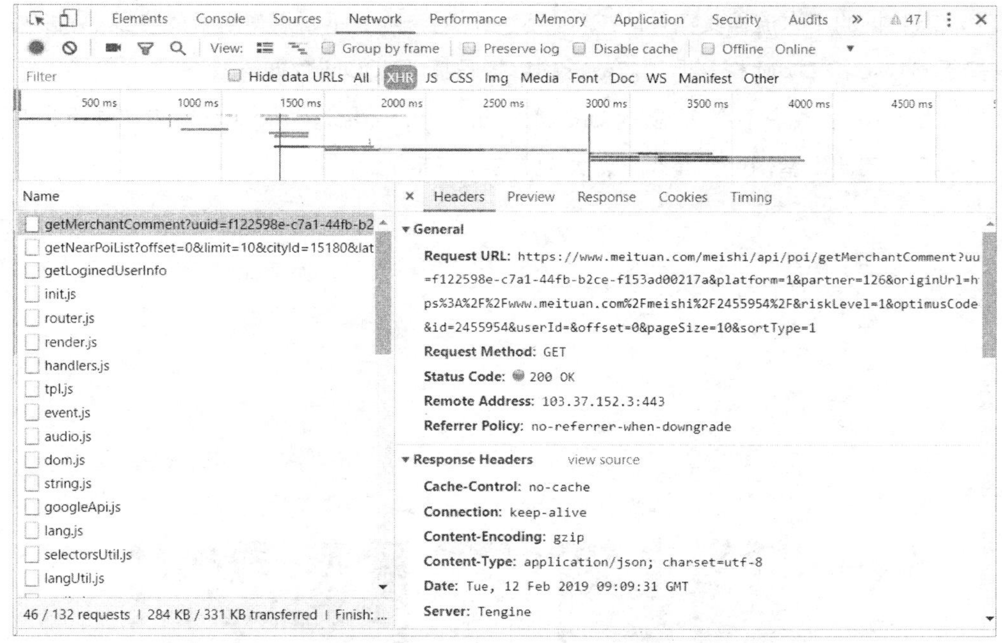

图 7-5-2　查找用户评论相关的 URL

（2）切换到【Preview】选项卡，观察到其中有更多的用户评论信息，如图 7-5-3 所示。随机选择一条数据，如 menu，复制后进行第（3）步。

（3）在页面空白处右击，在弹出的快捷菜单中选择【查看网页源代码】选项；或者按【Ctrl+U】快捷键。

（4）按【Ctrl+F】快捷键查找刚才复制的 menu 字段，显示 0/0，说明页面源代码中并不存在这条数据。

至此，我们可以判断，关于用户信息的数据是动态加载的。

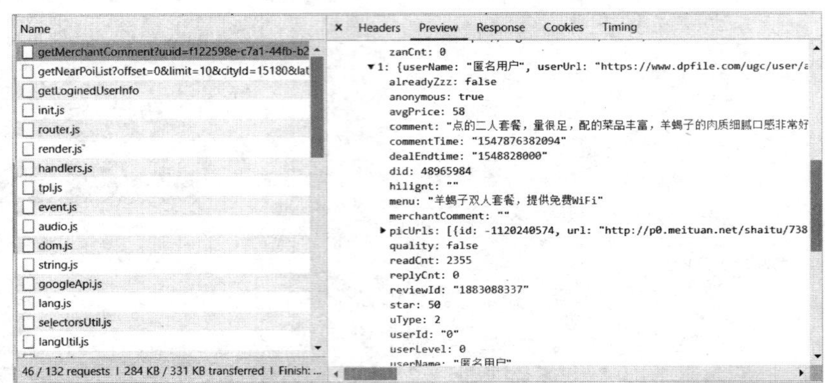

图 7-5-3　观察更多的用户评论信息

7.5.2　进阶——采集动态数据

采集动态数据的基本流程其实与静态数据是一样的，唯一不同点是解析的方式：静态数据的解析是基于 HTML 的 DOM 树，而动态数据的解析是基于 JSON 数据类型。

（1）寻找 URL：用户评论信息的 URL 为 https://www.meituan.com/meishi/2455954（由于涉及动态数据，因此本案例使用美团网，如图 7-5-4 所示）。

图 7-5-4　美团网用户评论页面

（2）存储 JSON 数据到本地。

（3）读取本地 JSON 文件。

（4）解析数据。

例 7.5.1 采集动态数据

```
import json

# 1. 构造请求头
headers = {
    'User-Agent': 'Mozilla/5.0 (Windows NT 10.0; Win64; x64) AppleWebKit/537.36 (KHTML, like
            Gecko) Chrome/72.0.3626.96 Safari/537.36',
    'Cookie': ' 换成自己的 Cookie',
}
url = 'https://www.meituan.com/meishi/api/poi/getMerchantComment?uuid=f122598e-c7a1-
      44fb-b2ce-f153ad00217a&platform=1&partner=126&originUrl=https%3A%2F%2Fwww.
      meituan.com%2Fmeishi%2F2455954%2F&riskLevel=1&optimusCode=1&id=2455954&
      userId=&offset=0&pageSize=10&sortType=1'
html = requests.get(url, headers=headers)

# 2. 存储 JSON 数据到本地
with open('user.json', 'w+', encoding='utf8') as f:
    data = json.loads(html.text)
    f.write(json.dumps(data, ensure_ascii=False))

# 3. 读取本地 JSON 文件
with open('user.json', 'r', encoding='utf8') as f:
    content = f.read()

# 4. 将 JSON 数据解析成字典
data = json.loads(content)
data
```

运行结果如图 7-5-5 所示。

```
{'data': {'comments': [{'alreadyZzz': False,
      'anonymous': False,
      'avgPrice': 58,
      'comment': '不错服务很好价钱也合理，量也足。 #葱油饼## 浓香羊蝎子中锅## 酸梅汤## 粉丝##
              精品羊肉## 羊蝎子火锅#',
      'commentTime': '1567226135870',
      'dealEndtime': '1570204799',
      'did': 55157699,
      'hilignt':'',
      'menu': '蝎王府 2-3 人餐',
      'merchantComment': '',
      'picUrls': [{'id': -642532224,
        'url': 'http://p0.meituan.net/shaitu/370b2021dfa414a81ae05f582c907e7d2206638.jpg'},
       {'id': -642532223,
        'url': 'http://p0.meituan.net/shaitu/6719a254ae45bf9e41e84134828bcd622161831.jpg'},
       {'id': -642357068,
        'url': 'http://p0.meituan.net/shaitu/255d9cab910250958eaebc002a1dae1e1883262.jpg'},
       {'id': -642595890,
        'url': 'http://p0.meituan.net/shaitu/78b6f73e567c45f889acb857380641fa1696810.jpg'}],
      'quality': False,
      'readCnt': 353,
      'replyCnt': 0,
      'reviewId': '2098182465',
      'star': 40,
      'uType': 2,
      'userId': '69330464',
      'userLevel': 3,
      'userName': '卡卡旗木',
      'userUrl': 'https://img.meituan.net/avatar/e4bef3c15e1172cea80f371356bc08b120563.jpg',
      'zanCnt': 0},
  ......}
```


图 7-5-5　数据采集结果

使用 json.loads() 函数后，数据格式就转换为 dict，可以按照 dict 的提取方式进行数据提取、存储了。

7.6 爬虫注意事项

1. 主动限制爬取频率

爬虫过程中会遇到很多问题，这些问题贯穿整个流程的所有步骤。从发起 HTTP 请求、到网页解析、再到数据存储，都会遇到各种各样的问题。往往是针对一个网站可以使用的方案，到另一个看起来差不多的网站就完全无法使用。爬虫的效果好坏，归根到底还是看数据源网站对爬虫“仁不仁慈”。

所以，在爬取时，一定要善待目标网站，主动限制自己的爬取频率，减少目标网站的服务器压力。本案例也提供了部分离线存储的网页，读者完全可以采用“线上 + 线下”的模式，即线上分析网页结构（线上比较直观），线下解析网页的模式，尽量减少发起的 HTTP 请求。

2. 不商用爬取的数据

目前针对爬虫的合法性尚未有明确的界定，因此请注意不要将采集的数据用于商业用途。

另外，当出现下述这 3 种情况时，都说明爬虫已经被网站识别并限制访问。

（1）显示远程主机关闭了连接。

（2）出现验证码页面。

（3）显示 404 或禁止访问。

7.7 小结

至此，读者应该学会了单页面静态爬虫、多页面静态爬虫、爬虫的伪装和动态爬虫的构建方法。这些方法已经基本能够满足日常数据采集的需要。但是，需要注意的是，请一定主动限制爬取频率，不商用爬取的数据。

第 8 章

CHAPTER 8

Python 的文本分析模块

本章将会学习如何利用 Python 处理文本数据。在正式开始之前，需要明确一点：计算机无法真正意义上像人一样理解自然语言。事实上，直到 20 世纪 70 年代，主流研究者依然希望以规则（语法）的形式帮助计算机理解自然语言。然而，有限的规则无法处理无限的语言。因此，之后的研究重心转向了利用统计模型来处理自然语言。

为什么要说这些历史呢，是因为不少读者一开始接触文本时会产生不小的恐惧：计算机不是只认识数字吗？ 文本怎么处理啊？ 这可如何是好……

其实，大可不必惊慌，文本分析与数字分析的流程是差不多的。只是多了一步而已：把文本类型的数据转换成合适的数字类型，之后的流程几乎是一样的。

8.1 准备：理解文本分析流程

下面我们通过一个小例子来具体熟悉一下文本分析的流程。现在的场景为：政委对一家火锅店的评论如下。

这家店真好吃，环境优雅，菜品新鲜。

那么第一步就是分词，只有分了词才能进行向量化。而分词的前提是必须得有一个词库，这是因为计算机再“机灵”，也得有人告诉它人们的喜好。词库的作用就在于规定哪些词可以被辨识为有用的词，哪些词可以去掉。

假设词库中只有以下词：这家，店，真，不好吃，好吃，环境优雅，菜品新鲜，下次，再来，不来了。

在最简单情况下，直接采用字符串匹配来进行分词，结果如下。

这家 | 店 | 真 | 好吃 | 环境优雅 | 菜品新鲜。

既然我们最终的目的是将文本数据转换为数字，采用最简单的词频来表示特征，那么以上分词结果的最终词频见表 8-1-1。

表 8-1-1　政委对火锅店评论的分词词频向量化矩阵

词库 \ 这句话	这家	店	真	好吃	环境优雅	菜品新鲜
这家	1					
店		1				
真			1			
不好吃						
好吃				1		
环境优雅					1	
菜品新鲜						1
下次						
再来						
不来了						

通过表8-1-1，我们就可以得到最简单的文本向量。政委对火锅店评论的文本向量为[1110111000]。

假设这家火锅店有 N 个顾客对其进行了评价，那么我们就可以得到多条评论。向量化后就得到类似表 8-1-2 所示的矩阵。

表 8-1-2　多顾客评论后的向量化矩阵

政委	这家	店	真	不好吃	好吃	环境优雅	菜品新鲜	下次	再来	不来了	向量化	评价情感（1: 正）
政委一号	1	1	1	0	1	1	1	1	1	0	[1 1 1 0 1 1 1 1 1 0]	1
政委二号	1	1	1	0	1	0	0	0	0	0	[1 1 1 0 1 0 0 0 0 0]	1
政委三号	1	1	0	1	0	0	0	1	0	1	[1 1 0 1 0 0 0 1 0 1]	0
政委四号	0	0	1	1	1	0	0	1	0	1	[0 0 1 1 1 0 0 1 0 1]	0
政委五号	1	1	0	0	0	1	1	0	0	0	[1 1 0 0 0 1 1 0 0 0]	1
…												

这样，只需以“评价情感”这列作为 y，所有的评价向量作为 x，放入模型中训练即可。

总结：文本分析与数字分析并没有多大区别，只需将文本数据先进行向量化即可。例如，一条文本数据的特征可理解为其所包含的词在整体词库所包含的词中出现的词频、概率等。

8.1.1　分词

为什么需要分词呢？还是用前文政委的那句话来解释。

这家店真好吃，环境优雅，菜品新鲜。

这里，我们使用了逗号进行分割，消除了存在歧义的可能性。为了说明问题，这时我们把标点符号换个位置，变成：

这家店真，好吃环境，优雅菜，品新鲜。

这句话理解起来可不是这么轻松了。可见，逗号的位置影响了对语句的理解。逗号是给人看的，计算机并不认识逗号。这时，就需要分词了。分词的作用也是为了消除歧义，即让计算机理解。

中文分词的基本思路是：使得切分后这个句子出现概率最大的切分方式就认为是最优的。这里怎么理解出现概率最大的切分方式呢？翻译过来就是：通俗易懂的句子，正常人常用的、能理解的语言。这种切分在人类使用的语言中出现的概率足够大。

例如，在上面的例子中，按照正常人使用的语言逻辑来看可以这样理解：第一句话出现的概率为 P(这家店，真，好吃，环境优雅，菜品新鲜) = 0.8；第二句话出现的概率为 P(这家店真，好吃环境，优雅菜，品新鲜) = 0.1。那么，合理的分词就应该是第一句话的分词。这样就解决了词语歧义的问题。为了高效找到最优分词的结果，往往会用“动态规划”的思路及 Viterbi 算法。感兴趣的读者可以自行查阅相关资料。

注意

只有中文（其实应该说是亚洲语言）才需要分词。英文（其实应该说是罗马体系的语言）天然有空格作为分割，所以不需要中文这样较为复杂的分词方式。当然以上说法其实并不完全准确，只是为了说明问题。分词与否还需要看具体的应用场景，如英文手写字体也需要用到分词的思路，这里就不深究了。

另一个值得注意的地方是，在分词前最好能先过滤停用词。

还是前文政委说的话：

这家店好吃的很，环境优雅的很，菜品新鲜的很。

“的很”是个“虚词”，通常情况下没有什么意义，所以我们更希望把冗余信息去掉，这时就需要在分词前过滤停用词。

停用词，简单理解就是人为感觉不重要的词，过滤之后对结果不会造成影响甚至还会有提升作用的词。

换言之，停用词是“数据噪音”，过滤停用词可以理解为数据清洗的过程。

8.1.2 特征提取

1. 词频

（1）思路。最简单的办法：不管什么词库，分词完成后，某个单词出现一次就加 1，计数完成后直接放入所需要的模型中训练即可。

设想两个人说的话如下。

政委一号：

这家店真好吃，环境优雅，菜品新鲜。

政委二号：

这家店真好吃，环境真优雅，菜品真新鲜。

最终词频统计见表 8-1-3。

表 8-1-3 词频统计

政委	这家店	真	好吃	环境优雅	菜品新鲜
政委一号	1	1	1	1	1
政委二号	1	3	1	1	1

(2)优缺点。

①优点：不用考虑维护什么词库，只以训练样本出现的词作为词库。

②缺点：只考虑了将出现词作为文本特征，但是并未考虑未出现的词。未出现也是一种特征，而且大量的词必然是未出现的。因此，应该将未出现的词纳入考量范围中。为了克服这个缺点，可以考虑使用下面的词袋模型。

2. 词袋模型

(1)思路。词袋模型的思路是：忽略文本的语法和语序等要素，将其仅仅看作是若干个词汇的集合，文档中每个单词的出现都是独立的，不依赖于其他单词的出现。为词库中所有词准备一个"坑"，一段文本中，每个词都需要到词库中去找。

现在，词库有 7 个词，那么就需要准备 7 个"坑"。

```
这家：[1 0 0 0 0 0 0]
店：[0 1 0 0 0 0 0]
真：[0 0 1 0 0 0 0]
环境优雅：[0 0 0 1 0 0 0]
下次：[0 0 0 0 1 0 0]
再来：[0 0 0 0 0 1 0]
不来了：[0 0 0 0 0 0 1]
```

然后将其放入模型中训练即可。

(2)优缺点。

①优点：将文本数据很方便地转换成向量进行表示，看起来也比较直观。

②缺点：由于忽略了文本的语法和语序，所以这部分信息在很大程度上就被忽略了，对于一些依赖上下文的文本而言，这样处理可能并不合适。示例如下。

政委一号：

```
这家店真好吃，环境优雅，菜品新鲜，态度差。
```

政委三号：

```
这家店真好吃，环境优雅，菜品新鲜。但是态度差。
```

如果用词袋模型表示，由于忽略了文本的语序，那么"真好吃"中的"真"字既可以形容"好吃"，也可以形容"差"，即会出现"真好吃"和"真差"两种可能。如果只考虑情感的正负性，那么影响可能不会很大，但是如果考虑到情感的程度，那么影响可就大了。"差"和"真差"，"好吃"和"真好吃"，差别可不小！因此，用词袋模型编码就损失了一部分信息。结果见表 8-1-4。

表 8-1-4　词袋模型

政委	这家	店	不好吃	好吃	环境优雅	菜品新鲜	态度	差	真	向量化
政委一号	1	1	0	1	1	1	1	0	1	[1 1 0 1 1 1 1 0 1]
政委三号	1	1	0	1	1	1	1	1	1	[1 1 0 1 1 1 1 1 1]

为了进一步减少编码过程中信息的损失，可以考虑使用 TF-IDF 进行编码。

3. TF-IDF

（1）思路。TF-IDF 是以下两个合成词的缩写。

① TF：代表词频（Term Frequencey），即某个词在该文档中出现的频率。

② IDF：代表逆文档频率（Inverse Document Frequency），用于衡量某个词在所有词库中的重要程度。

用数学式来表达就是：

TF = 当前词在该文档中出现的次数 / 文档中词的总数

IDF = log(总文档个数 + 1/(当前词出现的文档个数 + 1))

TF-IDF = TF * IDF

注意

在分母中 +1 是为了防止出现分母为 0 的情况。在分子中 +1 是为了让 IDF 始终大于等于 0。本章出现的 log 默认以 e 为底数。

现在一、二、三号政委一起出场了。

政委一号：

```
这家店真好吃，环境优雅。
```

政委二号：

```
这家店真好吃，环境优雅，菜品新鲜。态度真不错。
```

政委三号：

```
这家店真好吃。环境优雅，菜品新鲜。但是态度真差。
```

这 3 位政委对这家店的评价就当作是 3 篇文档，这 3 篇文档就是总文档个数。总词库中的词有：真好吃，环境优雅，菜品新鲜，态度，真差，真。TF1、IDF1 分别代表第一篇文档的 TF 和 IDF。

下面以第一篇文档为例进行介绍。

政委一号：

这家店真好吃，环境优雅，菜品新鲜。

结果见表 8-1-5。

表 8-1-5　TF-IDF

关键词	TF1	IDF1	TF1 * IDF1
真	1/6	log(4/(3 + 1))	(1/6) * log(4/4) = 0
真差	0/6	log(4/(0 + 1))	(0/6) * log(4/1) = 0
真好吃	1/6	log(4/(3 + 1))	(1/6) * log(4/4) = 0
环境优雅	1/6	log(4/(3 + 1))	(1/6) * log(4/4) = 0
菜品新鲜	1/6	log(4/(2 + 1))	(1/6) * log(4/3) = 0.05
态度	0/6	log(4/(2 + 1))	(0/6) * log(4/3) = 0
不错	1/6	log(4/(1 + 1))	(1/6) * log(4/2) = 0.12

未出现的词有："态度"和"真差"，其 TF1 * IDF1 都为 0。"真""真好吃""环境优雅"在每篇文档中都出现过，其 TF1 都为 1/6，经过 IDF 的调整后，最终 TF1 * IDF1 都为 0。也就是说，在更多篇文档中都出现过的词的权重更低，这也很符合常理。例如，一篇文章中出现次数最多的词一定是"的"。通过比较 TF-IDF 的大小，我们便可找到文章特有的"关键词"。

通过上面的例子，TF-IDF 的基本思路也不难理解了。它认为出现次数多的词不重要，出现次数少的词更重要，这种思路也非常符合日常生活。日常对话中，出现最多的词是"的"这类虚词，这对模型并没有什么帮助。TF-IDF 的处理能把这类词的 TF-IDF 降到很低。

（2）优缺点。

①优点：TF-IDF 能有效度量哪些词更加重要。

②缺点：TF-IDF 仍然无法有效解决上下文依赖的问题。例如，"真好吃"中的"真"字也可能出现在"态度真差"中。

要想深入了解如何进一步改进 TF-IDF，读者可以查看 word2vec 的相关内容。由于其原理相对复杂，因此本书先不做介绍。

8.2　实战

本章运行环境为 Python 3.5.2，jieba 0.39，sklearn 0.19.0，nltk 3.4，Pandas 0.24.2。

8.2.1 数据准备

数据样例见表 8-2-1，数据总量为 7.7 万条以上。

表 8-2-1 数据样例

团购活动 ID	用户 ID	用户名	评价时间	评价内容	评分	消费门店
10051080	437407990	嗯 **** ～	2018-04-04 08:35:30	这家店竟然没有玉米饼和杠子馍	4	姥家大锅台(交通路店)
10051080	434997839	露 ****4	2017-10-25 08:18:22	味道很不错，今天还要再去，很棒	5	姥家大锅台(交通路店)
10051080	424757158	礼 **** 来	2017-01-19 02:38:39	很划算，适合 5、6 个人吃，不浪费，很喜欢	5	姥家大锅台(交路路店)

本小节通过一个例子来展示文本分析的简单流程。首先设定因变量为原始数据中的“评分”，自变量为“评价内容”，这里根据评价内容提取 TF-IDF 特征；然后通过评价内容的特征建模来预测整体评分。

例 8.2.1 数据清洗

```
import jieba                    # 导入分词模块
import pandas as pd             # 导入 Pandas 模块

# 1. 导入数据
comments_df = pd.read_excel("https://github.com/xiangyuchang/xiangyuchang.github.io/blob/
        master/BearData/comment_nm.xlsx?raw=true")                  # 读入数据
print(' 数据的维度是：', comments_df.shape)
comments_df.head()                                                  # 查看数据的前 5 行

# 2. 清洗数据， 删除空的数据
def clean_sents(txt):
    txt = str(txt) if txt is not None else ""
    if len(txt) == 0:
        return None
    else:
        return txt
```

```
comments_df2[" 评价内容 "] = comments_df2[" 评价内容 "].apply(clean_sents)
comments_df2 = comments_df2[comments_df2[" 评价内容 "] != "nan"]
len(comments_df2)
# 运行结果
# 58117
```

以上只是最基本的数据清洗（删除缺失值），这里不再赘述。过滤后，数据量为 5.8 万条以上，减少将近 2 万条。

8.2.2 分词

文本分析的第一步是分词。常用中文包是 jieba（https://github.com/fxsjy/jieba）。分词函数说明见表 8-2-2。

表 8-2-2 分词函数说明

函数名	作用	参数
jieba.lcut()	分词，把字符串分割成若干单词	接受字符串

再次声明，本书仅对最重要的函数进行调用和说明，在实际中不够用时，请读者自行查阅对应的官方文档。成熟的开源库基本都有完善的文档，即学即用就行。

例 8.2.2 jieba 分词

```
# 引入停用词文本，请打开如下网址下载：
# https://github.com/zhiyiZeng/cluebearpython/blob/master/chapter8/data/stopwords.txt
stopwords_file = "stopwords.txt"
with open(os.path.join(path, stopwords_file), "r", encoding="utf8") as f:
    stopwords_list = [word.strip() for word in f.read()]


def filter_stopwords(txt):
    """ 过滤停用词 """
    sent = jieba.lcut(txt)
    words = [ ]
    for word in sent:
        if(word in stopwords_list):
            continue
```

```
        else:
            words.append(word)
    return words



comments_df2[" 评价内容 "] = comments_df2[" 评价容 "].apply(filter_stopwords)
comments_df2.head()
```

上述代码的逻辑是：先导入停用词库，再用 Pandas 的 apply() 方法对每条评论进行分词，分词完成后再判断每个单词是否存在于停用词库中，如果存在，则过滤。最终返回过滤后的分词结果。

运行结果如图 8-2-1 所示。

	团购活动ID	用户ID	用户名	评价时间	评价内容	评分	消费门店	用户排名
0	10051080	437407990	嗯****~	2018-04-04 08:35:30	[这家, 店, 竟然, 没有, 玉米饼, 杠子, 馍]	4	姥家大锅台(交通路店)	10161
1	10051080	434997839	露****4	2017-10-25 08:18:22	[味道, 很, 不错, 今天, 还要, 去, 很棒]	5	姥家大锅台(交通路店)	9681
2	10051080	424757158	礼****来	2017-01-19 02:38:39	[很, 划算, 适合, 个人, 吃, 浪费, 很, 喜欢]	5	姥家大锅台(交通路店)	8847
3	10051080	424646918	请****7	2017-01-17 09:15:15	[味道, 不错, 喜欢, 吃, 肉, 朋友, 可以, 去]	5	姥家大锅台(交通路店)	8835
4	10051080	423190677	1****0	2016-12-26 01:43:18	[环境, 优雅, 爱, 吃, 肉, 朋友, 可以, 去, 体验, 一下, 味道, 不错]	5	姥家大锅台(交通路店)	8772

图 8-2-1　分词结果

8.2.3　统计词频

在提取 feature 之前，建议先画个词云，这也是探索性数据分析的一部分，以便对数据有个整体印象。词频统计函数说明见表 8-2-3。

表 8-2-3　词频统计函数说明

函数名	函数说明	参数
nltk.FreqDist	统计词频	输入的词及对应词频，接受 list 和 dict
nltk.FreqDist.most_common	统计前 *N* 个词的词频	N

例 8.2.3　统计词频

```
# 3. 切分训练集、验证集和测试集
from sklearn.model_selection import train_test_split
```

```
train_X, val_X, train_y, val_y = train_test_split(comments_df2["评价内容"],
          comments_df2["评分"], test_size=0.3)
val_X, test_X, val_y, test_y = train_test_split(val_X, val_y, test_size=0.5)

# 4. 统计词频
from nltk import FreqDist

# 把所有词和对应的词频放在一个 list 中
all_words = [ ]
for comment in comments_df2["评价内容"]:
   all_words.extend(comment)

len(all_words)

fdisk = FreqDist(all_words)
TOP_COMMON_WORDS = 1000
most_common_words = fdisk.most_common(TOP_COMMON_WORDS)

most_common_words[:10]
```

运行结果，只截取前 10 条数据，第一列为词，第二列为对应词频，如图 8-2-2 所示。

```
[('很', 23350),
 ('不错', 21834),
 ('味道', 17218),
 ('吃', 15025),
 ('好吃', 11842),
 ('环境', 9027),
 ('服务', 9025),
 ('去', 9000),
 ('可以', 7723),
 ('都', 7231)]
```

图 8-2-2　词频统计结果

8.2.4　词云

词云，即把词展现在有一定形状的图片上。同时，按照词的词频大小，生成不同尺寸的词。这样，就能够非常直观地反映出不同词的词频大小关系。

注意

词云是对文本类型数据的探索性分析，且仅仅是为了能够直观反映词频大小关系，而非精确度量。因此，不应将词云的结果完全作为分析的依据，但是词云仍然有很高的探索性数据分析的价值。画词云的工具，推荐 wordcloud（https://github.com/amueller/word_cloud）。

词云绘制函数说明见表 8-2-4。

8-2-4　词云绘制函数说明

函数名	函数说明	参数
wordcloud.WordCloud	词云的初始化类	font_path：字体文件的路径 background_color：背景图的颜色 contour_color：轮廓线的颜色 mask：背景图 width：词云宽度 height：词云高度
wordcloud.generate_from_frequencies	按照词频生成词云	frequencies：输入词和词频的字典
pillow.Image	读取图片文件	图片文件的路径
matplotlib.pyplot.imshow	展示图片	图片对象

例 8.2.4　绘制词云

```
from wordcloud import WordCloud
import matplotlib.pyplot as plt
from PIL import Image
import numpy as np

# 词云形状
mask = np.array(Image.open(os.path.join(path, " 火锅图片 .png")))
wc = WordCloud(font_path=os.path.join(path, "simkai.ttf"),
          background_color="white",
          contour_width=3,
          contour_color='steelblue',
          mask=mask,
          width=1000,
          height=1000)

wc.generate_from_frequencies(dict(most_common_words))
fig = plt.figure(figsize=(10, 10))
plt.imshow(wc)
# 取消坐标轴
```

```
plt.axis("off")
# 保存图片
plt.savefig(os.path.join(path, " 火锅词云 .png"), dpi=1000)
# 展示图片
plt.show()
```

上述代码的逻辑是：先初始化 WordCloud 类，这里是定义词云的一些基本配置，再把实例化的对象输入词频字典。最终用 Matplotlib 展示图片并保存即可。

注意

（1）这里的 PIL 包是指 pillow，安装时的命令仍然为 pip install pillow，但引入时的包名为 PIL，这是因为旧版的 pillow 已经不再被官方维护，后来另有开发者进行重新维护，为了区分，才导致这一情况的发生。使用时记住这一变化即可。

（2）plt.savefig() 一定要在 plt.show() 之前，否则会保存为空图片，这是因为 plt.show() 会清空画布中的对象。

运行结果如图 8-2-3 所示。

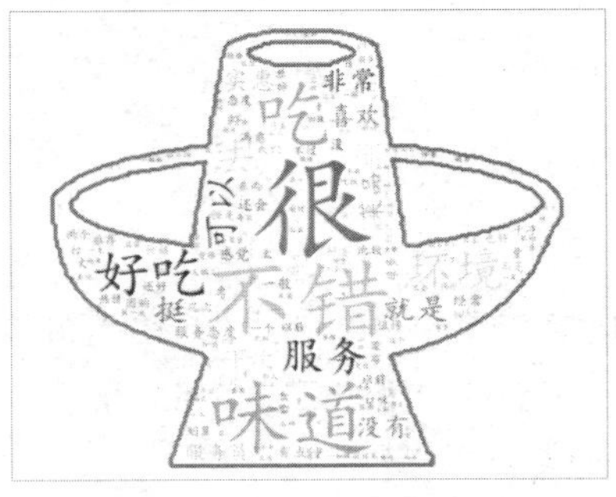

图 8-2-3　词云绘制结果

8.2.5　提取 feature

下面进行最关键的一步，即提取 TF-IDF 特征。特征提取函数说明见表 8-2-5。

表 8-2-5　特征提取函数说明

函数名	函数作用	参数
nltk.text.TextCollection	TF-IDF 的初始化类	所有文档对应的词
nltk.text.TextCollection.tf_idf	计算单个词的 TF-IDF	term：词 text：所处文档

例 8.2.5 特征提取

```
from nltk.text import TextCollection

tfidf_generator = TextCollection(train_X.values.tolist())
def extract_tfidf(texts, targets, text_collection, common_words):
    """
    提取文本的 TF-IDF
        texts：输入的文本
        targets：对应的评价
        text_collection：预先初始化的 TextCollection
        common_words：输入的前 N 个词作为特征进行计算
    """
    # 得到行向量的维度
    n_sample = len(texts)
    # 得到列向量的维度
    n_feat = len(common_words)

    # 初始化 X 矩阵， X 为最后要输出的 TF-IDF 矩阵
    X = np.zeros([n_sample, n_feat])
    y = np.zeros(n_sample)
    for i, text in enumerate(texts):
        if i % 5000 == 0:
            print(" 已经完成 {} 个样本的特征提取 .".format(i))

        # 每一行对应一个文档， 计算这个文档中词的 TF-IDF， 没出现的词则为 0
        feature_vector = [ ]
        for word in common_words:
            if word in text:
                tf_idf = text_collection.tf_idf(word, text)
            else:
                tf_idf = 0.0

            feature_vector.append(tf_idf)
```

```
        X[i, :] = np.array(feature_vector)
        y[i] = targets.iloc[i]

    return X, y

cleaned_train_X, cleaned_train_y = extract_tfidf(train_X, train_y, tfidf_generator,
            dict(most_common_words).keys())
cleaned_val_X, cleaned_val_y = extract_tfidf(val_X, val_y, tfidf_generator,
            dict(most_common_words).keys())
```

上述代码的逻辑是：分别将需要处理的训练集和验证集的 X 所对应的每一行（每一个文档）匹配总词数，并计算每一行的每一个词的 TF-IDF，最后输出。

8.2.6 用 sklearn 进行训练

最后，将提取的 TF-IDF 放入模型中训练即可。需要什么模型视具体需求而定，这里不再展开，读者可自行尝试。下面的例子展示了使用 SVM 进行训练的代码。

例 8.2.6 SVM 模型训练

```
from sklearn import svm

clf = svm.SVC()
clf.fit(cleaned_train_X, cleaned_train_y)
clf.score(cleaned_train_X, cleaned_train_y)
clf.score(cleaned_val_X, cleaned_val_y)
```

8.3 小结

在“准备”部分，我们使用了一个小例子带大家快速了解什么是“文本分析”，发现“文本分析”与“数字分析”的流程是差不多的。这可以帮助我们快速消除对“文本分析”的恐惧。在进阶阶段，我们对“准备”部分中的“分词”和“特征提取”存在的意义和类型进行了探讨。在实战阶段，我们通过具体的例子带大家进一步深入理解文本分析。

当然，在具体项目中，会遇到各种各样的问题，本章知识恐怕是远远不够的。但是，相信本章的内容足以让读者从对“文本分析”的恐惧中解放出来，这也就符合了本书带大家入门的初衷了。

第 9 章

CHAPTER 9

Python 的数据库模块

前面几章我们学习了如何利用 Python 分析数据的众多模块，也特别展示了利用爬虫技术爬取本书中最常使用的火锅团购数据的全过程。本章假设的分析场景是火锅团购数据被爬取后，由于数据量过大而必须保存在数据库中。本章所要讲解的内容是如何通过 Python 与数据库交互完成数据科学实践项目。具体内容将会通过 Python 的 SQLAlchemy 模块讲解。

9.1 为什么需要数据库

数据库永远是数据管理上最值得使用的工具。而把所收集的大量数据放入数据库之后再进行处理，是数据科学实践项目中必不可少的一步。

为什么要使用 SQLAlchemy？

在回答这个问题之前，得先回答另一个问题：为什么要使用 SQL？

试想一下，在第 7 章 Python 的爬虫模块中，我们直接使用 Excel、TXT 和 CSV 文件作为数据存储的载体，这样做会遇到什么问题?

首先，当数据结构非常复杂时，无论用 Excel、TXT 还是 CSV，都无法比较良好地维护数据结构。例如，以下数据结构：

```
[
  (311, " 老北京涮羊肉 ", '11:00-21:00', [[' 周一 ', ' 满 60 减 10'], [' 周二 ', ' 满 100 减 20']]),
  (312, " 大龙燚火锅 ", '10:00-22:00', [[' 周一 ', ' 满 60 减 10'], [' 周二 ', ' 满 100 减 20']]),
  (313, " 一尊皇牛 ", '00:00-24:00', [[' 周一 ', ' 满 80 减 10'], [' 周二 ', ' 满 100 减 10']]),
]
```

上面的数据结构表示：三家店的店 ID、店名、营业时间和每天的优惠活动（这里只为说明问题，列举两天）。上面的数据结构存在明显的不合理之处：一家店只有一个店名和营业时间，只用一行数据就可以表示一家店的信息了；但是，一家店会有多个优惠活动，这必须要用多行数据才可以表示。也就是说，这里的数据结构既表示了 1 对 1 的关系，也表示了 1 对 N 的关系。

此时，商家基本信息和优惠活动放在一张表中就明显不合适了，至少需要两张表才可以比较好地维护数据结构。假如用 Excel 文件，店名必须要输入 N 遍（试想一下，如果有 20~30 个优惠活动，那么店名就得重复输入至少 20 次），这非常不方便，而且也不利于数据结构的查看。

但是，如果将这个数据结构用 Python 的 class 实例来表示，就能非常容易地看出数据表的结构了。

```
class ShopBasic(Base):
  # 表的名称
  __tablename__ = 'basic'

  # 表的结构
  # 商户的 ID、名称与营业时间
```

```
    id = Column(Integer, primary_key=True, autoincrement=True)
    name = Column(String(50))
    time = Column(String(20), nullable=True)


class ShopCoupon(Base):
    # 表的名称
    __tablename__ = 'coupon'
    # 团购优惠的 ID、名称、优惠时间与对应的商户的 ID
    id = Column(Integer, primary_key=True, autoincrement=True)
    day = Column(String(5))
    coupon = Column(String(30))
    # 添加外键
    shop_id = Column(Integer, ForeignKey('shopbasic.id'))
```

其次，当数据量比较大时，就需要频繁地对数据进行读取。如果使用 Excel 进行数据管理，就会十分消耗计算机性能，且大大降低运行效率。这时，就需要使用 SQL 来进行数据维护。

在明白了为什么要使用 SQL 后，就可以回答为什么要使用 SQLAlchemy 了。编写原生的 SQL 语句学习成本比较高，如果能有工具可以实现直接用 Python 语法写 SQL 语句，岂不美哉? ORM（Object-Relational Mapping）就是为了专门解决这个问题而创造的，SQLAlchemy 就是其中的典型代表。

9.2 初级篇——SQLAlchemy的基本使用

在明白了为什么要使用 SQLAlchemy 后，下面来介绍如何使用 SQLAlchemy。本章运行环境为 Python 3.5.2，SQLAlchemy 1.2.16。

9.2.1 连接数据库

SQLAlchemy 支持多种主流的 SQL，如 PostgreSQL、MySQL、SQLite、Oracle 和 SQL Server。由于很多嵌入型的应用都自带 SQLite 数据库，所以读者的计算机中很可能已经安装了这个数据库（没有安装的读者请自行到官网下载，下载地址为 https://www.sqlite.org/download.html）。为方便起见，本书以 SQLite 为例对 SQLAlchemy 进行讲解，其他类型的数据库会有细微区别，使用时根据提示信息进行查阅即可。连接数据库需要用到的函数见表 9-2-1。

表 9-2-1　连接数据库需要用到的函数

函数名	作用	参数
create_engine	创建与数据库的连接	name_or_url：数据库文件的路径 encoding：编码方式，默认为 UTF8 其他参数会随着数据库类型的不同而发生变化，请读者自行查阅相关文档
sessionmaker	创建数据库会话，用以操作数据库，类似于数据库的 cursor	bind：将创建的数据库连接与 session 绑定 autocommit：True 或 False，默认为 False，自动提交数据更改 autoflush：True 或 False，默认为 True，自动刷新数据库

例 9.2.1　示例代码

```
import os
from sqlalchemy import create_engine
from sqlalchemy.orm import sessionmaker
from sqlalchemy.ext.declarative import declarative_base

# 改成存放数据库文件的路径，注意 data.db 需要提前创建
db_file = r'E:\pythonProjects\cluebearpython\chapter11\data'
engine = create_engine(name_or_url='sqlite:///{}'.format(os.path.join(db_file, 'data.db')))
DBSession = sessionmaker(bind=engine)
# 创建数据库会话实例
sess = DBSession()

# 关闭 session
sess.close()
```

在上面的代码中，由于 SQLite 是基于文件的数据库，所以我们首先创建 data.db，然后创建数据库连接，最后创建数据库会话实例及会话实例的关闭。

注意

由于不同数据库有着各自的特性，一些参数是某个或某几个数据库独有的，限于篇幅这里就不一一列举了，读者视自身需求查阅相关文档即可。

9.2.2 创建数据表

9.2.1 小节展示了如何构建数据库连接并创建数据库会话。本小节将介绍如何创建数据表，需要用到的函数见表 9-2-2。

表 9-2-2 创建数据表需要用到的函数

函数名	作用	参数
declarative_base	把数据库中的表与 Python 的 class 对象做关联	无
Column	代表数据库表中的一列	name：在数据库中的字段名 type_：字段的数据类型 primary_key：是否设置为主键，True 或 False nullable：是否可以为 None index：是否设置索引 autoincrement：是否自增
Integer	设置字段类型为整数	无
String	设置字段类型为字符串	length：字符串长度

下面以本章开篇的两张数据表为例进行介绍。

例 9.2.2 创建数据表

```
import os
from sqlalchemy import create_engine
from sqlalchemy.orm import sessionmaker, relationship
from sqlalchemy.ext.declarative import declarative_base
from sqlalchemy import Column, String, Integer, ForeignKey

# 改成存放数据库文件的路径，注意 data.db 需要提前创建
db_file = r'E:\pythonProjects\cluebearpython\chapter11\data'
engine = create_engine('sqlite:///{}'.format(os.path.join(db_file, 'data.db')), encoding='utf8')
DBSession = sessionmaker(bind=engine)
# 创建数据库会话实例
sess = DBSession()


Base = declarative_base()
```

```
class ShopBasic(Base):
  # 表的名称
  __tablename__ = 'basic'

  # 表的结构
  id = Column(Integer, primary_key=True, autoincrement=True)
  name = Column(String(50))
  time = Column(String(20), nullable=True)


class ShopCoupon(Base):
  # 表的名称
  __tablename__ = 'coupon'

  id = Column(Integer, primary_key=True, autoincrement=True)
  day = Column(String(5))
  coupon = Column(String(30))

# 会自动检查表是否存在，如果表不存在，则创建；
# 如果表已经存在，则忽略，也可以手动注释，增强可读性
Base.metadata.create_all(engine)
```

在上面的代码中，一直到创建数据库会话的部分都不变。现将后面的代码作如下说明。

（1）用声明式方法，显式关联数据库表和 Python 中的 class 对象。

（2）让需要创建或关联的表的类继承 Base 对象，每个类中有两个必须声明的部分：表的名称（让程序正确关联相应的数据表）和表的字段。如果字段未创建，则用 Column() 方法创建字段的相关参数；如果字段已经创建，则在 Column 中指定字段名即可。

（3）调用 Base.metadata.create_all() 方法创建以上两张表。

至此，数据表的创建也已经完成。通过这种声明式创建、关联表结构的方式，能够让我们非常清楚地了解数据表的结构，并在此基础上进行增删改查。

9.2.3 增加数据

从本小节开始将介绍如何使用 SQLAlchemy 对数据进行增删改查。读者通过本小节内容的学

习，可以看到 SQLAlchemy 的强大之处在于，将原生 SQL 烦琐的语句转变成 Pythonic 风格的代码。

1. 增加一条数据

下面先从增加一条数据开始，需要用到的函数见表 9-2-3。

表 9-2-3　增加一条数据需要用到的函数

函数名	作用	参数
session.add()	添加数据至缓存区	新建的数据实例
session.commit()	提交缓存区的数据	无
session.flush()	刷新数据库的数据	无，当 .commit() 存在时不能设置，与 sessionmaker 中的 autocommit、autoflush 配套使用

例 9.2.3　增加一条数据

```
shop = (311, " 老北京涮羊肉 ", '11:00-21:00', [[' 周一 ', ' 满 60 减 10'], [' 周二 ', ' 满 100 减 20']]),
new = ShopBasic(id=shop[0], name=shop[1])
sess.add(new)
sess.commit()
```

在上述代码中，首先创建 ShopBasic 的实例，然后调用 .add() 方法将其加入到缓存区，最后调用 .commit() 方法提交更改。

2. 增加多条数据

当存在多条数据需要插入时，只需要按照插入一条数据时的方法，重复调用相应次数即可。

例 9.2.4　增加多条数据（一）

```
shops = [
    (311, " 老北京涮羊肉 ", '11:00-21:00', [[' 周一 ', ' 满 60 减 10'], [' 周二 ', ' 满 100 减 20']]),
    (312, " 大龙燚火锅 ", '10:00-22:00', [[' 周一 ', ' 满 60 减 10'], [' 周二 ', ' 满 100 减 20']]),
    (313, " 一尊皇牛 ", '00:00-24:00', [[' 周一 ', ' 满 80 减 10'], [' 周二 ', ' 满 100 减 10']]),
]


for shop in shops:
    new = ShopBasic(id=shop[0], name=shop[1])
    sess.add(new)
```

```
sess.commit()
```

在上述代码中，只是在每次循环中都调用 .add() 和 .commit() 方法提交修改。不过，细心的读者可能会产生疑问：这就相当于每次都要提交修改，对性能的影响会不会很大？回答是肯定的，确实对性能的影响会很大。如果有办法能够批量插入数据，那么性能想必会有较大提升。所幸，我们只需要使用 .add_all() 就可以达到这样的目的，需要用到的函数见表 9-2-4。

表 9-2-4　增加多条数据需要用到的函数

函数名	作用	参数
session.add_all()	批量添加数据至缓存区	新建的数据实例列表

例 9.2.5　增加多条数据（二）

```
shops = [
    (311, " 老北京涮羊肉 ", '11:00-21:00', [[' 周一 ', ' 满 60 减 10'], [' 周二 ', ' 满 100 减 20']]),
    (312, " 大龙燚火锅 ", '10:00-22:00', [[' 周一 ', ' 满 60 减 10'], [' 周二 ', ' 满 100 减 20']]),
    (313, " 一尊皇牛 ", '00:00-24:00', [[' 周一 ', ' 满 80 减 10'], [' 周二 ', ' 满 100 减 10']]),
]

news = [ ]
for shop in shops:
    new = ShopBasic(id=shop[0], name=shop[1], time=shop[2])
    news.append(new)

sess.add_all(news)
sess.commit()
```

在上述代码中，首先把这 3 条数据的 ShopBasic 实例添加到 news 列表中，然后调用 .add_all() 方法插入 news，最后提交即可。

9.2.4　查看数据

新增的数据是否真的插入数据库中了呢？我们直接查找数据库中的数据即可，需要用到的函数见表 9-2-5。

表 9-2-5　查看数据需要用到的函数

函数名	作用	参数
session.query()	查询数据表	需要查询的数据表名
session.filter_by()	按条件查找数据	指定过滤的条件
session.order_by()	按字段排序	指定排序的字段
session.all()	取出所有数据	无
session.first()	只取第一条数据	无

1. 输出所有数据

接下来，查询所有数据并输出。

例 9.2.6　输出所有数据

```
shops = sess.query(ShopBasic).all()
for shop in shops:
    print(shop.id, shop.name, shop.time)
```

运行结果如图 9-2-1 所示。

```
311 老北京涮羊肉 11:00-21:00
312 大龙燚火锅 10:00-22:00
313 一尊皇牛 00:00-24:00
```

图 9-2-1　basic 表内容

注意

.all() 方法是惰性加载，也就是说，只有在查看其中的数据时才会真正访问数据表。.all() 方法返回的是 queryset，也就是一个查询结果的列表，这个列表中的每个元素都是独立的 ShopBasic 对象，其中存储了之前的数据，通过“. 属性名”的方式就可以进行调用了。

2. 条件过滤

当然，如果只想得到符合条件的部分数据，那么最简单的做法是“.all() + for 循环 + if 条件判断”。不过，这种方法使用起来不仅烦琐，而且会消耗大量资源（毕竟把原生 SQL 转换成 Python 对象要比原生 SQL 慢很多）。所幸，SQLAlchemy 已提供 .filter_by() 方法用于条件判断。

例 9.2.7　条件过滤

```
shops = sess.query(ShopBasic).filter_by(name=' 老北京涮羊肉 ').all()
```

```
shops[0].__dict__
```

运行结果如图 9-2-2 所示。

```
{'_sa_instance_state': <sqlalchemy.orm.state.InstanceState at 0x20b1c849470>,
 'id': 311,
 'name': '老北京涮羊肉',
 'time': '11:00-21:00'}
```

图 9-2-2 条件过滤运行结果

图 9-2-2 中，_sa_instance_state 是 SQLAlchemy 为每一行数据自动添加的，其他字段都是真正保存的。

3. 排序

有时，我们需要数据按照某个字段进行排序后再输出，这时就要用到 .order_by() 方法。

例 9.2.8 排序

```
# 排序
shops = sess.query(ShopBasic).order_by('name').all()
for shop in shops:
    print(shop.id, shop.name, shop.time)
```

运行结果如图 9-2-3 所示。

```
313 一尊皇牛 00:00-24:00
312 大龙燚火锅 10:00-22:00
311 老北京涮羊肉 11:00-21:00
```

图 9-2-3 排序运行结果

4. 过滤操作符

在很多情况下，需要用多种条件组合过滤才能达到想要的结果。这时，光用“=”已经无法满足要求了。常见的过滤操作符见表 9-2-6。

表 9-2-6 常见的过滤操作符

过滤操作符	作用	用法
=	取值等于	name=' 张三 '
!=	取值不等于	name!=' 张三 '
like	取相似值	name.like(" 张 ")，即姓名中带“张”的都匹配

续表

过滤操作符	作用	用法
in_	取值在列表中	enroll.in_([2016, 2017, 2018])
and_	多个条件并列过滤	and_(name=' 张三 ', enroll=2017)
or_	多个条件满足其中之一即可	or_(name=' 张三 ', enroll=2017)

9.2.5 修改数据

当店铺“老北京涮羊肉”的信息存入数据库后，才发现营业时间填错了，应该是“09:00-21:00”。这时，如果再新加一行数据就显得不合适了，那么比较恰当的做法是直接对“老北京涮羊肉”这条数据进行修改。

例 9.2.9 修改数据

```
shop = sess.query(ShopBasic).filter_by(name=' 老北京涮羊肉 ').first()
shop.time = "09:00-21:00"
sess.commit()

# 再重新查询一次，输出结果
shop = sess.query(ShopBasic).filter_by(name=' 老北京涮羊肉 ').first()
print(shop.name, shop.time, '\n')
```

运行结果如图 9-2-4 所示。

```
{'_sa_instance_state': <sqlalchemy.orm.state.InstanceState at 0x20b1c849470>,
 'id': 311,
 'name': '老北京涮羊肉',
 'time': '09:00-21:00'}
```

图 9-2-4 修改数据运行结果

从例 9.2.9 中可以看出，SQLAlchemy 修改数据非常方便，取出要修改的 ShopBasic 实例，直接将修改后的值赋值给相应属性，然后调用 .commit() 方法修改即可。

9.2.6 删除数据

当数据缺失很严重时，这条数据的价值就显得不是那么大了，这时就要把缺失严重的数据删除。这里，首先模拟一条数据缺失（把营业时间设置为 None），然后把它删除。

例 9.2.10 模拟数据缺失

```
shop = sess.query(ShopBasic).filter_by(name=' 老北京涮羊肉 ').first()
shop.time = None
sess.commit()

# 查看商家是否还存在
shop = sess.query(ShopBasic).filter_by(name=' 老北京涮羊肉 ').first()
shop.__dict__
```

现在在数据库中店铺“老北京涮羊肉”的营业时间设置为空。那么，这条数据存在的意义就不那么大了，只能删除。

例 9.2.11 删除数据

```
sess.delete(shop)
sess.commit()

shops = sess.query(ShopBasic).all()
for shop in shops:
    print(shop.name)
```

```
大龙燚火锅
一尊皇牛
```

图 9-2-5　删除数据运行结果

运行结果如图 9-2-5 所示。

从图 9-2-5 中可以看出，数据表中已经不包含店铺“老北京涮羊肉”的信息了，删除成功。

9.3 高级篇

掌握了 9.2 节的基本操作，就已经基本能够实现最基础的数据库操作了（增删改查）。但是，为了更好地维护表结构，我们还要对表之间的关系进行关联。

9.3.1 构建表关系

在 9.2.2 小节中创建了两张表：ShopBasic 和 ShopCoupon。ShopCoupon 表是店铺的优惠活动，一家店铺对应多个优惠活动，所以需要添加唯一标识字段：店铺 ID。两张表以“id”字段为联系。所以，两张表可以利用这个字段做外键关联，需要用到的函数见表 9-3-1。

表 9-3-1　构建表关系需要用到的函数

函数名	作用	参数
ForeignKey()	添加外键	需要关联的外键名

例 9.3.1　构建表关系

```
import os
from sqlalchemy import create_engine
from sqlalchemy.orm import sessionmaker, relationship
from sqlalchemy.ext.declarative import declarative_base
from sqlalchemy import Column, String, Integer, ForeignKey

# 改成存放数据库文件的路径，注意 data.db 需要提前创建
db_file = r'E:\pythonProjects\cluebearpython\chapter11\data'
engine = create_engine('sqlite:///{}'.format(os.path.join(db_file, 'data.db')), encoding='utf8')
DBSession = sessionmaker(bind=engine)
# 创建数据库会话实例
sess = DBSession()


Base = declarative_base()
class ShopBasic(Base):
  # 表的名称
  __tablename__ = 'basic'

  # 表的结构
  id = Column(Integer, primary_key=True, autoincrement=True)
  name = Column(String(50))
  time = Column(String(20), nullable=True)


class ShopCoupon(Base):
  # 表的名称
```

```
    __tablename__ = 'coupon'

    id = Column(Integer, primary_key=True, autoincrement=True)
   # 添加外键
    shop_id = Column(Integer, ForeignKey('basic.id'))
    day = Column(String(5))
    coupon = Column(String(30))

# 会自动检查表是否存在，如果表不存在，则创建；
# 如果表已经存在，则忽略，也可以手动注释，增强可读性
Base.metadata.create_all(engine)
```

其他代码与例 9.2.2 中的一样，只新增了第 32 行，表示的意思是以 ShopBasic 表中的 id 字段为外键关联字段。

接下来填充相应的数据。

例 9.3.2 补充数据

```
# 添加优惠活动
shops = [
    (311, " 老北京涮羊肉 ", '11:00-21:00', [[' 周一 ', ' 满 60 减 10'], [' 周二 ', ' 满 100 减 20']]),
    (312, " 大龙燚火锅 ", '10:00-22:00', [[' 周一 ', ' 满 60 减 10'], [' 周二 ', ' 满 100 减 20']]),
    (313, " 一尊皇牛 ", '00:00-24:00', [[' 周一 ', ' 满 80 减 10'], [' 周二 ', ' 满 100 减 10']]),
]

for shop in shops:
    shop_id = shop[0]
    shop_ = sess.query(ShopBasic).filter_by(id=shop_id).first()
    # 对每一家店的所有 coupon 信息循环，并插入
    coupons = shop[2]
    coupon_ls = [ ]
    for c in coupons:
        day = c[0]
        coupon = c[3]
        print(day, coupon)
```

```
        new = ShopCoupon(
            shop_id=shop_.id,              # 关联
            day=day,
            coupon=coupon,
        )
        coupon_ls.append(new)

    sess.add_all(coupon_ls)
    sess.commit()

# 输出 coupon 表的数据
coupons = sess.query(ShopCoupon).all()
for coupon in coupons:
    print(coupon.shop_id)
```

运行结果如图 9-3-1 所示。

在上面的例子中，把 shops 列表中包含的店铺数据在 ShopBasic 表中匹配，得到相应实例后，赋值给 ShopCoupon 表的 shop_id 字段，以此达到两张数据表关联的作用。然后，就可以使用外键查询一家店铺对应的优惠活动了。

```
311
311
312
312
313
313
```

图 9-3-1　插入结果

9.3.2　Pandas 读取 SQL

虽然 SQLAlchemy 非常强大，但是更多地仍然是作为数据存储使用，还无法高效地做数据处理。如果能与 Pandas 完美结合，就可以解决数据处理的问题了。幸运的是，Pandas 为我们考虑得十分周到！需要用到的函数见表 9-3-2。

表 9-3-2　Pandas 读取 SQL 需要用到的函数

函数名	作用	参数
pandas.read_sql()	读取 SQL 表	sql：SQL 表名或原生 SQL 语句 con：数据库的连接

例 9.3.3　Pandas 读取 SQL

```
import os
import pandas as pd
```

```
from sqlalchemy import create_engine


db_file = r'E:\pythonProjects\cluebearpython\chapter11\data'
engine = create_engine('sqlite:///{}'.format(os.path.join(db_file, 'data.db')), encoding='utf8')
# Pandas 读取 SQL 表
df = pd.read_sql('shop', engine)
df
```

运行结果如图 9-3-2。

	id	name	time
0	311	老北京涮羊肉	11:00-21:00
1	312	大龙燚火锅	10:00-22:00
2	313	一尊皇牛	00:00-24:00

图 9-3-2　Pandas 读取结果

转化为数据框 df 后，第 3 章中讲述的 Pandas 的所有功能都能使用了。

9.4 小结

通过本章学习后，读者应该掌握以下内容。

（1）使用 SQLAlchemy 的目的。

（2）SQLAlchemy 连接数据库，以及增删改查的基本操作。

（3）SQLAlchemy 构建表关系。

（4）Pandas 与 SQLAlchemy 的结合。

SQLAlchemy 能在很大程度上取代 Excel、CSV 等文件存储，因此也受到数据科学界的广泛认可。现在，请读者结合本章知识，尝试将第 7 章爬虫采集到的数据存储到 SQLAlchemy 中。

第10章

CHAPTER 10

精品案例——火锅团购分析

通过前面 9 个章节的学习，相信读者对利用 Python 语言进行数据科学实践的各个模块已经有了一定了解。那么当面对一个实际问题时，又应该如何整合这些模块去进行完整的分析，从而得出有价值的结论呢？本章让我们继续从火锅团购数据出发，去探索完整的数据科学实践过程吧！

10.1 背景介绍

10.1.1 化零为整——从零散的模块学习到完整的案例分析

前面几章都是根据 Python 可用于数据科学实践的不同功能模块来进行介绍的，但实际的完整数据科学实践过程往往需要整合 Python 多个模块的功能来共同进行。因此，本章将直接从真实的业务背景出发，结合具体的数据，涉及数据处理、数据描述、建模求解与价值讨论分析等数据科学实践的各个阶段，展示一个完整的数据科学实践过程。整个分析会应用 Python 中的多个数据科学模块，希望能够对读者应用 Python 去进行数据科学实践有所启发。

同时，编程是一件需要自己不断练习才会进步的事情，这里也是给读者提供一个练习的机会。读者可以把它当作是一个检验学习成果的小作业，下面一起来操作完成每一步的分析吧。

本案例的学习目标如下。

（1）练习变量的多种处理方式，包括取对数、连续变量转化为分类变量等。

（2）练习不同类型变量的数据描述。

（3）练习多种类型统计图的绘制。

（4）练习对数线性模型的建立及变量的选择。

（5）练习对数线性模型解读和模型对比。

（6）了解完整的数据科学实践过程。

10.1.2 案例背景

近年来，火锅餐饮由于其受欢迎程度高、可扩张性强及高度标准化的独特业务模式，市场增长迅速，从 2014 年至 2018 年，年增长率居高不下，维持在 10% 以上。而 2017 年，我国餐饮市场总收入的 20.5% 都被纳入火锅餐饮门下。难怪有人说：“你永远都无法叫醒一个装睡的人，但火锅可以。”

大势所趋之下，郑州的火锅餐饮也在稳步发展，并且拥有极高的市场渗透率，2017 年的交易额占比达整体餐饮业的 34%，远超全国水平。与此同时，互联网正在改变着传统餐饮行业，2016 年互联网餐饮的增长高达 300%，而团购作为互联网餐饮的重要模式之一，近年来也增长迅速，受到广泛的关注。打开大众点评网，美食栏目的第一个分类就是火锅（见图 10-1-1），其火爆程度可见一斑。

图 10-1-1　大众点评网首页

在这样的背景下，食玖品牌于 2016 年在郑州成立，主要经营外卖火锅产品，采取特许加盟和区域代理的经营模式，依靠火锅团购很快打开了郑州市场，在郑东商业中心、北区多闻等地均设有加盟店。食玖的品牌 LOGO（徽标）如图 10-1-2 所示。

图 10-1-2　食玖的品牌 LOGO

当然，食玖不会仅仅止步于此。西安的火锅餐饮市场与郑州存在一定的相似性，同样拥有很高的市场占有率，两地的消费水平也比较接近，大众化餐饮是其市场主流。再加上西安国际化建设进程的快速推进，相信它有巨大的潜力可以被挖掘。图 10-1-3 展示了火锅的图片。

图 10-1-3　火锅图片

但同时，西安的国际化建设也会吸引更多知名餐饮品牌进入，西安的本土餐饮品牌也会越做越大，市场竞争非常激烈。食玖想要杀出重围并顺利进驻西安市场，就必须要将自己的品牌特色与西安当地的大众口味偏好进行融合，提高顾客满意度的同时创建自己的品牌效应，以此来打开销路。

10.2　数据描述

10.2.1　数据说明

本案例采用截至 2018 年 8 月 1 日某团购平台上的西安与郑州火锅团购数据进行分析，共 1345 条团购数据及 44845 条评论数据。

由于本案例旨在探究如何进行团购设置以提高团购项目销量，因此确定分析的因变量为团购的年均销量，即团购的累计销量除以其上线时长再乘 365 天，同时由于自变量较多，根据其具体描述的内容将其分为 4 个类型：店铺信息、团购基本信息、图片信息和使用规则。

在原始数据的基础上，我们需要对数据进行一系列的变量处理，然后导入后续分析所需数据。

例 10.2.1　加载所需工具包并导入处理后的数据

```
## 加载所需工具包
import pandas as pd
import numpy as np
import os
import matplotlib
import matplotlib.pyplot as plt
```

```
import seaborn as sns
import jieba
import jieba.analyse
import collections
import squarify
from PIL import Image
from wordcloud import WordCloud, ImageColorGenerator
import statsmodels.formula.api as smf
from IPython.core.interactiveshell import InteractiveShell
InteractiveShell.ast_node_interactivity = "all"   # 变量自动显示
pd.set_option('display.max_columns', None)   # 显示所有列
matplotlib.rcParams['font.sans-serif'] = ['Adobe Heiti Std']
matplotlib.rcParams['font.family'] = 'sans-serif'

## 数据准备

# 导入所需数据
path = '../data'
data = pd.read_excel(os.path.join(path, 'group_buying_processed.xlsx'), encoding='utf8',
        index=False)                                        # 读取处理后的团购数据
comment = pd.read_excel(os.path.join(path, 'comment.xlsx'), encoding='utf8', index=False)
                                                            # 读取评论数据

# 查看数据情况
data.tail()                         # 查看 data 的数据示例
data.info()                         # 查看 data 的数据量、缺失情况及数据类型
comment.tail()                      # 查看 comment 的数据示例
comment.info()                      # 查看 comment 的数据量、缺失情况及数据类型
```

注意

变量处理的部分不作为本章的重点，因此这里不做代码展示，读者如有需要，可以去GitHub上查看。

火锅团购案例的变量说明如图 10-2-1 所示。

变量说明

变量类型		变量名	详细说明	取值范围	备注
因变量		log_年均销量	单位：份/年	[1，32512]	365*累计销量/上线时长，建模时取对数
自变量	店铺信息	城市	分类变量	xa或zz	zz占比约71.7%
		店铺评分	连续变量	[0，5]	建模时离散化
		店铺评论数	单位：个	[0，9417]	取整，建模时取对数
		行政区	分类变量	雁塔区、碑林区等	共28水平
		菜品	文本变量		共479水平
		菜品丰富度	单位：个	[1，100]	表示店铺中菜品的数量，取整
		连锁店数量	单位：个	[1，46]	取整，建模时离散化
		人均	连续变量，单位：元	[11，160]	建模时离散化
		店铺团购数量	单位：个	[1，16]	每家店提供的团购项目数量
	团购基本信息	团购评分	连续变量	[0，5]	建模时离散化
		团购评价数	单位：个	[0，7424]	取整，建模时取对数
		团购价	连续变量，单位：元	[0.18，1688]	
		市场价	连续变量，单位：元	[2.5，9000]	
		折扣	连续变量	[0，1]	团购价/市场价，建模时离散化
		内容丰富度	单位：个	[1，38]	取整，表示团购中提供的内容数量
		是否为代金券	分类变量	0或1	否（0）占比约76.9%
		评论内容	文本变量		共44845水平
	图片信息	图片数量	单位：张	[0，86]	取整，建模时取对数
		色相	连续变量	[0，135]	团购图片的平均值，建模时离散化
		饱和度	连续变量	[0，228]	团购图片的平均值，建模时离散化
		亮度	连续变量	[0，233]	团购图片的平均值，建模时离散化
		信息熵	连续变量	[0，8]	团购图片的平均值，建模时离散化
	使用规则	有效期	单位：天	[150，2721]	取整
		是否周末节假日通用	分类变量	0或1	是（1）占比约82.0%
		是否需要预约	分类变量	0或1	否（0）占比约95.0%
		停车场	分类变量	免费停车场、收费停车场、未提及、无停车位	共4水平
		是否限制使用人数	分类变量	0或1	否（0）占比约55.8%
		是否限制使用张数	分类变量	0或1	否（0）占比约85.9%
		可否叠加使用	分类变量	0或1	可（1）占比约85.4%
		是否仅限大厅使用	分类变量	0或1	是（1）占比约82.5%
		可否外带	分类变量	0或1	否（0）占比约64.3%
		是否提供免费WiFi	分类变量	0或1	是（1）占比约85.0%

狗熊会 | 聚数据英才，助产业振兴　2018

图 10-2-1　火锅团购案例的变量说明

10.2.2 可视化描述

在对数据进行初步探索时，我们发现不同团购项目的年均销量差异很大，因此对其进行对数化处理，然后通过直方图观察对数年均销量的分布情况，发现其右偏较严重，说明西安与郑州团购项目销量的总体水平偏低。同时发现销量最低的分段团购数量较多，说明存在大量经营惨淡的团购项目；而爆款的销量则非常惊人，最火爆的项目销量达到了 32512 份 / 年，正是由于这些销售爆款的存在拉高了销量的平均水平。

例 10.2.2 绘制对数年均销量分布

```
## 绘制全部团购 log_ 年均销量直方图
sns.set(style="white", color_codes=True, font='Adobe Heiti Std')
fig = plt.subplots()                                      # 创建子图
plt.hist(data['log_ 年均销量 '], color=sns.xkcd_rgb['dusky blue'], edgecolor='black', bins=11)
                                                          # 绘制直方图
plt.xlabel('log_ 年均销量 ')                               # 设置 x 轴标签
plt.ylabel(' 频数 ')                                       # 设置 y 轴标签
plt.title('log_ 年均销量分布 ')                            # 设置图标题
plt.show()
```

运行结果如图 10-2-2 所示。

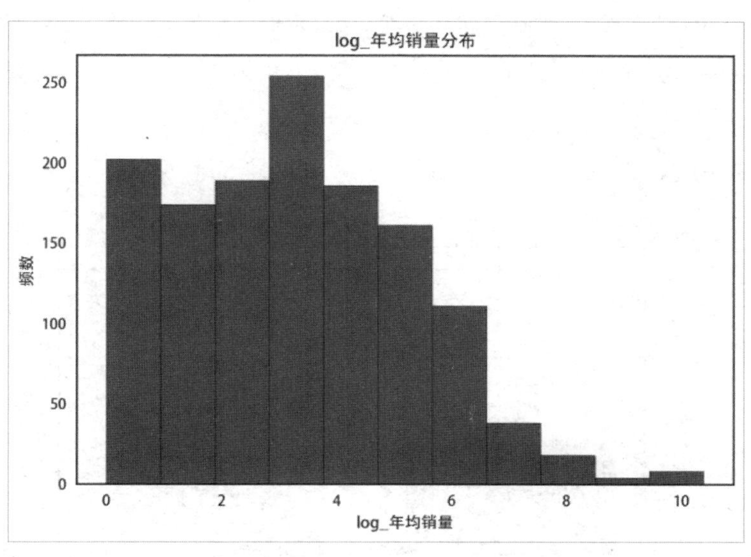

图 10-2-2　对数年均销量分布

为了了解西安与郑州不同的火锅团购销量情况，首先分别对两地的团购数量进行统计，发现西安共有 380 个火锅团购项目，而郑州共有 965 个，是西安的两倍多。

例 10.2.3 分割数据集并统计数据量

```
## 分割数据集
西安 = data[data[' 城市 ']=='xa']
郑州 = data[data[' 城市 ']=='zz']
西安评论 = comment[comment. 团购活动 ID.isin( 西安 [' 团购活动 ID'])]
郑州评论 = comment[comment. 团购活动 ID.isin( 郑州 [' 团购活动 ID'])]

## 查看分割后数据量
西安 .shape[0]
郑州 .shape[0]
西安评论 .shape[0]
郑州评论 .shape[0]
```

然后对比两座城市对数年均销量的箱线图，发现尽管西安的团购数量比不上郑州，但其年均销量的平均水平（中位数）高于郑州，刚才提到的最火爆的团购项目也出现在西安。这其中不排除由于西安团购项目少所以销量相对集中的可能，而这对于想要在西安市场“分一杯羹”的食玖来说，无疑是个好消息。

例 10.2.4 绘制西安与郑州的对数年均销量对比箱线图

```
## 西安和郑州的对数年均销量对比
ax = sns.boxplot(x=" 城市 ", y="log_ 年均销量 ", data=data)          # 绘制箱线图
ax.set_title(' 西安与郑州 log_ 年均销量对比 ')                        # 设置图标题
plt.show()
```

运行结果如图 10-2-3 所示。

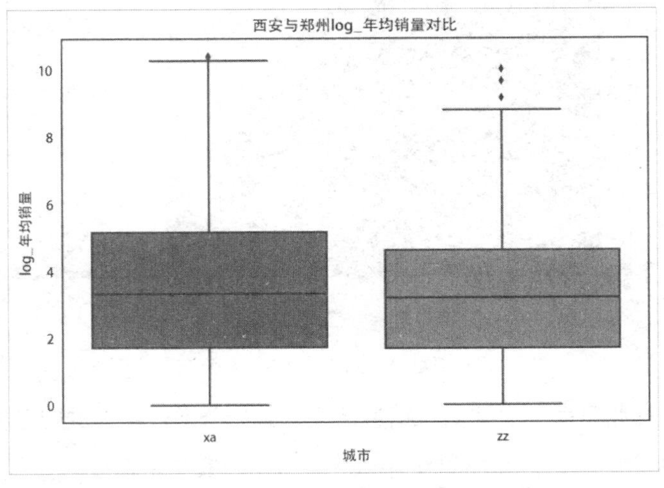

图 10-2-3 西安与郑州的对数年均销量对比箱线图

西安与郑州在对数年均销量上的差异当然不是仅由两地的团购数量造成的，两地人们对于不同团购设置的偏好也会带来销量上的差异。

而这一点在两地人们对于不同团购使用规则的偏好上体现得非常明显。箱线图的对比告诉我们，西安人更偏好限制使用人数、可叠加使用且不限制使用张数、提供免费 WiFi 和停车场的团购项目，而郑州人则刚好相反。

例 10.2.5 分类变量描述

```
## 创建分类变量列表
cat = ['停车场','是否为代金券','是否周末节假日通用','是否需要预约',
       '是否限制使用人数','可否叠加使用','是否限制使用张数',
       '是否仅限大厅使用','可否外带','是否提供免费 WiFi',
       '团购评价','店铺评价','是否为连锁店','人均分段','折扣分段',
       '色相分段','饱和度分段','亮度分段','信息熵分段','行政区']

## 创建箱线图绘图函数
def cat_plot(a):
    for i in cat:
        ax = sns.boxplot(x=i, y='log_年均销量', data=a)
        ax.set_title(i + '- log_年均销量')
        plt.show()

## 绘制箱线图
print('西安各分类变量与年均销量的关系：')
cat_plot(西安)                    # 绘制西安各分类变量的箱线图

print('郑州各分类变量与年均销量的关系：')
cat_plot(郑州)                    # 绘制郑州各分类变量的箱线图
```

将运行结果加以整理后可得到如图 10-2-4~ 图 10-2-6 所示的结果。

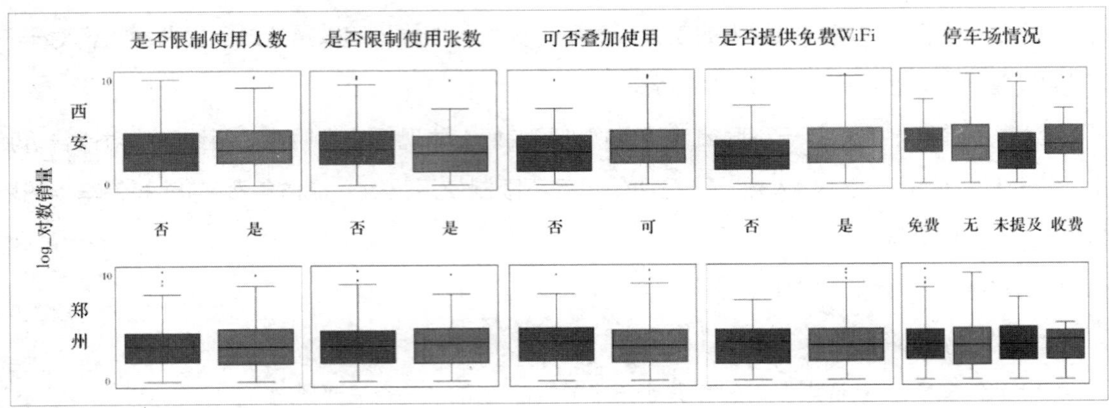

图 10-2-4　西安与郑州的不同使用规则 - 对数年均销量箱线图

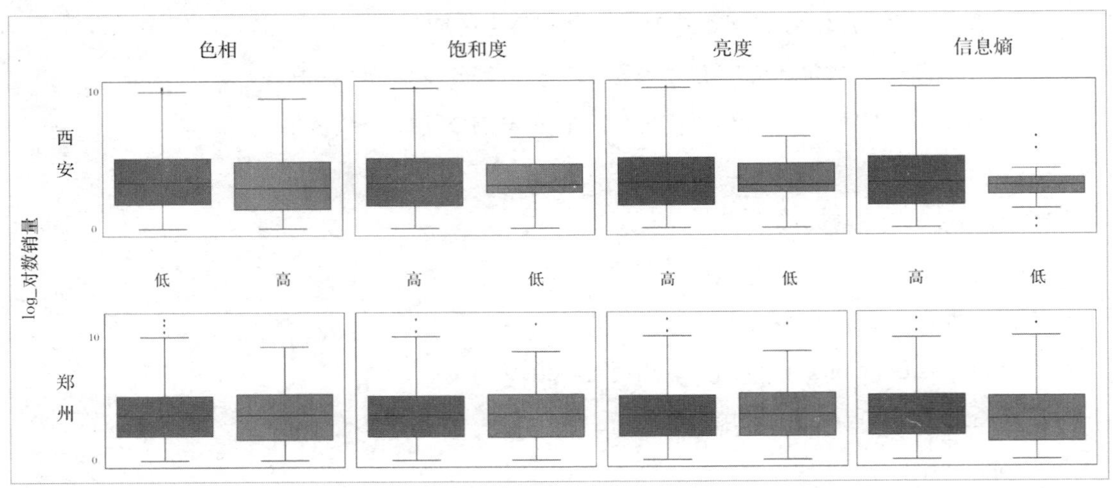

图 10-2-5　西安与郑州的不同图片信息 - 对数年均销量箱线图

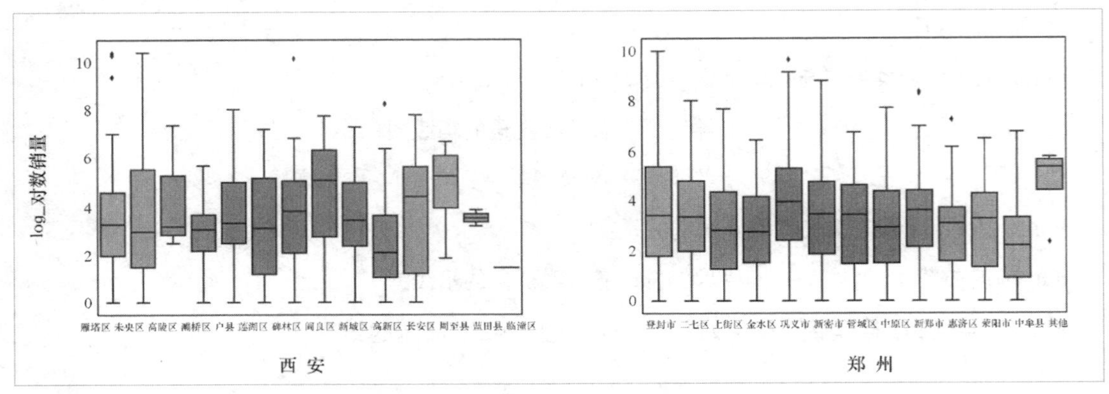

图 10-2-6　西安与郑州的不同行政区 - 对数年均销量箱线图

此外，西安人对于图片各项信息均较为关注，且喜欢低色相、高饱和度、高亮度及高信息熵的团购图片，但郑州人则几乎只关注信息熵这一个变量，且对高信息熵的团购有所偏爱。图片的信息熵大代表图片颜色艳丽、内容丰富，这里就变成了菜品更多、更丰富。说明郑州人对五花八门、琳琅满目的菜品图片更敏感。

同时，西安和郑州各自的不同行政区的对数年均销量也表现出了明显的差异，西安的火锅销量以周至县、阎良区为最佳，郑州则是其他区的销量明显更好。

除表现出的各种差异外，西安与郑州的人们在火锅团购设置的偏好上也表现出了一定的相似性。例如，两地人们都偏好团购评价和店铺评价良好的连锁店，且当团购评论数和店铺评论数较多时，团购的对数年均销量也明显更多，但西安的增长趋势更明显。

例 10.2.6 连续变量描述

```
## 创建连续变量列表
num = ['log_ 团购评价数 ', 'log_ 图片数量 ', 'log_ 店铺评论数 ']

## 创建散点图绘图函数
def num_plot(a):
    for i in num:
        plt.scatter(a[i], a['log_ 年均销量 '])
        plt.xlabel(i)
        plt.ylabel('log_ 年均销量 ')
        plt.title(i + '- log_ 年均销量 ')
        plt.show()

## 绘制箱线图
print(' 西安各连续变量与年均销量的关系：')
num_plot( 西安 )                # 绘制西安各连续变量的散点图

print(' 郑州各连续变量与年均销量的关系：')
num_plot( 郑州 )                # 绘制郑州各连续变量的散点图
```

以选取连续变量中的团购评论为例，将运行结果加以整理后可得到如图 10-2-7 所示的结果。

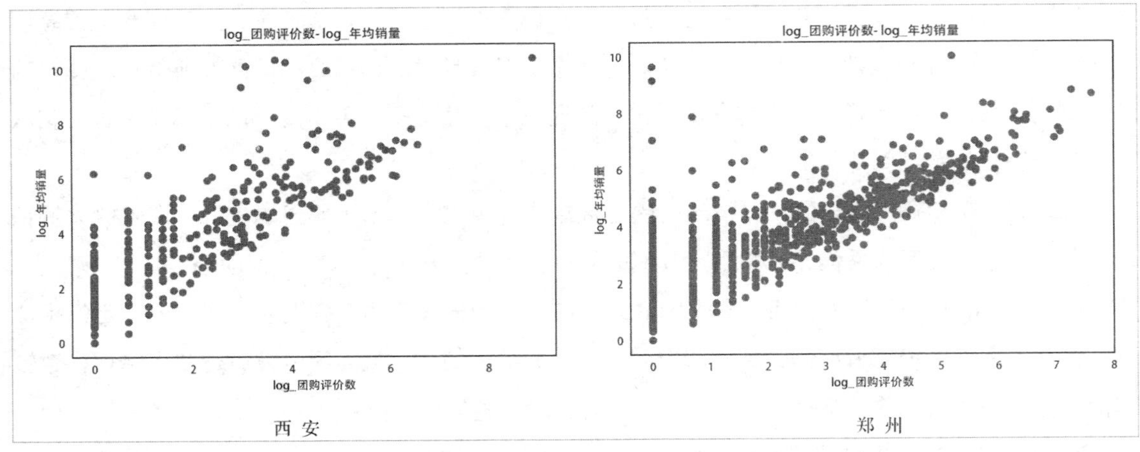

图 10-2-7　西安与郑州的团购评论数 - 对数年均销量散点图

此外，通过对热门菜品和评论内容的研究，我们也看出了两地的一些异同。

（1）从肉类菜品上看，西安人更偏爱肥牛，其次是牛肉、毛肚、培根、羊肉；而郑州人最喜欢牛肉丸，其次是虾、羊肉、毛肚。

（2）从素菜菜品上看，金针菇在两地都大受欢迎，并且生菜、土豆、豆腐也同时受到两地人们的喜爱。此外，西安人也很喜欢油麦菜、宽粉等，郑州人则对川粉、腐竹非常钟爱。

（3）从主食上看，郑州人非常喜欢面。

（4）从形容词上看，“精品”等带有营销手段的词对西安人很有吸引力。

（5）从其他方面看，西安人对拼盘这种混合型菜品比较感兴趣，而郑州人则对酸梅汤这一饮品非常钟爱。

例 10.2.7　绘制热门菜品树地图

```
## 定义文本读取函数
def text_read(x):
    word = x.drop_duplicates()

    # 生成文件
    word_file = open(os.path.join(path, ' 分词 .txt'), 'w+')
    for i in word:
        tag = jieba.analyse.extract_tags(i)
        tags = ",".join(tag)
        word_file.write(tags)
    word_file.close()
```

```
    # 读取文件
    word_list = open(os.path.join(path, ' 分词 .txt'), 'r+')
    string_word = word_list.read()
    word_list.close()
    return string_word

## 定义树地图绘制函数
def dish_treemap(a):
    string_word = text_read(a. 菜品 )
    seg = jieba.cut(string_word)
    words_list = [ ]
    remove_words = [' 暂无菜品 ', ',']
    for word in seg:
        if word not in remove_words:
            words_list.append(word)

    # 统计词频并选出前 20
    dish_count = collections.Counter(words_list)
    dish_counts = pd.DataFrame.from_dict(dish_count, orient='index')
    dish_counts.columns = ['counts']
    top_20_dish = dish_counts.sort_values('counts', ascending=False).head(20)

    # 画热门菜品前 20 的树地图
    squarify.plot(sizes=top_20_dish.counts,
            label=list(top_20_dish.index),
            color=sns.color_palette('Blues'),
            alpha=0.6,
            edgecolor='white',
            linewidth=2)
    plt.axis('off')
    plt.title(' 热门菜品前 20')
```

```
## 绘制西安热门菜品树地图
print(' 西安的热门菜品：')
dish_treemap( 西安 )            # 绘制西安菜品树地图

## 绘制郑州热门菜品树地图
print(' 郑州的热门菜品：')
dish_treemap( 郑州 )            # 绘制郑州菜品树地图
```

将运行结果加以整理后可得到如图 10-2-8 所示的结果。

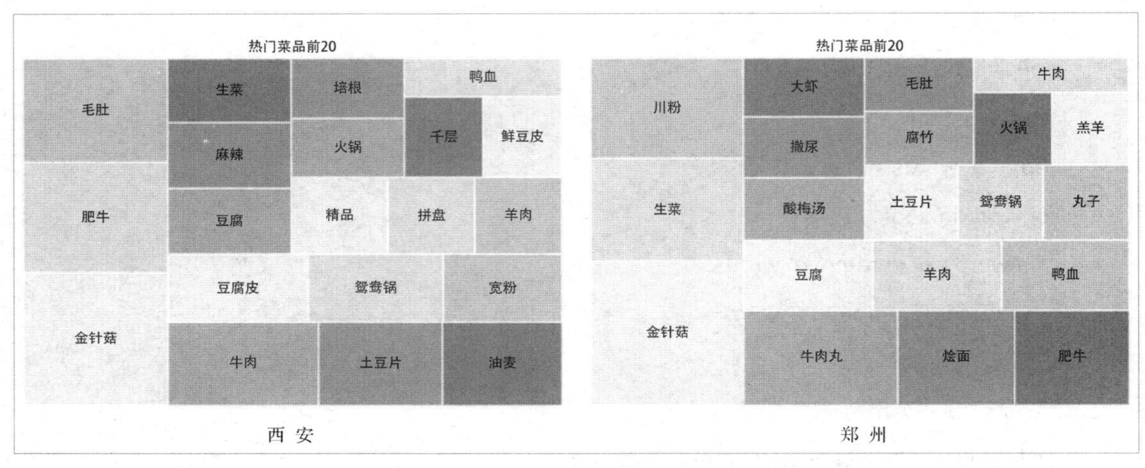

图 10-2-8　西安与郑州的热门菜品树地图

从评论内容上看，味道是西安人和郑州人都最为关注的方面。此外，西安人对于环境和菜品也比较关注，而郑州人则对是否实惠比较关注。

例 10.2.8　绘制热门评论词云图

```
## 用词云分别描述西安和郑州的评论热词

## 定义词云绘制函数
def comment_wordcloud(a):
    cloud_mask = np.array(Image.open(os.path.join(path, '228.png')))
    wc = WordCloud(background_color="white",          # 设置背景颜色
            max_words=1000,                           # 设置最大显示的字数
            mask=cloud_mask,
```

```
            font_path="/Library/Fonts/AdobeHeitiStd-Regular.otf",
                                            # 设置中文字体，使得词云可以显示
            max_font_size=500,              # 设置字体最大值
            min_font_size=20)               # 设置字体最小值

    img_colors = ImageColorGenerator(cloud_mask)    # 设置颜色
    text = text_read(a. 评价内容 )
    word = wc.generate(text)                        # 生成词云
    plt.imshow(wc.recolor(color_func=img_colors), interpolation="bilinear")
                                                    # 绘制词云图
    plt.axis("off")                                 # 不显示坐标轴

## 绘制西安词云
print(' 西安的评论词云：')
comment_wordcloud( 西安评论 )                        # 绘制西安评论词云

## 绘制郑州词云
print(' 郑州的评论词云：')
comment_wordcloud( 郑州评论 )                        # 绘制郑州评论词云
```

将运行结果加以整理后可得到如图 10-2-9 所示的结果。

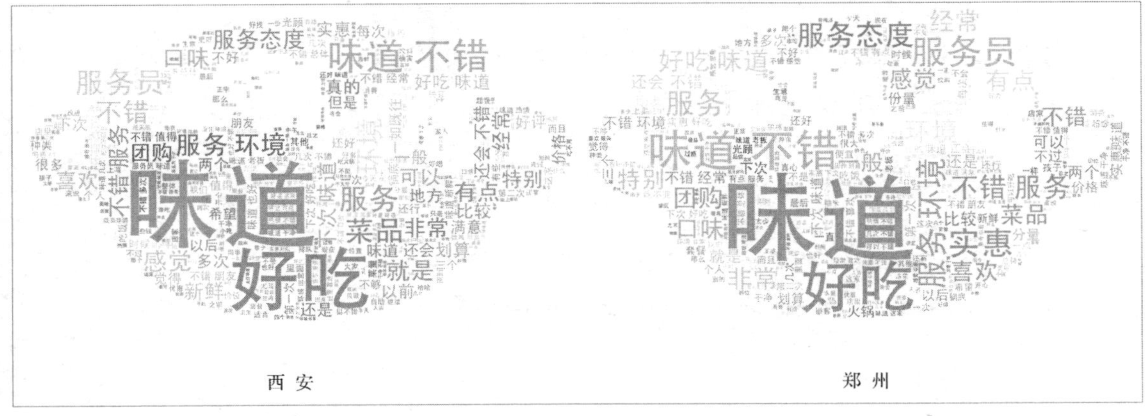

图 10-2-9　西安与郑州的热门评论词云

10.3 建模分析

10.3.1 建模结果及模型解读

通过一系列的数据描述之后，我们对于西安和郑州火锅的各项团购设置对销量的影响已经有了一定程度的了解，接下来通过对数线性回归模型来进一步探索影响销量的因素。下面分别对西安和郑州的数据进行建模，采用逐步回归的方式，用 AIC 准则进行变量筛选后得到结果。

例 10.3.1 建模求解

```
## 创建建模所需变量列表
var_list = ['log_ 年均销量 ', ' 停车场 ', ' 是否为代金券 ', ' 是否周末节假日通用 ', ' 是否需要预约 ',
            ' 是否限制使用人数 ', ' 可否叠加使用 ', ' 是否限制使用张数 ', ' 是否仅限大厅使用 ',
            ' 可否外带 ', ' 是否提供免费 WiFi', ' 团购评价 ', ' 店铺评价 ', ' 是否为连锁店 ',
            ' 人均分段 ', ' 折扣分段 ', ' 色相分段 ', ' 饱和度分段 ', ' 亮度分段 ', ' 信息熵分段 ',
            ' 行政区 ', 'log_ 团购评价数 ', 'log_ 图片数量 ', 'log_ 店铺评论数 ', ' 内容丰富度 ',
            ' 有效期 ', ' 团购价 ', ' 市场价 ', ' 菜品丰富度 ', ' 店铺团购数量 ', ' 上线时长 ']

## 创建后向逐步回归函数
def backward_selected(data, response):
    """
    后向逐步回归算法
    使用 AIC 来评判新加的参数是否提高回归中的统计显著性
    Linear model designed by backward selection.
    Parameters:
    -----------
    data : pandas DataFrame with all possible predictors and response
    response: string, name of response column in data
    Returns:
    --------
    model: an "optimal" fitted statsmodels linear model
        with an intercept
        selected by backward selection
```

```
        evaluated by BIC
    """
    remaining = data.columns.values.tolist()                    # 定义变量保留项
    remaining.remove(response)                                  # 剔除因变量
    selected = [ ]                                              # 已剔除的变量集合
    current_score, best_new_score = float('inf'), float('inf')  # 定义两个无穷大值为比较项
    while remaining and current_score == best_new_score:
        scores_with_candidates = [ ]                            # 定义变量的评分
        for candidate in remaining:
            formula = "{} ~ {} + 1".format(response, ' + '.join(set(remaining) - set([candidate])))
                                                                # 写模型公式
            score = smf.ols(formula, data).fit().aic            # 拟合模型并计算 AIC
            scores_with_candidates.append((score, candidate))   # 写入变量评分
        scores_with_candidates.sort(reverse=True)               # 按评分排序
        best_new_score, worst_candidate = scores_with_candidates.pop()
                                                                # 选择 AIC 值最小的变量
        if current_score >= best_new_score:                     # 判断此时 AIC 值是否比之前更小
            remaining.remove(worst_candidate)                   # 从变量保留项中剔除变量
            selected.append(worst_candidate)                    # 写入已剔除的变量集合
            current_score = best_new_score                      # 令比较项相等
    formula = "{} ~ {} + 1".format(response, ' + '.join(remaining)) # 得出最优模型公式
    model = smf.ols(formula, data).fit()                        # 拟合最优模型

    return model                                                # 返回模型

## 创建模型拟合函数
def fit_model(a):
    model = backward_selected(a[var_list], 'log_ 年均销量 ')     # 应用后向逐步回归函数建模
    return model.summary()                                      # 输出模型各项系数

# 针对西安的数据进行建模
```

```
print('西安的建模结果：')
fit_model(西安)                                    # 针对西安的数据建模

# 针对郑州的数据进行建模
print('郑州的建模结果：')
fit_model(郑州)                                    # 针对郑州的数据建模
```

将西安的运行结果加以整理后可得到如图 10-3-1 所示的结果。

变量名称	系数估计	显著性	备注
(Intercept)	2.621	***	
是否为代金券1	0.565	***	基准组：0（否）
有效期	-0.002	***	
是否周末节假日通用1	0.341	*	基准组：0（否）
是否需要预约1	-0.564	**	基准组：0（否）
未提及停车场	-0.356	*	基准组：免费停车场
停车场无停车位	-0.581	***	
是否限制使用人数1	0.371	**	基准组：0（否）
可否外带1	-0.389	***	基准组：0（否）
店铺团购数量	-0.075	**	
是否为连锁店	0.387	**	基准组：否
信息熵分段高信息熵	-0.629	**	基准组：低信息熵
log_团购评价数	0.975	***	
log_图片数量	0.293	***	
log_店铺评论数	0.236	***	
人均分段30-50	-0.349	*	基准组：人均分段0-30
人均分段50-70	-0.415	*	
F检验	$P<0.001$	Adj. R-squared	0.833

注：*** 代表 0.001 显著；** 代表 0.01 显著；* 代表 0.05 显著；此处仅保留 $P \leqslant 0.05$ 的变量。

图 10-3-1　西安团购建模结果

由建模结果可得到如图 10-3-2 所示的结论。

将郑州的运行结果加以整理后可得到如图 10-3-3 所示的结果。

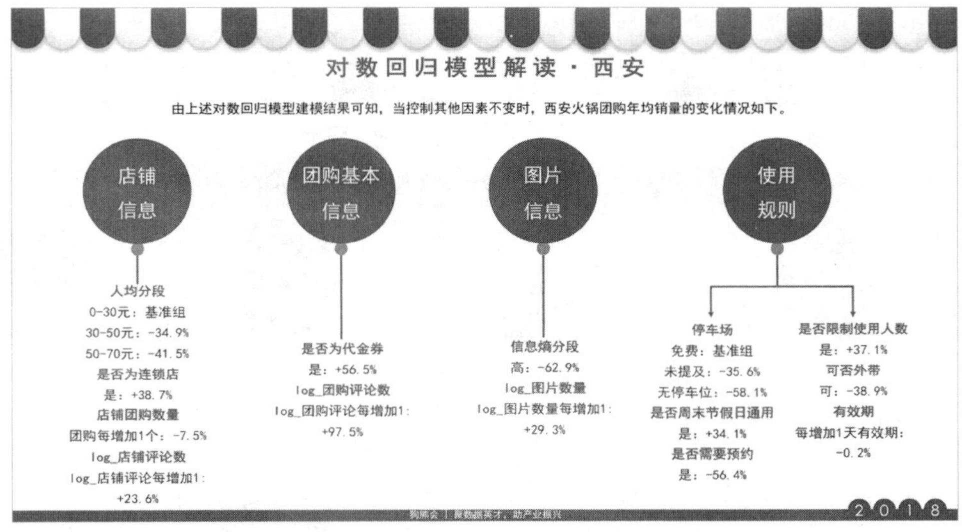

图 10-3-2　西安团购模型解读

变量名称	系数估计	显著性	备注
(Intercept)	1.547	***	(Intercept)
内容丰富度	0.029	***	
是否为代金券1	0.594	***	基准组：0（否）
是否需要预约1	0.335	*	基准组：0（否）
团购价	-0.001	**	
是否提供免费WiFi1	0.340	***	基准组：0（否）
菜品丰富度	-0.004	*	
店铺团购数量	-0.059	***	
上线时长	-0.002	***	
店铺评价较差	-0.200	**	基准组：较差
亮度分段高亮度	-0.371	*	基准组：低亮度
人均分段30-50	-0.187	*	基准组：人均分段0-30
行政区中原区	0.328	*	基准组：上街区
行政区二七区	0.373	*	
行政区巩义市	0.581	***	
行政区新密市	0.428	**	
行政区新郑市	0.512	***	
行政区登封市	0.625	***	
行政区金水区	0.303	**	
log_团购评价数	0.957	***	
log_图片数量	0.216	***	
log_店铺评论数	0.171	***	
F检验	$P<0.001$	Adj.R-squared	0.821

注：*** 代表 0.001 显著；** 代表 0.01 显著；* 代表 0.05 显著；此处仅保留 $P \leqslant 0.05$ 的变量。

图 10-3-3　郑州团购模型结果

由建模结果可得到如图 10-3-4 所示的结论。

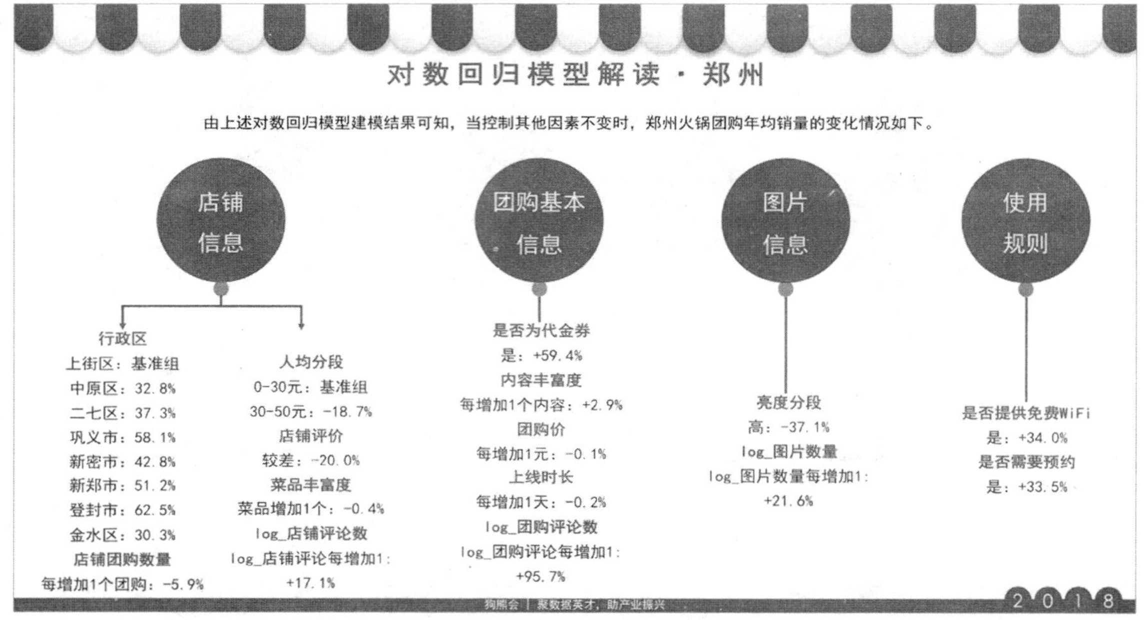

图 10-3-4　郑州团购模型解读

10.3.2　模型对比分析及结论

对比两个模型的结果（见图 10-3-5），发现两座城市影响火锅销量的因素存在一定的相似性，但也有较大的不同。

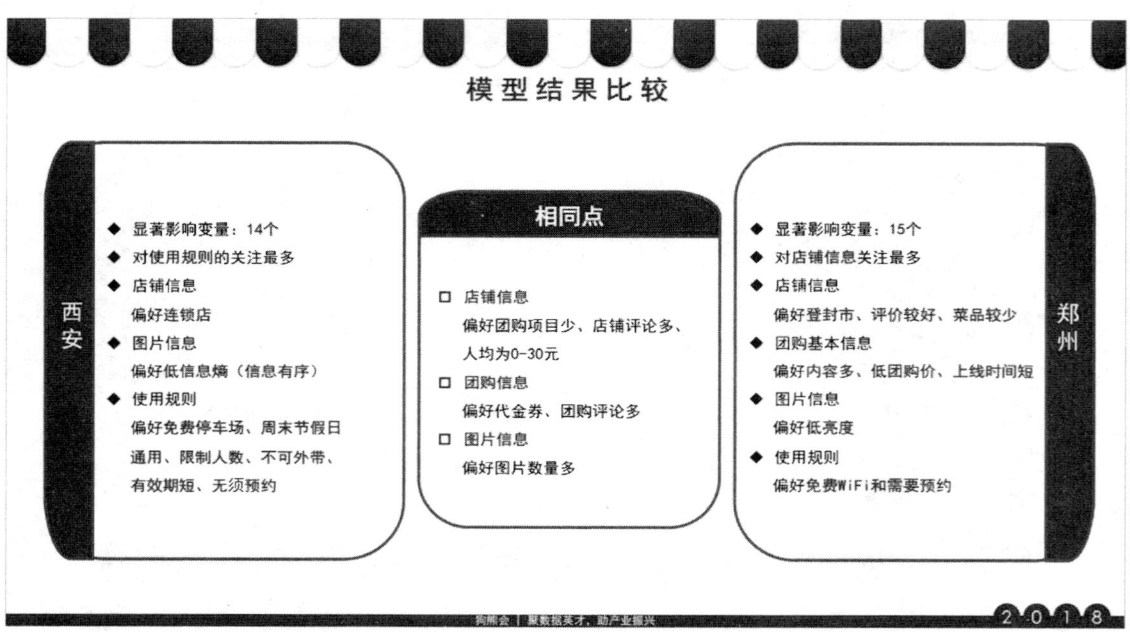

图 10-3-5　西安与郑州模型结果比较

由此可以对想要在西安开办食玖品牌加盟店的商家提出如下建议。

（1）在店铺设置上：延续在郑州的人均设置（40 元左右），将其作为食玖的品牌特色保留，并且无须刻意选择行政区，但可以考虑选择人流量大的商圈，同时应该对店铺的环境加以重视。

（2）在菜品设置上：应该提高菜品的多样性，同时增加牛肉、毛肚、油麦菜等符合西安人口味的菜品供应，适当减少羊肉的提供。

（3）在团购的基本设置上：与郑州地区相同，应该多提供代金券的团购，如果有套餐团购，则应该采取低价格、多内容的设置，同时也可以采取各种鼓励措施以增加店铺和团购的评论数及好评数。

（4）在图片设置上：首先应该像郑州一样提供尽可能多的图片，另外，还需要注意提高图片的质量和拍摄效果，使图片信息更有序地呈现。

（5）在团购使用规则上：应该延续郑州提供免费 WiFi 的设置。此外，不同之处在于，应该尽量将使用规则设置为无须预约、提供免费停车场、周末节假日通用，同时应定期更新团购内容，缩短团购有效期。

10.4 小结

不知道大家在看完火锅案例之后，除流口水外，有没有对通过数据分析解决实际问题有一个更深入的了解呢？下面再来一起梳理一下分析思路吧。

首先，需要明确实际问题的背景，并且从中提炼出一个具体的可求解问题，且这个问题最好具有一定的现实意义，然后根据这个问题明确因变量。

其次，需要对原始数据进行一系列的探索，包括数据清洗、预处理及数据可视化描述等多个阶段，目的是初步探索各自变量与因变量之间的关系。在这之中，需要用到 Python 的多个数据分析模块，如用于数据清洗和预处理的 Pandas、用于数组运算的 Numpy、用于绘图的 Matplotlib 和 Plotly、用于文本处理的 jieba 等。

再次，进入建模求解的环节。我们可以根据数据可视化描述的结果或一些特征提取算法（如逐步回归等）来选择建模所需自变量，再根据实际问题选择合适的模型求解。这里面需要用的模块可能会很多，如用于统计分析的 Statsmodels、用于机器学习的 scikit-learn 等。

最后，针对建模的结果，进行相应的模型解读，得出具有实际意义的结论，再反复求证与修正结论，最终将它应用到实际问题当中。

本章的火锅案例仅作为一个简单的参考，读者在实际生活中可能会遇到各种复杂的问题，需要进行更复杂的分析。希望通过这个数据科学实践的完整案例分析给读者带来一些启发。

另外，案例的数据和代码将会以资源下载的方式提供给大家，希望大家多多批评指正。数据科学实践的道路还很长，本书只是入门，后续还需要读者更加努力。随着数据科学的发展和学界与业界需求的不断增大，Python 中的数据科学模块也会不断地丰富，而不变的是基本的数据科学实践的思想。也许有一天 Python 也将不再是数据科学实践的主流语言而被其他语言所替代，但是这些思想还会保留，到时就请读者继续实践这些数据科学的思想吧。